Integrierte Magnetmodule für die berührungslose Führung einer Vorschubachse mit Lineardirektantrieb

Von der Fakultät für Maschinenwesen
der Rheinisch-Westfälischen Technischen Hochschule Aachen
zur Erlangung des akademischen Grades eines
Doktors der Ingenieurwissenschaften
genehmigte Dissertation

vorgelegt von

Andreas Wolfgang Schmidt

Berichter:

Univ.-Prof. Dr.-Ing. Christian Brecher
Univ.-Prof. Dr.-Ing. habil. Dr. h.c. Kay Hameyer

Tag der mündlichen Prüfung: 30. März 2012

ERGEBNISSE AUS DER PRODUKTIONSTECHNIK

Andreas Schmidt

Integrierte Magnetmodule für die berührungslose Führung einer Vorschubachse mit Lineardirektantrieb

Herausgeber:
Prof. Dr.-Ing. Dr.-Ing. E.h. Dr. h.c. Dr. h.c. F. Klocke
Prof. Dr.-Ing. Dipl.-Wirt.Ing. G. Schuh
Prof. Dr.-Ing. C. Brecher
Prof. Dr.-Ing. R. H. Schmitt

Band 16/2012

WZL
RWTHAACHEN

Fraunhofer
IPT

Bibliografische Information der Deutschen Nationalbibliothek
Die Deutsche Nationalbibliothek verzeichnet diese Publikation in der Deutschen Nationalbibliografie; detaillierte bibliografische Daten sind im Internet über http://dnb.ddb.de abrufbar.

Andreas Schmidt:

Integrierte Magnetmodule für die berührungslose Führung einer Vorschubachse mit Lineardirektantrieb

1. Auflage, 2012

Gedruckt auf holz- und säurefreiem Papier, 100% chlorfrei gebleicht.

Apprimus Verlag, Aachen, 2012
Wissenschaftsverlag des Instituts für Industriekommunikation und Fachmedien an der RWTH Aachen
Steinbachstr. 25, 52074 Aachen
Internet: www.apprimus-verlag.de, E-Mail: info@apprimus-verlag.de

Druck: KN Digital Printforce GmbH, Stuttgart

ISBN 978-3-86359-072-7

D 82 (Diss. RWTH Aachen University, 2012)

Dedicated to my grandfather, Ernst Stuhlinger

Whoever knew him, knows why.

Vorwort

Die vorliegende Arbeit entstand während meiner Tätigkeit als wissenschaftlicher Mitarbeiter am Werkzeugmaschinenlabor (WZL) der Rheinisch-Westfälischen Technischen Hochschule Aachen. Das Forschungsprojekt, welches der Arbeit zugrunde liegt, wurde durch die Deutsche Forschungsgemeinschaft (DFG) gefördert.

An dieser Stelle möchte ich Herrn Professor Christian Brecher danken, dass er mir die Möglichkeit gab, unter seiner Leitung am WZL zu arbeiten und damit diese Arbeit zu erstellen. Besonders wertvoll waren mir sein Engagement zur Unterstützung der Prüfstandskonstruktion sowie seine fachlichen Anregungen und Beiträge zu der vorliegenden Dissertation. Weiterhin danke ich Herrn Professor Kay Hameyer für die Übernahme des Koreferats und die abschließenden Hinweise zur Abrundung des Manuskripts, sowie Herrn Professor Dirk Abel für die Übernahme des Vorsitzes meines Promotionsverfahrens.

Einen maßgeblichen Anteil an der Durchführung des Forschungsprojektes hatten die Mitglieder meiner Magnetgang. Als Studien- und Abschlussarbeiter unterstützten mich Herr Thomas Herold, Herr Carlos Valest und Herr Christoph Bach. Und als studentische Hilfskräfte haben Herr Volker Berg und Herr Ibrahim Cakin wertvolle Beiträge zur Entstehung und dem Betrieb meiner Prüfstände geleistet. Für ihren meist langjährigen, hoch motivierten und unermüdlichen Einsatz möchte ich mich ganz herzlich bei ihnen allen bedanken.

Für die gute Zusammenarbeit, die hervorragende Arbeitsatmosphäre und unzählige spannende und fruchtbare Diskussionen danke ich meinen ehemaligen Kollegen am Lehrstuhl für Werkzeugmaschinen und insbesondere den Mitgliedern der Antriebsgruppe. Und ich möchte mich ganz herzlich bei Herrn Hartmut Niederhagen dafür bedanken, dass er mir jederzeit mit Rat und Tat zur Seite stand.

Eine deutliche Verbesserung dieser Arbeit verdanke ich der akribischen Durchsicht und der engagierten und konstruktiven Kommentierung meines Manuskripts durch Herrn Thomas Herold, Herrn Dr.-Ing. Frank Hoffmann, Herrn Christian Heyers, Herrn Dirk Friedrich und Herrn Thorsten Ostermann.

Darüber hinaus danke ich meinen Eltern, deren Förderung und uneingeschränktes Vertrauen mir meine Ausbildung ermöglicht haben und die mir immer zuverlässigen und unerschütterlichen Rückhalt gegeben haben.

Und ein ganz besonderer Dank gilt meiner Frau Anke, deren beständige Motivation und Unterstützung unschätzbar wertvoll für den Abschluss dieser Arbeit waren.

Mettmann, im Mai 2012 Andreas Schmidt

Inhaltsverzeichnis

Contents

Formelzeichen und Abkürzungsverzeichnis

Symbols and abbreviations

Lateinische Großbuchstaben

A_L	m^2	Stirnfläche eines Magnetschenkels
B		Unbestimmter, körperfester Bezugspunkt
B	$T = Vs/m^2$	Magnetische Flussdichte
B_{EM}	T	Flussdichte in einem Elektromagneten
B_L	T	Flussdichte im Luftspalt eines Magnetkreises
B_{PM}	T	Flussdichte in einem Permanentmagneten
B_R	T	Remanente Flussdichte eines Permanentmagneten
E		Bearbeitungspunkt für einen Schleifprozess
F	N	Kraft
F_{EM}	N	Kraft eines reinen Elektromagneten
F_{Mag}	N	Kraft eines Magneten
$F_{Mag, dyn}$	N	Dynamischer Kraftanteil eines Magneten
F_{mot}	N	Luftspaltabhängige Normalkraft eines Linearmotors
$F_{mot,0}$	N	Normalkraft eines Linearmotors bei nomineller Luftspalthöhe
F_P	N	Momentbildender Kraftanteil der Normalkraft bei Verkippung der Linearmotoren
F_{Res}	N	Resultierende Kraft eines Magnetaktors
G		Frequenzgang
H	A/m	Magnetische Feldstärke
H_C	A/m	Koerzitivfeldstärke eines Permanentmagneten
H_L	A/m	Feldstärke im Luftspalt eines Magnetkreises
H_{PM}	A/m	Feldstärke eines Permanentmagneten
I	A	Elektrische Stromstärke
I_0	A	Stromstärke im Arbeitspunkt, Basisstrom
J		Quadratisches Gütefunktional des Riccati-Ansatzes
K	A/V	Übertragungsfaktor im Ersatzsystem des Frequenzumrichters

L	H = Vs/A	Induktivität
M	Nm	Drehmoment
M_P	Nm	Drehmoment durch Verkippung der Linearmotoren
N		Windungszahl einer Spule
P_n	s^{-1}	Polstellen eines Zustandssystems
P1...P4		Angriffspunkte der Ersatzkräfte für die Motornormalkräfte
R	Ω = V/A	Elektrischer Widerstand
S		Schwerpunkt eines Körpers
T	s	Zeitkonstante im Ersatzsystem des Frequenzumrichters
T_L	s	Zeitkonstante der Magnetspule
U	V	Elektrische Spannung
U_0	V	Elektrische Spannung im Arbeitspunkt
U_{ZK}	V	Zwischenkreisspannung des Frequenzumrichters
V_L	m^3	Luftspaltvolumen in einem Magnetkreis
W	W	Energie
W_{Mag}	W	Magnetische Energie
Y1...Y2		Bezeichnungen der Magnetmodule zur Seitenführung
Z1...Z4		Bezeichnungen der Tragmagnetmodule

Lateinische Kleinbuchstaben

a	m	Abstand der Tragmagnetmodule in y-Richtung
a_{mot}	m	Abstand der Angriffspunkte der Motornormalkraft in y-Richtung
a_n	$s^{-(max(n)-n)}$	Koeffizienten des char. Polynoms von $\mathbf{A}_E$
$\tilde{a}_n$	$s^{-(max(n)-n)}$	Allgemeine Polynomkoeffizienten
b	m	Abstand der Tragmagnetmodule in x-Richtung
b_{mot}	m	Abstand der Angriffspunkte der Motornormalkraft in x-Richtung
c	m	Abstand der Magnetmodule zur Seitenführung in x-Richtung

d	m	Abstand der Seitenführungsmodule und der Angriffspunkte der Motornormalkraft in z-Richtung
g	m/s²	Erdschwerebeschleunigung
h	m	Höhe eines Permanentmagneten
l_{FE}	m	Weglänge eines magn. Flusskreislaufes in Eisen
i	A	Dynamischer Anteil einer elektrischen Stromstärke
$k_{\delta,mag}$	N/m	Partielles Differential der Magnetkraft nach dem Luftspalt (negative Steifigkeit)
$k_{\delta,mot}$	N/m	Partielles Differential der Motornormalkraft nach dem Luftspalt
$k_{\vartheta,mag}$	N/A	Partielles Differential der Magnetkraft nach der Spulendurchflutung
m	kg	Masse
n		Laufindex natürlicher Zahlen ab Null
r_0	V/m	Lokale Reglerverstärkung der Rückführung der Luftspalthöhe
r_1	Vs/m	Lokale Reglerverstärkung der Rückführung der Luftspaltänderungsgeschwindigkeit
r_2	V/A	Lokale Reglerverstärkung der Rückführung der elektrischen Durchflutung
r_i	V/ms	Lokale Reglerverstärkung im Integralteil des PI-Zusatzreglers
r_p	V/m	Lokale Reglerverstärkung im Proportionalteil des PI-Zusatzreglers
r_n^*	$s^{-(max(n)-n)}$	Elemente von $\mathbf{R}^*$
s		Proportionalanteil einer Aufschaltung
sI		Impulsanteil einer Aufschaltung
u	V	Dynamischer Anteil einer elektrischen Spannung
x		Koordinatenrichtung der x-Achse
y		Koordinatenrichtung der y-Achse
z		Koordinatenrichtung der z-Achse

Griechische Großbuchstaben

Δ		Kennzeichen einer Differenzgröße
Θ	A	Elektrische Durchflutung
Φ	Vs	Magnetischer Fluss

Griechische Kleinbuchstaben

δ	m	Luftspalthöhe eines magnetischen Flusskreislaufs
δ_0	m	Luftspalthöhe eines magnetischen Flusskreislaufs im Arbeitspunkt
δ_{mot}	m	Luftspalthöhe eines Linearmotors
ϑ	A	Dynamische elektrische Durchflutung einer Spule
ϑ_0	A	Elektrische Durchflutung im Arbeitspunkt
λ	s^{-1}	Variable eines charakteristischen Polynoms
μ_0	Vs/Am	Magnetische Feldkonstante $\mu_0 = 4\pi \cdot 10^{-7}$ Vs/Am
μ_r		Magnetische Permeabilität
σ_1	V/N	Erste Ersatzgröße zur Formelkomprimierung
σ_2	s^{-3}	Zweite Ersatzgröße zur Formelkomprimierung
σ_3	s^{-1}	Dritte Ersatzgröße zur Formelkomprimierung
ρ	°	Winkel der Motorneigung
α	rad	Drehung um die x-Achse
β	rad	Drehung um die y-Achse
γ	rad	Drehung um die z-Achse

Vektoren und Matrizen

$\mathbf{A}$	Systemmatrix
$\mathbf{A}_E$	Erweiterte Systemmatrix
$\mathbf{B}$	Eingangsmatrix
$\mathbf{B}_E$	Erweiterte Eingangsmatrix
$\mathbf{C}$	Ausgangsmatrix
$\mathbf{D}$	Durchgangsmatrix
$\mathbf{F}_s$	Schleifkräfte in Verfahr-, Quer- und vertikaler Richtung

$\mathbf{I}$	Einheitsmatrix
$\mathbf{I}_B$	Matrix der Trägheitsmomente mit Bezugspunkt B
$\mathbf{J}_{..}$	Jacobi-Matrix mit Angabe der Bezugssysteme
$\mathbf{M}$	Massenmatrix
$\mathbf{P}$	Hilfsmatrix zur Lösung der stationären Riccati-Gleichung
$\mathbf{Q}$	Gewichtungen der Regelabweichungen im Gütemaß des Riccati-Ansatzes
$\mathbf{Q}_S$	Steuerbarkeitsmatrix
$\mathbf{R}$	Reglermatrix
$\mathbf{R}^*$	Reglermatrix für eine Systemmatrix in Regelungsnormalform
$\mathbf{R}_E$	Erweiterte Reglermatrix
$\mathbf{R}_I$	Reglerverstärkungen im Integralzweig in Freiheitsgraddarstellung
$\mathbf{R}_P$	Reglerverstärkungen im Proportionalzweig in Freiheitsgraddarstellung
$\mathbf{R}_x$	Reglerverstärkungen der Zustandsrückführung in Freiheitsgraddarstellung
$\mathbf{S}$	Aufgewendete Stellenergie für die Eingangsfunktion im Gütemaß des Riccati-Ansatzes
$\mathbf{U}_B$	Ansteuerspannungen in Freiheitsgraddarstellung
$\mathbf{V}$	Dreiecksmatrix zur Herleitung der Basistransformationsmatrix
$\mathbf{Z}$	Basistransformationsmatrix
$\mathbf{e}$	Integrierte Abweichung des Streckenausgangs von der Sollgröße
$\mathbf{f}_A$	Sammelvektor der lokalen Kräfte der Magnetmodule
$\mathbf{f}_B$	Räumlicher Kraft- und Momentenvektor auf den Bezugspunkt B
$\mathbf{f}_g$	Gewichtskraftanteile in Freiheitsgraddarstellung
$\mathbf{f}_{mot}$	Lageabhängige Motornormalkraft in Freiheitsgraddarstellung
$\mathbf{f}_{mot,0}$	Motornormalkraft in Freiheitsgraddarstellung bei nomineller Luftspalthöhe
$\mathbf{f}_{stör}$	Störkräfte in Freiheitsgraddarstellung
$\mathbf{q}_B$	Lage des Verfahrschlittens in Freiheitsgraddarstellung
$\mathbf{q}_{B0}$	Anfangslage des Verfahrschlittens in Freiheitsgraddarstellung
$\mathbf{s}_{..}$	Ortsvektor im Raum mit Angabe von Anfangs- und Endpunkt
$\mathbf{u}$	Eingangsvektor

x	Zustandsvektor
y	Ausgangsvektor
z	Störvektor
$\boldsymbol{\delta}_A$	Lokale Luftspalthöhen der Magnetmodule
$\boldsymbol{\delta}_{mot}$	Luftspalthöhen der Angriffspunkte der Motornormalkraft
$\boldsymbol{\vartheta}_A$	Lokale Durchflutungen der Magnetmodule
$\boldsymbol{\vartheta}_B$	Durchflutungen der Aktoren in Freiheitsgraddarstellung

Abkürzungen

ACC	Messung mit Beschleunigungssensor
CACE	Computer Aided Control Engineering
CAD	Computer Aided Design
CBN	Cubic Boron Nitride
DSP	Digitaler Signalprozessor
EM	Elektromagnet
EMP	Einzelmagnetprüfstand
ETH	Eidgenössische Technische Hochschule (Zürich)
FE	Eisen
FEM	Finite Elemente Methode
GUI	Graphical User Interface
HSC/HPC	High Speed Cutting/High Performance Cutting
IEM	Institut für Elektrische Maschinen der RWTH Aachen
LS	Luftspalt
NdFeB	Neodymium-Eisen-Bor
P	Proportional- (Reglerstruktur)
PI	Proportional-Integral- (Reglerstruktur)
PM	Permanentmagnet
PMF	Permanentmagnetfluss
POS	Messung mit differenzierter Luftspalthöhe
PRBS	Pseudo- Random Binary Signal
PT_1	Proportionales Übertragungsglied mit Verzögerung 1. Ordnung
PWM	Pulsweitenmodulation

RNF	Regelungsnormalform
RTOS-UH	Real Time Operating System – University of Hannover
RWTH	Rheinisch-Westfälische Technische Hochschule
TGV	Train à grande vitesse, französischer Hochgeschwindigkeitszug
TP	Tiefpass
TU	Technische Universität
VME	Versa Module Eurocard
WZL	Werkzeugmaschinenlabor der RWTH Aachen

1 Einleitung

Seit über 2500 Jahren ist der Menschheit die Existenz von natürlichen Permanentmagneten bekannt. Unabhängige Beschreibungen ihrer Eigenschaften wurden sowohl im antiken Griechenland als auch in China angefertigt [TRIN10]. Dabei handelte es sich durchweg um vulkanisches Magnetit, ein sehr häufiges, stark eisenhaltiges Mineral [MINE10], das durch Blitzeinschläge lokal magnetisiert werden kann.

Der Mensch besitzt im Gegensatz zu einigen Tierarten keinen Magnetsinn, der ihm z.B. eine Orientierung im Erdmagnetfeld erlaubt [WILT02]. Das Phänomen eines Magnetfeldes ist uns intuitiv nicht vertraut und dementsprechend vielfältig und phantasievoll waren über viele Jahrhunderte hinweg die Erklärungsversuche der beobachtbaren magnetischen Wirkungen. Im 11. Jahrhundert tauchten die ersten Beschreibungen zuverlässiger magnetischer Kompasse auf, welche die Seefahrt revolutionierten [TRIN10]. Von dieser fundamentalen Entdeckung abgesehen rankten sich unzählige Mythen um die unsichtbare Kraft. Und Berichte über die angeblichen Erfindungen von magnetisch angetriebenen Perpetua Mobilia finden sich sogar noch bis ins 20. Jahrhundert [GRAM10]. Der Umbruch im Verständnis des Magnetismus und der Übergang zu funktionierenden Elektromagneten und Transformatoren begann ab 1820 und ist verknüpft mit den Namen Oersted, Ampere, Faraday und schließlich Maxwell [KLOS94]. Heutzutage sind elektromagnetische Effekte eine der Grundlagen unserer modernen Zivilisation, sei es in der Energieerzeugung, der motorischen Erzeugung von Bewegung oder in der magnetischen Datenspeicherung.

Im Gegensatz zu den physikalisch unmöglichen Konzepten des Perpetuum Mobile entwickelten sich die anfangs ähnlich phantasievollen Arbeiten zur berührungslosen Lagerung von Körpern erfolgreich weiter. EARNSHAW zeigte im Jahre 1842 die Grenzen rein permanentmagnetischer Anordnungen auf [EARN42]. Sie finden sich aber vielfach als unterstützende Elemente oder sind mit mechanischen Abstützungen kombiniert. Mit zunehmender Leistungsfähigkeit moderner Werkstoffe und Elektronik sowie der wachsenden Kapazitäten der Computertechnik konnten aktive, geregelte elektromagnetische Lager und Führungen verwirklicht werden, die bis zu den Hochleistungssystemen des Transrapids führten. Diese vollständig berührungslosen Systeme besitzen eine leistungsfähige elektronische Regelung, die umfangreiche Variationen ihrer Eigenschaften erlaubt.

Mit zunehmenden Erfolgen bei der Führung von Transportsystemen und dem Aufbau von rotatorischen Lagern steigen auch die Anforderungen an die Eigenschaften der Aufbauten. Zusätzlich zu statischen, wenig belasteten Anwendungsfällen sollen die Magnetlager inzwischen auch für dynamisch belastete Systeme z.B. im Umfeld von Werkzeugmaschinen zum Einsatz kommen [PALI04; REDE06]. Erste Entwicklungsprojekte konzentrierten sich auf rotatorische Magnetlager für hochdrehende und gekapselte Anwendungen wie z.B. in Pumpen und weiteten sich dann bis auf das Feld der HSC-Werkzeugspindeln aus [LACO04]. Diese verlangten bereits deutlich erhöhte dynamische Steifigkeiten und Reaktionsgeschwindigkeiten der aktiv geregelten Lagerung aufgrund der Prozess- und Störkräfte.

Eine ähnliche Entwicklung ist in Bezug auf die linearen Magnetführungen darstellbar. Unabhängig von den serienreifen Magnetschwebe-Zügen unterschiedlicher Bauarten sind verschiedene kleinere Transportsysteme entwickelt worden [RTRI07; TRAN04; VANG04b]. Sie reichen bis hin zu ersten Forschungsprojekten für Vorschubachsen mit stark begrenztem Verfahrweg und dafür hohen Ansprüchen an das dynamische Verhalten der berührungslosen Führung [WAHN02; RUSK04].

Parallel zu den erzielten Fortschritten wuchs aber auch die Komplexität der Führungssysteme immer weiter an. Die von WAHNER und RUSKOWSKI aufgebauten Prototypen benötigen beispielsweise zwölf bzw. acht magnetische Aktoren, die jeweils über aufwändige Leistungs- und Steuerungsmodule kontrolliert werden. Dieser technische und bei weiterer Umsetzung auch finanzielle Aufwand zur Realisierung industriell anwendbarer Magnetführungen limitiert ihre Akzeptanz beträchtlich.

Als weiterführende Aufgabe ist es vor diesem Hintergrund das Ziel dieser Arbeit, die Anzahl der Aktoren für eine dynamisch steife Magnetführung mit begrenztem Verfahrweg zu reduzieren und die Komplexität ihrer Ansteuerung zu verringern. Durch die Entwicklung eines integrierten Magnetmoduls mit bidirektionaler Wirkung und permanentmagnetischer Unterstützung wird die häufig verwendete Differenzanordnung einzelner Magnetaktoren ersetzt und die elektrische Versorgung und Überwachung auf kommerziell erhältliche Komponenten beschränkt. Über die Realisierung und Untersuchung des Moduls hinaus wird es zu einer vollständigen magnetischen Führung mit modularer Zustandsregelung als Teil einer prototypischen Vorschubachse für eine Werkzeugmaschine weiterentwickelt und seine Leistungsfähigkeit als Einzelaktor sowie im Verbundbetrieb der Führung dokumentiert.

Dazu wird nach der Aufarbeitung des Stands der Technik in Forschung und Industrie in Kapitel 4 zunächst die Entwicklung der integrierten Magnetmodule ausführlich erläutert. Zusätzlich zur simulationsgestützten Auslegung der Mechanik und der Ansteuerung erfolgt eine ausführliche Verifikation der Eigenschaften an einem Prototyp. Im anschließenden Kapitel 5 erfolgt die Auslegung der prototypischen Vorschubachse mit einer vollständig berührungslosen Führung, die sich auf sechs Magnetmodulen abstützt. Parallel zur mechanischen Konzeption behandelt das Kapitel die Erweiterung der Regelung und ihre Umstellung von einer Aktorregelung auf eine entkoppelte Freiheitsgradregelung. Abschließend wird die Vorschubachse mit starken Vorschubantrieben ausgerüstet, deren Wechselwirkungen mit der Führung gesondert berücksichtigt werden müssen.

In Kapitel 6 wird die Inbetriebnahme der Vorschubachse und die Leistungsfähigkeit der prototypischen Realisierung in verschiedenen Ausbaustufen dokumentiert und beurteilt. Die Arbeit schließt mit einem Ausblick auf vorhandene Ansätze zur Optimierung und Weiterentwicklung der einzelnen Magnetmodule und der gesamten Magnetführung.

Introduction

The existence of natural permanent magnets has been known to mankind for over 2500 years. Independent descriptions of their characteristics have been put together in ancient Greece as well as in China [TRIN10]. They consisted exclusively of volcanic Magnetite, a very common, ferrous mineral [MINE10], which can be locally magnetized by lightning strikes.

In contrast to some animals humans do not own a natural sense for magnetism, which e.g. allows orientation in the magnetic field of the earth [WILT02]. We cannot grasp the phenomenon of a magnetic field intuitively and therefore the explanations of observed magnetic effects were imaginative and numerous for many centuries. The first descriptions of reliable magnetic compasses, which revolutionized ocean voyages, showed up in the 11th century [TRIN10]. Apart from this fundamental invention, countless mythical stories were attached to the invisible force. And reports of alleged inventions of magnetically driven perpetua mobilia can be found up into the 20th century [GRAM10]. The transition in the comprehension of magnetism and the transfer to working electromagnets and transformers began in 1820 and is connected to the names of Oersted, Ampere, Faraday and finally Maxwell [KLOS94]. Nowadays, electromagnetic effects are one of the foundations of our modern civilization. They are being used for the generation of energy, motor-driven movement or magnetic data storage.

Contrary to the physically impossible concepts of a perpetuum mobile, similarly imaginative approaches to the idea of a contactless bearing progressed successfully. EARNSHAW limited the possibilities for purely permanent magnetic configurations [EARN42], but they are frequently used as supporting elements or in combination with mechanical supports. The growing capability of modern materials and electronics as well as the increasing power of computer technology enabled actively controlled electromagnetic bearings and guidings, which led to the high performance systems of the Transrapid train. These completely contactless systems contain powerful electronic controls, which allow substantial variations of their characteristics.

Growing success with guidings for transport systems and the development of rotary bearings started to increase the demands on the designs. Apart from static applications with small loads the magnetic bearings are now being considered for dynamically loaded systems e.g. in the field of machine tools [PALI04; REDE06]. Early research projects concentrated on rotary magnetic bearings for encapsulated and high speed applications, e.g. for pumps, and advanced to the field of HSC-spindles [LACO04]. These already demanded a significantly higher stiffness and reaction speed of the actively controlled bearings due to process and disturbance forces.

A similar development can be seen with regard to linear magnetic guidings. Independent of the mature designs for the various MagLev trains an assortment of smaller transport systems has been developed [RTRI07; TRAN04; VANG04b]. This led up to research projects for feed axes with a very limited track length in exchange for significantly higher demands on the dynamic behavior of their contactless guidings [WAHN02; RUSK04].

However, the accomplished progress was accompanied by a growing complexity of the guiding systems. The prototypes built by WAHNER and RUSKOWSKI require twelve and eight actuators, each of which are operated by elaborate power electronics and control units. The technical and with further application also financial effort for the realization of industrially applicable magnetic guidings limits their acceptance significantly.

For a further advancement of these systems it is therefore the goal of this thesis project to reduce the number of actuators for a magnetic guiding with a limited track length and to decrease the complexity of its control. It presents an integrated magnet module with a bidirectional force generation and permanent magnetic support, which can replace the frequently used differential configuration of two magnetic actuators. Its electronic supply and monitoring are restricted to commercially available components. Beyond the initial implementation and examination of the magnet module, it is developed further to form a complete magnetic guiding with a modular state controller as part of a prototypical feed axis. The thesis documents its capabilities as independent actuator and integrated into the coupled guiding system.

Following a comprehensive presentation of the state of the art on magnetic bearings in research and industry, the development of the integrated magnet modules is described in detail in chapter 4. In addition to a simulation-based dimensioning of the mechanical structures and the control components, the chapter contains an extensive verification of the module's characteristics by means of a first prototype. The ensuing chapter 5 deals with the design of the prototypical feed axis and its completely contactless guiding, which is based on six magnet modules. Parallel to the mechanical construction the electronic actuator control is expanded to a decoupled control of the spatial degrees of freedom. In the last step of the project the feed axis is provided with powerful feed drives, whose interaction with the guiding has to be considered independently.

Chapter 6 documents and evaluates the start-up process and the capabilities of the prototypical feed axis during various stages of expansion. The thesis concludes with an outlook on possible optimizations and advancements of the individual magnet modules and the comprehensive guiding system.

2 Stand der Technik in Forschung und Industrie

State of the art in research and industry

Die Lagerung einer angetriebenen Vorschubachse beeinflusst ihr Gesamtverhalten in höchstem Maße. Dies gilt in erster Linie unabhängig von ihrer Verwendung, aber die Bedeutung der äußeren Einflüsse variiert mit den Anforderungen der Anwendung an die Qualität der Bewegungsführung. Diese unterscheiden sich z.B. für Transportanwendungen oder Pumpen mit stationärem Betriebspunkt sehr deutlich von dynamischen Achsbewegungen im Bearbeitungsprozess einer Werkzeugmaschine.

Zusätzlich zu den sehr weit verbreiteten Wälzlagern gab es in den letzten Jahren verschiedene Ansätze, berührungslose rotatorische und lineare Magnetlager zu produktreifen Alternativen mit weitreichenden Anwendungsbereichen weiterzuentwickeln. Diese Konzepte waren allerdings nur unter bestimmten Umständen erfolgreich und führten zu kommerziellen Produkten. Viele andere Entwicklungen verbleiben immer noch im Prototypenstadium. Im Folgenden wird ein Überblick über die verschiedenen Projekte und Produkte und ihre Eigenschaften gegeben.

2.1 Grundlagen des magnetischen Schwebens

Basic principles of magnetic levitation

Zu Beginn der Übersicht werden kurz die technischen Realisierungsmöglichkeiten und die allgemeinen Eigenschaften von berührungslosen Magnetlagern erörtert.

2.1.1 Prinzipien des magnetischen Schwebens

Principles of magnetic levitation

Zur Nutzung von magnetischen Feldern für die Lagerung oder Führung eines Körpers sind verschiedene Ansätze möglich. Man unterscheidet permanentmagnetische, elektrodynamische und elektromagnetische Prinzipien [SCHW93].

Intuitiv verständlich ist die Verwertung der abstoßenden Kräfte gleichnamiger magnetischer Pole in zwei Permanentmagneten. Werden die beiden Magnete einander gegenüber positioniert, variiert die Tragkraft in Abhängigkeit der Stärke der Magnetisierung und des Abstandes. Dieses Prinzip ist nicht aktiv geregelt, d.h. es erfolgt weder eine sensorische Kontrolle des Lagerspalts, noch ist er aktorisch beeinflussbar. Je nach Belastung verändert sich seine Höhe und bei Überlastung kommt es sogar zum Kontakt der Lagerpartner. Falls die Belastung schwankt, entstehen Schwingungen im Lagerspalt, die mangels Reibung kaum gedämpft sind. Zusätzlich kann eine rein permanentmagnetische Führung nach dem Prinzip von EARNSHAW [EARN42] niemals alle räumlichen Freiheitsgrade stabilisieren. Mindestens eine Richtung muss durch eine mechanisch berührende oder aktiv geregelte Führung abgestützt werden.

EARNSHAW beschäftigte sich im 19. Jahrhundert grundlegend mit den Eigenschaften von Molekularkräften, welche gemäß den damaligen Ansichten den allgegenwärtigen

Äther beeinflussten. Der Äther war zu dieser Zeit ein Gedankenkonstrukt der Physik, um die Ausbreitung des Lichtes im Vakuum zu erklären. Dem Licht wurde ein reiner Wellencharakter zugeschrieben und dementsprechend wurde ein Ausbreitungsmedium benötigt, auch wenn dieses nicht nachweisbar war [BRYS05]. Die aufkommende Quantenphysik widerlegte schließlich die Existenz eines Äthers, die untersuchten Kraftwirkungen bleiben davon aber unberührt. Sie sind letzten Endes auf die Laplacegleichung zurückzuführen, nach der die Summe der zweiten Ableitungen eines Potentials gleich Null sein muss. Im Falle der Permanentmagnetkräfte bestimmt die Gleichung, dass die Summe der Steifigkeiten über alle Freiheitsgrade Null oder kleiner sein muss. Das heißt, es treten zwangsweise auch negative Steifigkeitswerte auf. Eine negative Steifigkeit beschreibt die Kraftzunahme einer Magnetanordnung bei abnehmendem Luftspalt, siehe auch Abschnitt 4.1.3, und stellt im Falle von permanentmagnetischen Kräften eine nicht kompensierbare Instabilität dar. Eine ausführliche Herleitung dieser Grundlagen ist beispielsweise in [LANG03] enthalten.

Diese Einschränkungen in der Stabilität und der Konstanz der Luftspalthöhe, sowie die hohen Kosten für die vollständige Auslegung der krafterzeugenden Flächen beider Lagerpartner mit Magnetmaterial machen eine permanentmagnetische Führung für viele Anwendungen ungeeignet.

Die zweite Alternative zur Realisierung einer magnetischen Führung ist das elektrodynamische Schweben, wie es z.B. im japanischen JR-Maglev Hochgeschwindigkeitszug verwendet wird, siehe auch Abschnitt 2.4.1. Dieses Prinzip basiert auf supraleitenden Magnetspulen am bewegten Führungsschlitten oder Rotor, die bei einer Relativbewegung hohe Ströme in Reaktionsspulen im Fahrweg bzw. Stator induzieren und durch die räumliche Anordnung sowohl tragende als auch führende Magnetkräfte erzeugen. Das bewegte Element ist dafür sowohl zwischen den Reaktionsspulen als auch leicht außerhalb des kraftneutralen Zentrums positioniert und strebt diesen Gleichgewichtspunkt an [RTRI07]. Die Supraleitung kann nur bei extrem niedrigen Temperaturen aufrechterhalten werden, zu diesem Zweck werden die Magnete in einem geschlossenen Kreislauf mit flüssigem Helium oder Stickstoff gekühlt. Trotzdem ist die Induktionswirkung erst ab einer masseabhängigen Mindestgeschwindigkeit stark genug, um den Schlitten oder Rotor von einem zusätzlichen mechanischen Lager abzuheben und in den stabilen Schwebebetrieb überzugehen.

Ohne den Einsatz der supraleitenden Elemente ist die Erzeugung der notwendigen Feldstärke für eine elektrodynamische Führung kaum möglich. Allenfalls modernste Permanentmagnetwerkstoffe, welche im Inductrack-Prinzip zusätzlich in Halbach-Arrays angeordnet werden, können ebenfalls ausreichend sein [HELL98; RENN04]. Diese Arrays ordnen Permanentmagnete nebeneinander an, wobei ihre Magnetisierungsrichtungen jeweils um einen konstanten Winkel gegenüber der vorherigen gedreht sind. Auf diese Weise wird der magnetische Fluss auf einer Seite des Arrays konzentriert, während er auf der gegenüberliegenden Seite beinahe verschwindet.

Vorteilhaft sind die sehr großen Luftspalte im Bereich von mehreren Zentimetern, die mit dem elektrodynamischen Prinzip abhängig von der Relativgeschwindigkeit erreicht werden können, und damit ausnehmend geringe Anforderungen an die Justierung der Lagerung oder den Schutz vor externen Störungen stellen. Gegen die Verwendung sprechen der sehr hohe Aufwand für die Erzeugung der Supraleitung in den Tragmagnetspulen, die notwendige Abschirmung der extrem starken Magnetfelder und die erforderliche Mindestgeschwindigkeit für einen stabilen Schwebezustand. Industrielle Anwendungen sind damit so gut wie ausgeschlossen.

Wesentlich geringeren Einschränkungen unterliegt das elektromagnetische Schweben mit aktiv geregelten Elektro- oder Hybridmagneten. Durch die Variation des Spulenstroms im Magneten wird hierbei der sensorisch erfasste Luftspalt zu dem ferromagnetischen Rückschlussjoch konstant gehalten, um Lastschwankungen auszugleichen, Bild 2.1 links. Zu beachten ist dabei, dass eine quadratische Abhängigkeit zwischen dem erregenden Strom und der erzeugten Magnetkraft besteht. Unabhängig von der Stromrichtung werden nur anziehende Kräfte erzeugt [KALL03].

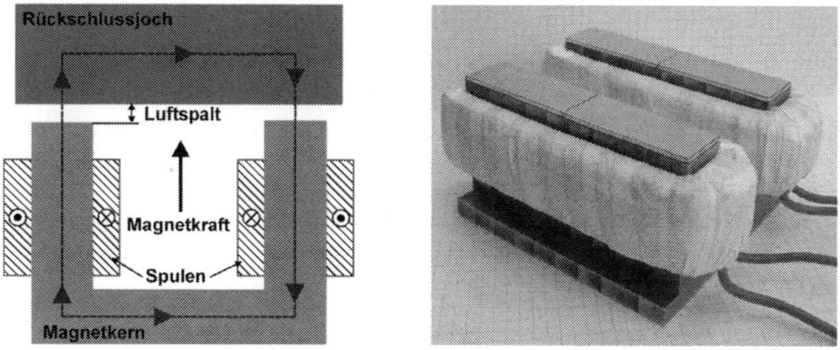

Bild 2.1: Prinzip eines Elektromagneten (links) und Beispiel eines Hybridmagneten mit aufgesetzten Permanentmagneten (rechts) [VANG04b]

Principle of an electromagnet (left) and example of a hybrid magnet with added permanent magnets (right)

Bei vertikaler Ausrichtung des Magneten unter seinem Joch kann die Gravitationskraft als Rückstellkraft genutzt werden. Häufig werden jedoch zwei Magnete mit gegensätzlichen Orientierungen auf den beiden Seiten des Joches und differentieller Ansteuerung zu einem Aktor verbunden. Diese Konfiguration spannt den Aktor mit einem permanenten Basisstrom vor und erleichtert eine linearisierte Betrachtung seiner Kraftkennlinie, da der aufmodulierte Steuerstrom einen steileren Bereich der Parabel nutzt. Der Effekt verstärkt sich mit steigendem Basisstrom, erhöht aber gleichzeitig die elektrischen Verluste des Aktors und verringert den verbleibenden dynamischen Bereich der Leistungselektronik bis zu ihrer Stromgrenze. Die differentielle Anordnung ermöglicht die Erzeugung dynamischer Kräfte in beiden Richtungen einer Achse, sie bedingt aber, dass jeder Elektromagnet von einem separaten Steller angesteuert wird, da sich Basisstrom und Steuerstrom in einer Magnetspule addieren, während sie in der gegenüberliegenden subtrahiert werden müssen [WAHN02].

Zur Energieeinsparung können die Elektromagnete durch die Einbringung von permanentmagnetischem Material verstärkt werden, dabei entstehen im Allgemeinen Hybridmagnete, siehe Bild 2.1 rechts. Ihre permanente Basiskraft kompensiert z.B. konstante Dauerlasten und senkt den Energiebedarf. Der Elektromagnet stellt dann nur noch die Steuerkraft zur Verfügung, die zusätzliche Lastanteile und dynamische Störungen kompensiert. In Hybridmagneten verstärkt der Permanentmagnet den magnetischen Fluss generell nichtlinear, da er geometriebedingt im Flusskreislauf des Elektromagneten positioniert werden muss. So laufen zwar die beiden Magnetflüsse parallel und addieren sich, der elektromagnetische Fluss muss aber auch das permanentmagnetische Material durchdringen, welches eine niedrige Permeabilität aufweist und damit höhere Ströme zur Kompensation der Flussverluste erforderlich macht. Diese wiederum führen zu erhöhten elektrischen Verlusten [KALL03].

Zur Regelung der Luftspalthöhe ist der Elektromagnet immer ein Bestandteil eines geschlossenen Regelkreises mit hoher Taktrate, zu dem ein berührungsloser Wegaufnehmer, eine Regelungselektronik und ein Leistungssteller gehören. Typischerweise werden die aktuelle Luftspalthöhe und der Spulenstrom gemessen, mit den Sollgrößen verglichen und als Abweichung in einen Regler gegeben, der ein korrigierendes Stellsignal für den Aktor erzeugt. Die Leistungselektronik kann entweder direkt als Gleichstromsteller oder als Frequenzumrichter ausgeführt sein. Ihre maximale Stromabgabe stellt zusammen mit der Größe der aktiven Fläche des Aktors und der magnetischen Sättigung des Kernmaterials die hauptsächliche Begrenzung der Tragkraft des Magnetlagers dar. Die dynamischen Kenngrößen wie Steifigkeit und Dämpfung sind dagegen vorrangig über die Ausführung der Regelung beeinflussbar. Gängige Luftspalthöhen für realisierte Magnetlagerungen liegen im Bereich von 0,2-1,0 mm, wobei die Steifigkeit grundsätzlich mit sinkendem Luftspalt ansteigt, während gleichzeitig die umgesetzte Verlustleistung sinkt [AESC02; LOES02].

Das Prinzip des elektromagnetischen Schwebens vereint bei ausreichend schneller und leistungsfähiger Regelung eine gute Stabilität der Luftspalthöhe, und damit der Positionierung, mit einem insgesamt überschaubaren Aufwand. Außerdem besteht keine Abhängigkeit von einer zusätzlichen Vorschub- oder Winkelgeschwindigkeit, da keinerlei dynamisch erzeugte Induktion notwendig ist. Damit ist das elektromagnetische Schweben als einzige Technologie grundsätzlich geeignet, in der industriellen Maschinentechnik Verwendung zu finden.

2.1.2 Magnetaktoren

Magnetic actuators

Die eigentliche Kraftwirkung in einem Elektromagneten entsteht durch eine Grenzflächenkraft. Diese wird an den Übergängen zwischen zwei Materialien erzeugt, an denen sich die magnetische Permeabilität μ_r sprunghaft ändert. Diese Größe beschreibt die Materialeigenschaften, welche die magnetische Leitfähigkeit charakterisieren. Ein sehr großer Sprung, z.B. zwischen Eisen ($\mu_r = 10^3$-10^4) und Luft ($\mu_r = 1$), erzeugt große, technisch nutzbare Kräfte senkrecht zur Grenzfläche, welche bestrebt sind, die Leitfähigkeit zu maximieren. So ergeben sich z.B. anziehende Kräfte, die einen Luftspalt im Eisenkreis verringern. Die zur Krafterzeugung benötigte Energie ist im magnetischen Feld gespeichert und kann nach dem Prinzip der virtuellen Verschiebung als mechanische Energie betrachtet werden [SCHW93]:

$$F = \frac{\partial W}{\partial x} \tag{2.1}$$

Die Energiedichte im magnetischen Feld entspricht dem Produkt der magnetischen Flussdichte B und der magnetischen Feldstärke H. Dementsprechend ist für die Gesamtenergie im Luftspalt das enthaltene Luftvolumen maßgebend, sämtliche Streufelder werden an dieser Stelle vernachlässigt. Beispielhaft kann der Elektromagnet aus Bild 2.1 herangezogen werden. Dazu werden für das Volumen die Stirnfläche eines Magnetschenkels A_L und die Luftspalthöhe δ definiert. Im Gesamtkreislauf tritt dieses Volumen zweimal auf [GERT89, S. 346].

$$W_{Mag} = \frac{1}{2} \cdot B_L \cdot H_L \cdot V_L = \frac{1}{2} \cdot B_L \cdot H_L \cdot A_L \cdot 2 \cdot \delta \tag{2.2}$$

Die zur Krafterzeugung benötigte Verschiebung verlangt in diesem Fall eine Veränderung der Luftspalthöhe und dementsprechend eine Ableitung der Energie nach δ. Zu beachten ist, dass diese Art der Berechnung nur für abgeschlossene Systeme gilt, d.h. es muss verlangt werden, dass im Augenblick der Kraftermittlung keine Flussänderung im Elektromagneten stattfindet.

$$F_{Mag} = \frac{\partial W_{Mag}}{\partial \delta} = B_L \cdot H_L \cdot A_L = \frac{B_L^2 \cdot A_L}{\mu_0} \tag{2.3}$$

Eine genauere Betrachtung der Magnetkraft verlangt die Berechnung der Flussdichte im Luftspalt. Zu diesem Zweck wird der Durchflutungssatz entlang des in Bild 2.1 skizzierten Pfades angewendet. Der Vollständigkeit halber wird hier ein Hybridmagnet betrachtet, dessen Schenkel zusätzlich mit Permanentmagneten der Höhe h belegt sind. Für reine Elektromagneten kann h = 0 gesetzt werden.

$$\oint H dx = \Theta = N \cdot I = l_{FE} \cdot \frac{B_{EM}}{\mu_0 \cdot \mu_{r,FE}} + 2 \cdot \delta \cdot \frac{B_L}{\mu_0} + 2 \cdot h \cdot H_{PM} \tag{2.4}$$

Die Magnetfeldanteile entlang der Weglängen im Eisen l_{FE}, im Luftspalt δ und in den Permanentmagneten h müssen dabei der Durchflutung der um den Kern gewickelten Spulen entsprechen. Die elektrische Durchflutung Θ entspricht dem Produkt des Spulenstroms I und der Gesamtwindungszahl N. Zur weiteren Vereinfachung werden die Querschnittsflächen des Luftspaltes, der Permanentmagnete und der Eisenkerne als konstant angenommen. Daraus folgt, weiterhin unter Vernachlässigung jeglicher Streuung, dass die Flussdichte im Magnetkreis konstant bleibt: $B_{EM} = B_L = B_{PM}$. Die sehr hohe Permeabilität des Eisenkerns führt zu einem vernachlässigbaren magnetischen Widerstand, der nicht weiter berücksichtigt werden muss ($\mu_{r,FE} \rightarrow \infty$). Einen wesentlichen Einfluss haben dafür die Permanentmagnete mit $\mu_{r,PM} = 1$ ($= \mu_{r,Luft}$), daher wird bei Hybridmagneten gelegentlich auch von virtuell vergrößerten Luftspalten gesprochen. Ihr Hystereseverhalten kann entsprechend der nachfolgenden Gleichung 2.5 vereinfacht als Überlagerung der remanenten Flussdichte B_R und des äußeren Magnetfelds H_{PM} dargestellt werden [HERI95, S. 300f; KALL03]:

$$B_{PM} = B_R + \mu_0 \mu_{r,PM} \cdot H_{PM}, \text{ mit } \mu_{r,PM} \approx 1 \tag{2.5}$$

Mit diesen Annahmen und Vereinfachungen ergibt sich schließlich die magnetische Flussdichte im Luftspalt zu

$$B_L = \frac{\mu_0 \cdot N \cdot I}{2 \cdot (\delta + h)} + \frac{B_R \cdot h}{\delta + h} \tag{2.6}$$

und die Kraftwirkung eines Hybridmagneten berechnet sich zu

$$F_{Mag} = \frac{A_L}{\mu_0} \cdot \left(\frac{\mu_0 \cdot N \cdot I}{2 \cdot (\delta + h)} + \frac{B_R \cdot h}{\delta + h} \right)^2. \tag{2.7}$$

Als Sonderfall kann aus Gleichung 2.7 die Kraft eines reinen Elektromagneten abgeleitet werden, indem h = 0 gesetzt wird:

$$F_{EM} = \frac{\mu_0 \cdot A_L \cdot N^2 \cdot I^2}{4 \cdot \delta^2} \tag{2.8}$$

Wie bereits erwähnt, sind einzelne Magnete eines Lagers, die sich auf den beiden Seiten eines Jochs gegenüberstehen, häufig zu Aktoren zusammengefasst. Ihre entgegengesetzte Orientierung und eine mechanische Kopplung bedingen dabei das folgende Verhalten bei Auslenkungen aus der Arbeitsposition mit dem Luftspalt δ_0:

$$\begin{matrix} \delta_1 = \delta_0 - \Delta\delta \\ \delta_2 = \delta_0 + \Delta\delta \end{matrix}, \quad \delta_1 + \delta_2 = 2 \cdot \delta_0 = \text{const.}, \quad \begin{matrix} I_1 = I_0 - \Delta I \\ I_2 = I_0 + \Delta I \end{matrix} \tag{2.9}$$

Dabei bleibt der Gesamtluftspalt im Aktor konstant. Wegen der getrennten Flusskreisläufe in den beiden Magneten ändern sich aber trotzdem die individuellen magnetischen Eigenschaften durch die lokale Änderung der Reluktanz. Für die Überlagerung des Steuerstroms zum Basisstrom in den Magnetspulen existieren eine Reihe von mathematischen Funktionen, die in [WAHN02] aufgelistet sind. Die Summe der gerichteten Kräfte der beiden Magnete ergibt die resultierende Kraft des Aktors:

$$F_{res} = F_{Mag,1} - F_{Mag,2} \tag{2.10}$$

Befindet sich bei vertikaler Achsrichtung der Aktor 1 unterhalb des Joches und Aktor 2 oberhalb, so ergibt sich mit den Luftspaltänderungen nach Formel 2.9 ohne eine Anpassung der Ströme eine resultierende Kraft nach oben.

2.1.3 Möglichkeiten und Grenzen von Magnetlagerungen

Potentials and limits of magnetic bearings

Eine magnetische Lagerung bietet gegenüber einem berührenden System verschiedene Vorteile. Die Anwendungen können z.B. von der absoluten Reibungsfreiheit des schwebenden Lagers profitieren, die hohe Geschwindigkeiten und Beschleunigungen ermöglicht. Aufgrund dessen rücken häufig Anwendungen mit höchsten dynamischen Anforderungen in den Fokus der Entwicklungen. Dabei benötigt die Führung keinerlei Schmiermittel, bleibt dennoch vollkommen verschleißfrei und bildet keinerlei Abriebpartikel. So ist jede Verschmutzung der Umgebung und des Prozesses ausgeschlossen. Außerdem bleibt eine sehr lange Lebensdauer bei völliger Wartungsfreiheit gewährleistet. Im Extremfall ist es sogar möglich, den bewegten Lagerpartner vollständig zu kapseln und auf diese Weise eine ideale Eignung für hochreine oder aggressive Umgebungen sicher zu stellen [ELJO02; SCHW93].

Dazu kommt bei aktiven Lagerungen die unabhängige Beeinflussbarkeit des Lagerspalts und des Steifigkeits- und Dämpfungsverhaltens. Auf diese Weise können sowohl eine sehr präzise Feinpositionierung in allen Freiheitsgraden, als auch ein anpassbares Schwingungsverhalten bzw. eine aktive Schwingungsunterdrückung realisiert werden. Des Weiteren können beliebige zusätzliche Funktionen und Erweiterungen in die Regelung integriert werden [HARR03].

Demgegenüber unterliegt eine aktive Magnetführung natürlich auch Einschränkungen. Im Vergleich zu einer kompakten Wälzführung benötigt sie einen deutlich größeren Bauraum sowohl im ortsfesten als auch im bewegten Lagerpartner. Dort kommt hinzu, dass die Magnetaktoren mit Energie versorgt und gleichzeitig die Sensorsignale für die Luftspalthöhe und weitere Regelgrößen zurückgeführt werden müssen. Ohne hohen zusätzlichen Aufwand für drahtlose, sichere Energie- und Signalübertragungsstrecken ist eine Energieführungskette oder eine Drehdurchführung unvermeidlich. Ein weiterer wichtiger Punkt ist die Berücksichtigung der magnetischen Kräfte in Bezug auf magnetisierbares Material in der näheren Umgebung, wie z.B. ferromagnetische Späne. Diese können im Betrieb in einen ungeschützten Lagerspalt gezogen werden und dort Schäden an den Funktionsflächen verursachen.

Auch die aktive Regelung mit ihren positiven Einflussmöglichkeiten ist im direkten Vergleich mit einer passiven, kontaktierenden Führung häufig im Nachteil. Statisch ist sie – bis zur Stromgrenze der Versorgung – sogar steifer als die konventionelle Führung, da es nicht zu Deformationen der Lagerpartner kommt. Bei dynamischen Störungen bleibt sie allerdings oft zurück. Trotz eines hohen regelungstechnischen Aufwands in Hard- und Software bleiben die erreichbare Tragkraft im Verhältnis zum Eigengewicht und auch die dynamische Steifigkeit in vielen Fällen beschränkt [SCHW93]. Die aktive Ausregelung von Störungen und Lastschwankungen hat als rein reaktives Prinzip den grundlegenden Nachteil einer zeitlichen Verzögerung durch die notwendige Erfassung der Abweichung vom Sollluftspalt und die Rechenzeit der Logik, sowie die Zeitkonstanten der Leistungssteller und der Magnetspule.

Und schließlich ist der wesentlich höhere Aufwand zur Realisierung einer Magnetführung auch mit höheren Kosten verbunden, die dazu führen, dass die geplante Anwendung sehr stark von ihren besonderen Vorteilen profitieren muss, um diese Investitionen zu rechtfertigen. Mögliche Beispiele sind in der Halbleiterfertigung zu finden und umfassen z.B. Pumpen mit sehr hohen Drehgeschwindigkeiten, aggressiven oder sehr sensiblen Medien und schwierigen Wartungsbedingungen [SKF08a].

2.2 Permanentmagnetische Lager und Führungen

Permanent magnetic bearings

Rein permanentmagnetische Lagerungen bleiben in ihrer Steifigkeit weit hinter den aktiven Varianten zurück und benötigen zusätzlich in mindestens einem Freiheitsgrad eine zusätzliche Stabilisierung, um ihre negativen Steifigkeiten auszugleichen. Trotz dieser Nachteile existieren einige Anwendungen wie z.B. Vakuumpumpen, Turbomolekularpumpen oder weitere hochspezialisierte Geräte, in denen entsprechende Teillagerungen eingesetzt werden [FZJU07]. LANG hat sich in seinen Arbeiten ausführlich mit der analytischen Dimensionierung und Optimierung von ringförmigen Radiallagern beschäftigt [LANG03]. Seine Auslegungen basieren auf sehr dünnen, axial magnetisierten Permanentmagnetringen, die sowohl parallel als auch seriell gekoppelt werden können. Auf diese Weise entstehen gestapelte Anordnungen aus mehreren Magnetringen mit gleichen Magnetisierungsrichtungen, von denen beliebig viele in axialer Richtung eingesetzt werden, siehe Bild 2.2, links.

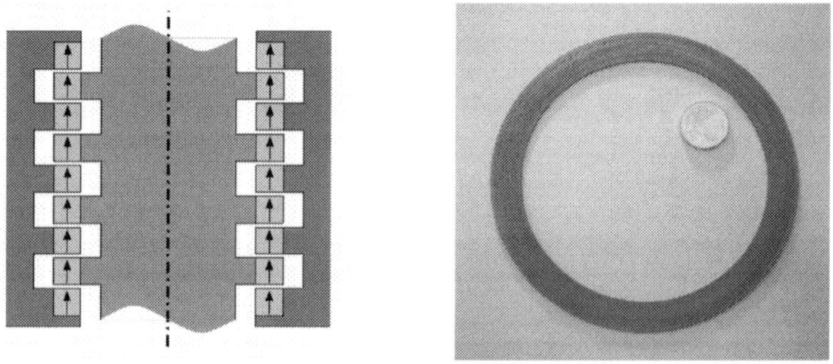

Bild 2.2: Schema des Radiallagers einer Turbomolekularpumpe (links) und Abbildung der fünf konzentrischen Magnetringe eines Multiringlagers (rechts) [LANG03]

Schematic of the radial bearing of a turbomolecular pump (left) and picture of the five concentric magnet rings of a multiring bearing (right)

Die von LANG entwickelten Gleichungen beschreiben die Steifigkeiten in den verschiedenen Freiheitsgraden und berücksichtigen besonders die Abhängigkeiten untereinander, sowie die Einflüsse der geometrischen Dimensionen. Als zusätzliche Variante können so genannte Multiringlager aus mehreren konzentrischen Ringen mit gegensätzlicher Magnetisierung in einer Ebene ausgelegt werden, siehe Bild 2.2, rechts. Ein erheblicher Nachteil dieser Lagerungen sind die sehr geringen Abmessungen der einzelnen Magnetringe, deren sprödes Seltenerdmaterial die Fertigung und Montage erschweren. Darüber hinaus besitzen sie keine nennenswerte Dämpfung, so dass zusätzliche Elastomer– oder Wirbelstromdämpfer notwendig sind.

Die Permanentmagnetlager nutzen ausschließlich anziehende und keine abstoßenden Kräfte zwischen den Ringen. Die axiale Anziehungskraft wird durch ein weiteres Magnetlager oder ein mechanisches Fanglager kompensiert, gleichzeitig entsteht durch die Reluktanzkraft der Magnete eine radiale Stabilisierungswirkung. Repulsive Anordnungen sind zwar axial stabil, sie müssen dafür aber radial abgestützt werden. Zusätzlich verzichtet LANG in seinen Arbeiten sowohl auf magnetisierbare Rückschlusselemente, als auch auf alternative Magnetisierungsrichtungen, die z.B. Ähnlichkeiten mit Halbach-Arrays aufweisen, und verweist auf zukünftige Entwicklungsarbeiten. FREMEREY führt dazu aus, dass ein rein permanentmagnetisches Dreifachringlager bei konstantem Magnetvolumen eine um 40 % höhere positive Radialsteifigkeit und eine um 70 % reduzierte negative Axialsteifigkeit gegenüber einem Reluktanzlager mit Eisenrückschlüssen haben kann [FREM00, S. 19].

Ein Anwendungsbeispiel der von LANG aufgestellten Gleichungssysteme modifiziert das in Bild 2.2 links gezeigte, senkrecht aufgebaute Radiallager einer Turbomolekularpumpe. Die neun Einzelringe werden durch sieben flachere Dreifachringe mit abwechselnden Magnetisierungsrichtungen ersetzt. Durch diese Neuauslegung bleibt die radiale Steifigkeit von 0,2 N/μm auf Kosten einer verdoppelten negativen Kippsteifigkeit erhalten, während die axiale Bauhöhe des Lagers von 41 mm auf 11 mm schrumpft. Das ursprüngliche Lager ist Bestandteil einer Pumpenserie der Leybold AG zur Erzeugung von Hochvakuum in der Halbleiterfertigung und erreichte allein bis zum Jahr 2000 eine Stückzahl von etwa 20.000 [FREM00]. Die erhöhten Kosten der Lagerung werden hier durch die Verschleißfreiheit und den damit verbundenen Zugewinn an Betriebssicherheit aufgewogen. Bei höheren Anforderungen an die Steifigkeit eines derartigen Radiallagers erhöht sich seine Komplexität rasch. Ein weiteres Beispiel der Arbeit von LANG beschreibt die Konstruktion für eine horizontale Welle von 100 kg Gewicht und mit einer statischen Radialsteifigkeit von 10 N/μm. Die Realisierung dieses Lagers würde die axiale Stapelung von 73 Fünffachringen nach Bild 2.2, rechts, mit einer Höhe von 1 mm verlangen und in zwei Teilen eine Gesamtlänge von ca. 300 mm erreichen [LANG03, S. 101ff].

Damit wird deutlich, dass rein permanentmagnetische Radiallager nur für Anwendungen mit begrenzten Rotorgewichten und geringsten Anforderungen an Steifigkeit und Dämpfung geeignet sind. Bei ausreichendem Bauraum sind allenfalls die entstehenden Anziehungskräfte zur Entlastung des eigentlichen Lagers von Interesse.

Ein lineares Transportsystem der Firma EAAT GmbH Chemnitz verwendet repulsive permanentmagnetische Führungen, die auf jede Variation der Belastung mit einer Luftspaltänderung reagieren, und ist als Wafertransportsystem in der Halbleiterfertigung unter Reinraumbedingungen konzipiert [EAAT07]. Die Auslegung nimmt eine mittlere Geschwindigkeit bis zu 1 m/s und eine Tragfähigkeit von unter 30 kg an. Ein erheblicher Nachteil dieses Konzepts ist die Notwendigkeit, beide Schienen und die Lagerpartner am Fahrzeug vollständig mit Magnetmaterial zu belegen. Dies bedingt hohe Systemkosten und ein permanentes Magnetfeld entlang der Verfahrstrecke.

Zur Abstützung muss die Seitenführung der Fahrzeuge quer zur Fahrtrichtung mechanische Rollen einsetzen, die allerdings prinzipbedingt nur minimal belastet werden. Anstelle einer aufwändigen Kurventechnologie setzt das Transportsystem Drehscheiben zur Richtungsänderung ein [WEID03, S. 12]. Auch das entlastet die Seitenführung und begrenzt so die verschmutzende Partikelbildung durch Abrieb.

Der Antrieb der Fahrzeuge besteht aus einem permanenterregten Sekundärteil im Unterbau und mehreren kurzen Statoren, die entlang der Strecke verteilt sind und beschleunigende Kraftimpulse erzeugen. Parallel zu den Statoren sind berührungslose Bremseinheiten eingebaut. Diese Antriebskonfiguration erlaubt den kostengünstigen Transport zwischen definierten Haltepunkten der Strecke [WEID03, S. 11].

Ein weiteres, kommerzielles Anwendungsbeispiel permanentmagnetischer Führungen sind innovative Energieführungsketten, die bei längeren Verfahrwegen verhindern, dass sich das mitlaufende Obertrum auf dem ruhenden Untertrum ablegt. Dies kann durch Permanentmagnete an den Kettengliedern erfolgen, die das Obertrum durch repulsive Kräfte in der Schwebe halten, siehe Bild 2.3 links [MURR05]. Diese Anordnung ist in Querrichtung instabil und muss durch die starre Ankopplung an das bewegte Maschinenelement und die laterale Biegesteifigkeit stabilisiert werden.

Alternativ kann die Energiekette wie bei der igus LeviChain zwischen horizontalen Magnetbändern an externen Trägern aufgehängt werden [IGUS07], siehe Bild 2.3, rechts. Auch dieses Prinzip bedarf der Querstabilisierung durch die Anbindung. Anders als bei der repulsiven Führung kann hier allerdings durch weitere Magnetstreifen auch das Untertrum schwebend ausgeführt werden, so dass keine Ablagefläche für die Kette mehr notwendig ist und gegenläufige Bewegungen ermöglicht werden.

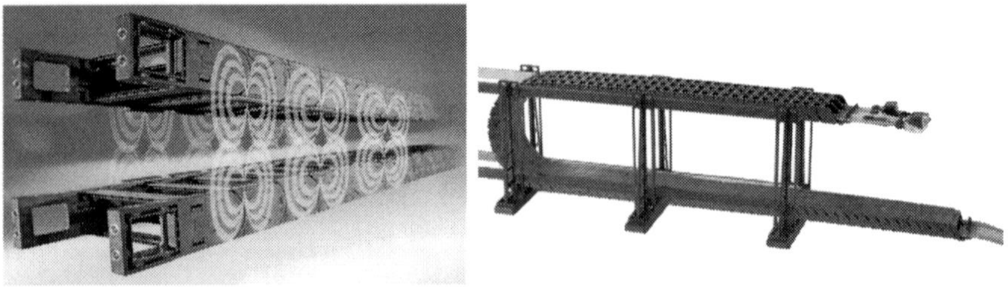

Bild 2.3: „Schwebende“ Energieführungsketten von Murrplastik (links) und igus (rechts)
"Levitating" cable guides by Murrplastik (left) and igus (right)

Beide Führungsprinzipien weisen eine begrenzte Tragkraft auf und sind auch in ihrer Dimensionierung begrenzt. Beispielsweise erreicht die LeviChain eine maximale Breite von 75 mm, wenn drei Kettenbänder parallel montiert werden, und hat eine maximale Zuladung von ca. 4 kg/m [IGUS07]. Darüber hinaus weisen sie natürlich die gängigen Vor- und Nachteile magnetischer Führungen auf. Zwar sind sie außerordentlich geräuscharm, reibungs- und verschleißfrei, üben jedoch auch starke Anziehungskräfte auf alle ferromagnetischen Materialien in der Umgebung aus und sind dementsprechend verschmutzungsgefährdet. Darüber hinaus fallen verhältnismäßig hohe Kosten für das Magnetmaterial an. Favorisierte Anwendungsgebiete sind Reinraumtechnik, Mess- und Medizintechnik sowie die Elektronikfertigung [IGUS07].

2.3 Aktive rotatorische Magnetlager

Active rotatory magnetic bearings

Rotatorische Magnetlager umschließen eine Welle mit mehreren elektromagnetischen Aktoren und stellen so die berührungslose, stabile Lagerung sicher. Man unterscheidet zwischen radialen und axialen Lagern, die jeweils ein oder zwei translatorische Raumrichtungen stützen können. Die radialen Lager verhindern den seitlichen Versatz einer Welle oder Spindel und können den magnetisierbaren Wellenkörper selbst als Rückschlussjoch nutzen. Das axiale Lager verlangt dagegen eine Auskragung der Welle, um seinen Flusskreislauf zu schließen. Im Allgemeinen werden zwei Radiallager in der Nähe der Wellenenden montiert, um zusätzlich die Verkippung der Achse beschränken zu können. Das Axiallager beeinflusst dagegen keinen weiteren Freiheitsgrad und kann an einem Ort konzentriert werden [SCHW93].

Beide Lagerarten sind wie in Abschnitt 2.1 beschrieben aus bidirektionalen Aktoren aufgebaut, um alle Freiheitsgrade kontrollieren zu können. In Bild 2.4 ist ein Radiallager mit der minimalen Anzahl von vier Einzelmagneten gezeigt, die aus jeweils zwei gegenüberliegenden Magneten Aktoren bilden und auf diese Weise die radialen Bewegungen der Welle beeinflussen. Insgesamt werden zwei Regelkreise benötigt, die pro Aktor zwei Leistungssteller ansteuern. Zusätzlich sind hier die beiden Aktoren um 45° geneigt, so dass die Gewichtskraft der Welle aufgeteilt wird. Nachteilig ist dabei allerdings die Kopplung der beiden kartesischen Raumrichtungen, auch für eine Bewegung in nur einer Achse müssen beide Aktoren angesteuert werden.

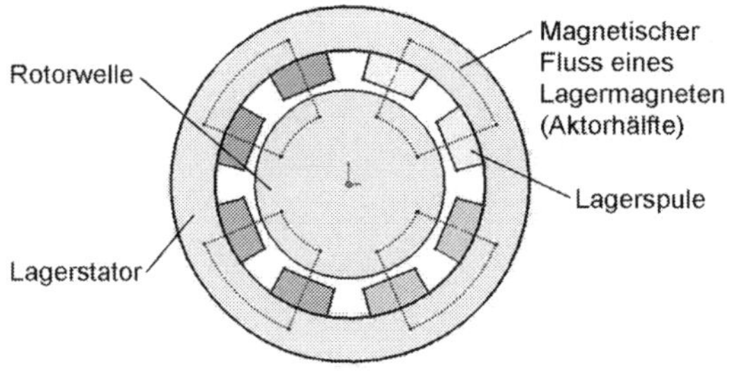

Bild 2.4: Prinzipskizze einer rotatorischen Magnetlagerung

Principle of a rotatory magnetic bearing

Verzichtet man auf die Bildung von bidirektionalen Aktoren, kann die minimale Anzahl der Einzelmagnete auf drei reduziert werden. Dies führt allerdings, analog zu den geneigten Aktoren in Bild 2.4, zu einer Kopplung der Raumachsen [HOFE09].

Bei nur geringen Axialkräften kann auf so genannte konische Magnetlager zurückgegriffen werden, die radiale und axiale Kraftwirkungen in sich vereinen. Sie entsprechen einem Radiallager, in dem eine leichte Schrägung des Lagerrings und der Welle der Magnetkraft die notwendige Axialkomponente verleiht. Durch die Kopplung der

Lager wird die Regelung allerdings deutlich aufwändiger [SKF08a; HARR04]. Die Schrägung muss für jede Anwendung entsprechend der gewünschten Aufteilung in radiale und axiale Kraftkomponenten neu berechnet werden, daher bleiben die konischen Lager Einzelanfertigungen, ein kommerzieller Serieneinsatz ist nicht bekannt.

Grundsätzlich benötigen magnetgelagerte Komponenten zusätzliche mechanische Fanglager, die den Rotor bei einer Abschaltung oder einem Ausfall der aktiven Lagerung stützen. Im Betrieb kontaktieren die Fanglager nicht, sondern laufen frei mit.

2.3.1 Anwendungen mit weitgehend stationärem Betrieb

Applications with mostly stationary operation

In Anwendungen ohne dynamische Stör- oder Prozesskräfte können Magnetlager ihre Vorteile besonders deutlich ausspielen. In verschiedensten kommerziellen Anwendungen werden die extrem lange Lebensdauer, die Wartungsfreiheit, die hohe Drehzahl und die Möglichkeit zur Kapselung des Rotors genutzt [HARR04].

Einen Einsatz in der Medizintechnik finden miniaturisierte Magnetlager z.B. in Herzunterstützungspumpen. Auf diesem Gebiet sind extrem kleine und sichere Lager notwendig, die weder das transportierte Blut verschmutzen dürfen, noch einer Wartung zugänglich sind. Außerdem muss ein extrem gleichmäßiger Durchfluss durch die Pumpe erzeugt werden, da lebendes Blut sehr empfindlich auf Schwankungen der Fördergeschwindigkeit reagiert [ZART76]. Das Forschungszentrum Jülich hat eine magnetgelagerte Herzpumpe entwickelt, die bei einem Durchmesser von 30 mm nur 200 g wiegt. Die Regelung der Rotorposition erfolgt energiesparend durch die sensorgesteuerte Bestromung von Miniaturspulen. Dabei werden nur Abweichungen ausgeregelt, einen Dauerstrom benötigen die Hybridlager nicht [JOUR04].

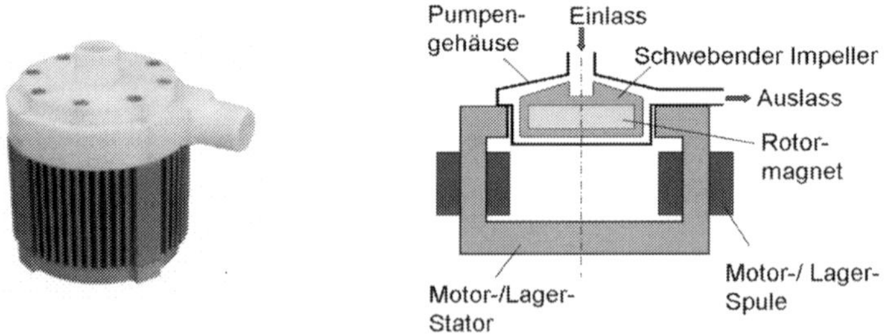

Bild 2.5: Lagerlose, gekapselte Pumpe von Levitronix [LEVI08]

Bearingless, encapsulated pump by Levitronix

Ein weiterer relevanter Hersteller ist in diesem Zusammenhang die Schweizer Levitronix GmbH, die aus einer Forschergruppe der ETH Zürich und der Sulzer Electronics AG hervorgegangen ist [LEVI08]. Ihre lagerlosen, gekapselten Pumpen, die teils in der Medizintechnik und teils in der Halbleiterfertigung eingesetzt werden, erfüllen ebenfalls höchste Anforderungen an die Laufruhe, die einfache Handhabbarkeit und die Produktreinheit. Der permanentmagnetverstärkte, kunststoffüberzogene

Impeller der Pumpe ist vollständig isoliert und wird durch die dünnwandige Kapselung hindurch von einer integrierten Antriebs- und Lagereinheit sowohl in seiner Lage stabilisiert als auch in Rotation versetzt, siehe Bild 2.5. Der Pumpenkopf mit dem lose eingesetzten Impeller kann sehr einfach demontiert und gereinigt oder ersetzt werden, eine aufwändige Justierung ist nicht notwendig [LEVI04]. Insgesamt können Druckunterschiede bis zu 5 bar bei Drehzahlen von rund 6.000 min^{-1} und Förderleistungen bis zu 100 l/min bewältigt werden. Dabei ist die Regelung des Magnetlagers hauptsächlich auf eine gleichmäßige, vibrationsarme Förderung ausgerichtet und nicht auf die maximale, dynamische Steifigkeit. Es muss lediglich gewährleistet sein, dass der drehende Rotor nicht mit seinem Gehäuse kollidiert. Die Kapselung bedingt einen relativ großen Luftspalt, der die erreichbare Steifigkeit stark beschränkt.

Eine weiterführende Kooperation zwischen Levitronix und der ETH Zürich zielt auf die Entwicklung eines lagerlosen Scheibenläufermotors, der einen Antrieb in hermetisch abgeschlossenen Prozesskammern zur Verfügung stellen soll [SCHN06]. Er benötigt keine aufwändige Durchführung in der Kammerwand und ein Großteil der Antriebskomponenten kann außerhalb der Prozesskammer leicht erreichbar angeordnet werden. Es verbleibt lediglich der flache, schwebende Läuferring mit einem Durchmesser von 160 mm in der Kammer, der von oben und unten frei zugänglich ist. Für Anwendungen zur Wafer-Beschichtung reichen geringe axiale Tragfähigkeiten und minimale Steifigkeiten von einigen N/mm völlig aus, relevant sind dagegen ein großer Luftspalt zur Aufnahme der Kammerwand, sowie eine hohe, gleichmäßige Beschleunigung und eine maximale Drehgeschwindigkeit von über 1.000 min^{-1}.

Ebenfalls in der Halbleiterfertigung und z.B. in der petrochemischen Industrie tätig ist der Geschäftsbereich Magnetlager der schwedischen SKF [SKF08a]. In diesen Bereich wurde Ende 2007 auch der bis dahin größte kommerzielle Anbieter von Magnetlagern, die französische Société de Mécanique Magnétique (S2M), eingegliedert [S2M08a; CHEL07]. Gemeinsam bieten sie magnetgelagerte Turbomolekularpumpen für Hochvakua, Kompressoren und gekapselte Motoren für höchstreine oder sehr aggressive Umgebungen an, die auf maximale Laufruhe bei sehr hohen Drehzahlen (bis zu 40.000 min^{-1}) optimiert sind. Aufgrund des hohen Schadenspotentials an Halbleiterrohlingen, z.B. durch den Einbruch des Vakuums, ist außerdem eine sehr hohe Zuverlässigkeit der Pumpen unabdingbar.

In der chemischen und petrochemischen Industrie sind die Zuverlässigkeit der Antriebe und auch die Kontamination durch Schmiermittel zentrale Themen. Gerade für die Offshore-Förderung von Öl und Gas werden eine Vielzahl von schnelldrehenden Pumpen, Kompressoren und Expandern benötigt, welche teilweise Leistungen von mehreren Megawatt und Drehzahlen bis über 10.000 min^{-1} aufweisen. Dabei müssen die sehr großen Magnetlager Rotorgewichte von mehreren Hundert Kilo tragen und sind für Gesamtkräfte bis zu 25 kN ausgelegt [SKF08a]. Zusätzlich bieten sich kaum Gelegenheiten zur Wartung der Komponenten, welche außerdem immer mit hohem Aufwand und Kosten verbunden ist, so dass auf eine sehr hohe Verfügbarkeit größter Wert gelegt wird [S2M08b].

2.3.2 Ausführungen und Anwendungen für dynamische Lastfälle

Designs and applications for dynamic load conditions

Aufgrund der hohen Anforderungen an die Ausführung von Lagerungen für dynamische Belastungen sind klassische Magnetlager noch nicht als echte Standardkomponenten erhältlich, sondern nur als individuell angepasste Kundenversionen der verfügbaren Modellreihen der Hersteller [MECO08; EAAT07]. Für viele Anwendungen, vor allem im Werkzeugmaschinenbereich, wird über ein sehr breites Frequenzspektrum eine hohe dynamische Steifigkeit bei geringer Leistungsaufnahme und kleiner Baugröße benötigt. Trotz sehr hoher statischer Steifigkeit treten bei Magnetlagern im Gegensatz zu Wälzlagerungen vor allem im Bereich kleiner Frequenzen von 10 Hz bis 100 Hz häufig geringe Steifigkeiten von unter 50 N/µm auf [WECK99]. Die meisten Hersteller konzentrieren sich daher auf Prozesse mit geringeren dynamischen Anforderungen (siehe Abschnitt 2.3.1) oder begrenzten Frequenzbändern (siehe z.B. Abschnitt 2.3.3). Häufig profitieren die Anwendungen dabei in besonderem Maße von den prinzipiellen Vorteilen der berührungslosen Magnetlager.

Dennoch sind einige Forschungsaktivitäten zur Weiterentwicklung der Regelung und der Anwendungsmöglichkeiten von rotatorischen Magnetlagern bekannt, die hier am Beispiel der Arbeiten der TU Darmstadt und der Universität Magdeburg dargestellt werden sollen. Darüber hinaus war auch die ETH Zürich auf diesem Gebiet aktiv [ICMB99], ihre Mitarbeiter wirkten unter anderem an der Entstehung der am Ende dieses Abschnitts beschriebenen Unipolarlager mit. Diese Lagerungen werden inzwischen von der deutschen LEViTEC GmbH vertrieben [LTEC08].

HOFFMANN analysiert in seinen Arbeiten an der TU Darmstadt die verschiedenen Nichtlinearitäten in einer rotatorischen Magnetlagerung und konzentriert sich schließlich auf die Linearisierung des Kraftkennlinienfeldes eines Radiallagers durch einen Kompensationsregler [HOFF99]. Anstelle eines aufwändigen Regelalgorithmus verwendet er einen linearen PID-Regler und ergänzt ihn um die Kompensationsstruktur. Diese beinhaltet die approximierte und invertierte Abhängigkeit der Magnetkraft von der Luftspalthöhe und dem Spulenstrom, welche zuvor in einer Prüfstandsstruktur vermessen wurde. Auf diese Weise wird das System wesentlich umfassender linearisiert als durch die gängige Taylor-Entwicklung im Arbeitspunkt. Die messtechnische Verifikation des Ansatzes beschränkt sich auf einen Prüfstand, dessen lange Welle mit einer konzentrierten Massescheibe durch ein Magnetlager und ein Pendelkugellager fixiert wird. In Hoch- und Auslaufversuchen wird das Verhalten der Welle insbesondere während des Durchlaufs der Eigenfrequenzen dokumentiert und belegt die positive Auswirkung der Regelungserweiterung [HOFF97].

Eine Weiterentwicklung der gängigen Magnetlageranordnungen sind die sensorlosen Varianten, diese werden allein mittels der elektrischen Spulenparameter überwacht und sparen den teuren Abstandssensor ein [HOFE09]. Seitens der TU Darmstadt wurden in [LAIE98], [HOFF98] und [HOFF99] zwei erfolgreiche sensorlose Regelungsansätze vorgestellt. Beide Verfahren nutzen die Induktivitätsänderung bei einer Variation des Luftspaltes im magnetischen Kreis aus. Dabei wird vorausgesetzt, dass es sich nicht um Systeme mit gekoppelten Luftspalten handelt, deren Gesamthöhe konstant bleibt. Ein Verfahren wertet die hochfrequenten Anteile der pulsweitenmodulierten Spulenströme und -spannungen im Frequenzbereich aus. Bei einer Zunahme des Luftspaltes vergrößert sich die Amplitude der Grundharmonischen der Taktfrequenz deutlich. Allerdings stößt diese Methode bei sehr kleinen Luftspalten und gleichzeitig großen Strömen an ihre Grenzen.

Die zweite Methode beruht auf einer Aufteilung des Regelungszyklus in Mess- und Stellanteile. Während eines Messtaktes wird die luftspaltabhängige Induktivität bestimmt und von ihrer Änderung auf den notwendigen Spulenstrom zurückgeschlossen. Daran schließt sich der Stelltakt an, welcher die errechnete Stromänderung durchführt und die Rotorposition korrigiert. Schließlich folgt ein Rücksetztakt, um den Magnetkern in einen definierten magnetischen Ausgangszustand für den nächsten Messtakt zu überführen. Diese Methode beschränkt zum einen die maximal erreichbare Regelfrequenz auf wenige Kilohertz und zum anderen die maximale Stellkraft, da der krafterzeugende Strom nur während des Stelltaktes wirkt.

Eine alternative Art der Integration der Magnetlagerung in einen Antrieb ist der lagerlose Motor. In den Stator eines Synchron- oder Asynchronmotors wird eine zusätzliche Drehstromwicklung mit abweichender Polzahl eingebracht [CAI02; KANN00]. Auf diese Weise entstehen zwei unabhängige Magnetfelder die antreibende und stabilisierende Kräfte ausbilden. Solange die Polzahl des Rotors an die Antriebswicklung angepasst ist, erfolgt kaum eine Beeinflussung der Drehmomenterzeugung durch die Tragkräfte. Diese Bedingung erfordert bei den Asynchronmotoren die Verwendung eines gewickelten Läufers anstelle des weit verbreiteten Käfigrotors. Eine wichtige Eigenschaft des lagerlosen Motors ist seine Empfindlichkeit gegenüber Rotorexzentrizitäten, die zu einer deutlichen Radialkraft führen und in der Lagerregelung berücksichtigt werden müssen. Ein Patent für den Aufbau von lagerlosen Motoren mit getrennten Drehmoment- und Tragkraftwicklungen, sowie ihre Ansteuerung liegt bei der Firma LTi Drives GmbH (ehemals Lust Antriebstechnik GmbH) [LUST99].

Bild 2.6: Werkzeugmaschinenrundtisch mit magnetischer Lagerung [PETZ06]

Rotary table with magnetic bearings for a machine tool

Am Institut für elektrische Energiesysteme der Universität Magdeburg wurde aufgrund einer Industrieanfrage ein magnetisch gelagerter Rundtisch für Großwerkzeugmaschinen entwickelt [PALI04], siehe Bild 2.6. Der direktangetriebene Rundtisch mit einem Durchmesser von über einem Meter ist mit einer hybridmagnetischen Axial- und Radiallagerung, sowie einem Torquemotor der Firma ETEL ausgestattet.

Durch den Aufbau des Tisches ist das Axiallager des Rotors am stärksten belastet. Es besteht aus acht Tragmagnetpaaren mit einer jeweiligen Maximalkraft von etwa 20 kN, die insgesamt ein Werkstückgewicht von bis zu drei Tonnen erlauben. Das stützende Radiallager besteht aus zwei großflächigen Zentriermagnetpaaren, die oberhalb des Torquemotors ringförmig angeordnet sind. Alle verwendeten Aktoren sind als konventionelle Hybridmagnete mit mehreren Polpaaren ausgeführt und die Messung der Rotorposition erfolgt durch Wirbelstromsensoren [PETZ06]. Zur Realisierung der hohen Tragkraft werden Ströme bis zu 30 A und eine Flüssigkeitskühlung benötigt. Zwölf Stromsteller versorgen jeweils beide Aktoren eines axialen Tragmagnetpaars seriell, während die Radialmagnete einzeln angesteuert werden.

Eine ausführliche Modellbildung des Gesamtsystems unterstützt die mechanische Auslegung und führt außerdem zum Entwurf einer entkoppelten Freiheitsgradregelung auf der Basis von Zustandsreglern. Deren Parametrierung und Struktur wurde in einem Linux-Echtzeitbetriebssystem durch verschiedene Identifikations- und Beobachterelemente erweitert, um die Regelgüte zu optimieren. Darüber hinaus werden in [PETZ06] sensorische Erweiterungen und gyroskopische Koppelterme sowie Querverbindungen zur Antriebsregelung betrachtet und simulativ verifiziert.

Die messtechnischen Ergebnisse werden stark von den Schwingungen einer unzureichenden Aufstellung beeinträchtigt. Diese dominieren vor allem das Störverhalten. Der stationäre Schwebezustand des Rotors ist dagegen ruhig und stabil, es werden Genauigkeiten von 1 µm bzw. 1" erreicht und die Regelungsparametrierung erweist sich auch bei großen Laständerungen als robust. Dynamische Steifigkeiten oder Nachgiebigkeitsfrequenzgänge sind nicht veröffentlicht und auch auf den Einfluss des Motorbetriebs auf die Lagerung wird in [PETZ06] kaum eingegangen.

Die Firma LEViTEC, ein Mitglied der LTi Drives Unternehmensgruppe, hat mit den fortschrittlichen Unipolar- und Kombilagern permanentmagnetverstärkte, elektromagnetische Lager für rotatorische Anwendungen entwickelt, deren Geometrie die Bildung von Hybridmagneten umgeht. Sie nutzen den Fluss der Permanentmagnete ohne eine erhöhte Verlustleistung in den Elektromagneten [LTEC08; HÖLT06]. Die Lager werden in Kombination mit einer spezialisierten Elektronik als vollständiges Lagersystem vertrieben [JENC04], wobei über die Ausführung der Regelung und ihre Parametrierung keine Angaben bekannt sind. Die erreichbare dynamische Steifigkeit variiert nach Aussage des Unternehmens in Abhängigkeit von der spezifischen Auslegung des Lagers und wird an die gewünschte Anwendung angepasst.

Wie in Bild 2.7 zu sehen ist, sind die Permanentmagnete jeweils zwischen zwei spulenbesetzten Lagerringen angeordnet. Während die Steuerflüsse jeweils einen halben Ring durchlaufen und sich radial durch den Rotor schließen, verlaufen die Permanentmagnetflüsse orthogonal dazu und durchqueren den Rotor in axialer Richtung. Der Übersichtlichkeit halber sind nur ausgewählte Flussverläufe eingezeichnet. Einen Lagerpol des Unipolarlagers bilden dementsprechend die zwei nebeneinander liegenden Spulen der beiden Lagerringe und der dazwischen angeordnete Permanentmagnet. In den Luftspalten zwischen dem Statorpol und dem Rotor kommt es zu Flussüberlagerungen, die entsprechend der Bestromung der Spule entweder additiv oder subtraktiv wirken. Grundsätzlich müssen die beiden Spulen eines Pols dazu entgegengesetzte Ströme mit gleicher Amplitude führen. Infolgedessen werden die anziehenden Magnetkräfte an diesem Pol entweder gestärkt oder geschwächt, während die Verschaltung der Spulen sicherstellt, dass am radial gegenüberliegenden Pol der gegenteilige Effekt eintritt. Auf diese Weise erzeugen die beiden Pole eine bidirektionale Kraft in einer Achse in Abhängigkeit von den Vorzeichen der Steuerflüsse. In Bild 2.7 (rechts) führen die Flussüberlagerungen im Unipolarlager zu einer resultierenden Kraft auf den Rotor, die ihn nach oben zieht [REDE06].

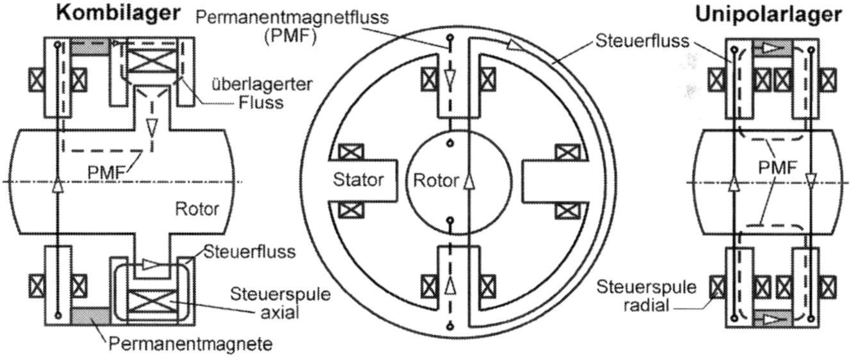

Bild 2.7: Lagerprinzipien der LEViTEC mit den Seitenansichten eines Kombilagers (links) und eines Unipolarlagers (rechts) sowie identischer Stirnseite (Mitte) [REDE06]

LEViTEC's bearing principles with side views of the combination bearing (left) and the unipolar bearing (right) as well as their identical front view (center)

Das Zusammenspiel aus insgesamt vier Polen mit acht Spulen ergibt ein vollständiges Radiallager. Die Abhängigkeiten der einzelnen Pole führen dazu, dass insgesamt aber nur zwei Ansteuerungen benötigt werden. In jeder Achse müssen die Stromamplituden der vier Spulen identisch sein, so dass sie seriell verschaltet werden. Die jeweiligen Vorzeichenrelationen werden dabei fest verdrahtet, da sich bei einem Wechsel der Kraftrichtung in der Achse alle Vorzeichen der Ströme gleichzeitig ändern. Alternativ können auch dreipolige Lager mit einer dreiphasigen Ansteuerung in Sternschaltung ausgeführt werden [KANN00]. Damit könnte die Hardware der Leistungssteller aus Standardkomponenten aufgebaut werden.

Das Kombilager weist statt des zweiten radialen Lagerrings ein Axiallager auf, Bild 2.7 links. Dies schwächt durch die verringerte Polfläche die radiale Kraft, dafür wird der Fluss des Permanentmagneten und der konzentrischen Steuerspule an der zweiten Lagerhälfte mittels eines Wellenkragens umgelenkt und erzeugt axiale Kräfte.

Die Prinzipien der Flussüberlagerung im Luftspalt bleiben unverändert, die Umlenkung ist allerdings so ausgeführt, dass in axialer Richtung jeder Pol bidirektionale Kräfte erzeugen kann. Dies beruht hauptsächlich darauf, dass sich der Fluss des Permanentmagneten aufspaltet und durch beide Seitenflächen des Wellenkragens in den Rotor eintritt. Auch der axiale Steuerfluss durchquert nur den Kragen und nicht den gesamten Rotor [REDE06]. Zur Veranschaulichung der realen Umsetzung der beiden Lagerprinzipien sind die CAD-Zeichnungen der Varianten in Bild 2.8 gezeigt. Die Sensoren zur Messung der Luftspalthöhe zwischen Stator und Rotor sind zwischen den Lagerpolen in den Stator integriert.

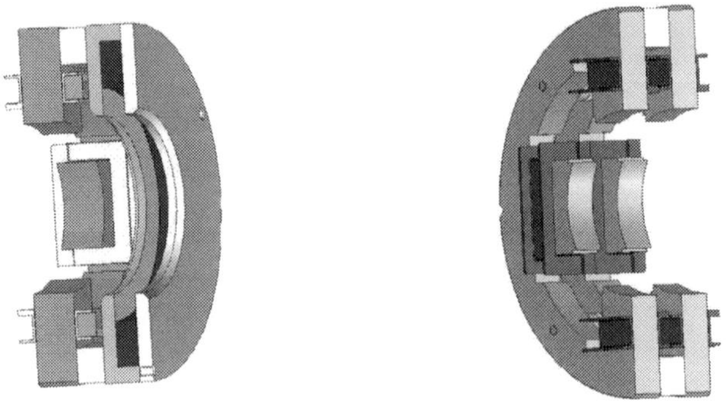

Bild 2.8: CAD Ansichten des Kombilagers (links) und des Unipolarlagers (rechts) [REDE06]
CAD views of the combination bearing (left) and the unipolar bearing (right)

Insgesamt sind die Unipolar- und Kombilager eine signifikante Weiterentwicklung des grundsätzlichen Magnetlagerprinzips. Durch die Permanentmagnetverstärkung kann die Vorspannung des Lagers durch einen ständigen Basisstrom entfallen. Stattdessen werden nur noch die eigentlichen Steuerströme zum Ausgleich des Versatzes aus der kraftneutralen Sollposition in der Mitte des Luftspaltes benötigt. Zusätzlich zu diesem wesentlich verringerten Energieverbrauch benötigt ein Lager eine wesentlich geringere Anzahl an Ansteuerungen als ein konventionelles Magnetlager. Dies ist durch die abhängige Verschaltung der einzelnen Lagerpole bedingt, es muss so nicht mehr jeder Elektromagnet separat angesteuert werden.

Aus den Unipolarlagern der LEViTEC, die seit 1999 in der Ausführungsform als Axiallagerung zum Patent angemeldet sind [SULZ99], gingen die integrierten Magnetmodule der vorliegenden Arbeit hervor. Sie übertragen das grundlegende Flussüberlagerungsprinzip aus der rotationssymmetrischen Anordnung auf eine Linearführung. Weitere Erläuterungen zu diesem Prinzip finden sich daher in Kapitel 4.

2.3.3 HSC Spindeln

HSC spindles

Die in Abschnitt 2.3.1 beschriebenen stationären Anwendungen rotatorischer Magnetlager durch SKF und ihre Tochterfirmen basieren teilweise auf der Serie der Hyperspin Hochgeschwindigkeitsspindeln [HYPE03]. Diese sind z.B. als kleine Synchron-Motorspindeln in Turbomolekularpumpen, Wasserstoff-Pumpen oder Neutronenchoppern zu finden, siehe auch Bild 2.9. Dort erreichen sie Leistungen bis 900 W und Geschwindigkeiten bis 60.000 min^{-1}.

Die Magnetlager erreichen maximale Lagerkräfte von wenigen Hundert Newton und ermöglichen durch ausgefeilte Regelelektroniken trotz dynamischer Nachgiebigkeitsspitzen von bis zu 1.000 µm/N einen extrem vibrationsarmen Lauf, von dem die hochempfindlichen Anwendungen profitieren. In der Umgebung der Resonanzfrequenzen kann während des Hochlaufs die Nachgiebigkeit kurzfristig erhöht werden, um durch die Steuerung der Dämpfung die Anregung gering zu halten [HARR03].

Bild 2.9: Rotatorische Magnetlager in SKF Hyperspin Spindeln [SKF08a]
Rotatory magnetic bearings in SKF Hyperspin spindles

Darüber hinaus werden auch größere Motorspindeln mit Asynchronantrieb angeboten, die Leistungen von 40 kW und Geschwindigkeiten von 40.000 min^{-1} erreichen [HYPE03]. Sie finden in Schleif- oder Hochgeschwindigkeitsfräsmaschinen erste Anwendungen für die Betriebsarten des High Speed Cutting (HSC) oder High Performance Cutting (HPC). Die Magnetlager sind hier mit einer Belastbarkeit von bis zu 4 kN deutlich kräftiger ausgeführt. Über ihre realisierten Steifigkeiten ist nichts bekannt, dafür betont der Hersteller auch hier die bekannten Vorteile einer Magnetlagerung und zusätzlich den vibrationsarmen Lauf bis zu höchsten Drehzahlen, der durch die so genannte Adaptive Vibration Control (AVC) sichergestellt wird [HARR03].

Auch S2M bietet mit der SMB Baureihe magnetisch gelagerte Werkzeugmaschinenspindeln für Bearbeitungen mit hohen Drehzahlen an. Das Sortiment reicht von Hohlwellenspindeln zur Innenbearbeitung von Kupferrohren über Schleif- und Frässpindeln bis hin zu extrem schnelllaufenden Bohrspindeln. Diese sind mit Drehzahlen bis zu 80.000 min^{-1} bei einer Leistung von 13 kW angegeben. Die Schleifspindel SMB60 erreicht immer noch 60.000 min^{-1} bei 15 kW und ist für kleine CBN-Scheiben bis 90 mm Durchmesser zur Nutenbearbeitung geeignet [LACO04].

Für Fräsbearbeitungen wurde die Motorspindel SMB30 mit einer Nennleistung von 70 kW entwickelt, siehe Bild 2.10, deren Magnetlagerung spezifisch für Drehzahlen von über 30.000 min^{-1} optimiert wurde. In Versuchen konnten hier Zerspanleistungen in Aluminium von über 7 l/min erreicht werden, dies allerdings nur kurzzeitig und bei einer Leistungsaufnahme von 113 kW [LACO04]. Weitere Untersuchungen der Zerspanung von Aluminium zeigten, dass die Nachgiebigkeit der Spindel im Frequenzbereich sehr ausgeprägte Extrema aufweist. Die Regelung der Magnetlager kann das Schwingungsverhalten nur im Bereich unter 1 kHz beeinflussen und erzeugt dort ein sehr unterschiedliches Dämpfungsverhalten. Die zugehörige Stabilitätskarte lässt nur oberhalb von 30.000 min^{-1} eine stabile Bearbeitung mit großen Schnitttiefen zu. Und die Vermessung einer Taschengeometrie zeigte eine Oberflächenrauigkeit, welche über das werkzeugbedingte Wellenprofil mit einer Tiefe von etwa 2 µm hinaus noch zusätzliche Unebenheiten von weiteren 2 µm Tiefe aufwies [LACO04]. Damit bleibt die Oberflächenqualität hinter dem Bearbeitungsergebnis einer hochwertigen wälzgelagerten Spindel zurück.

Bild 2.10: Magnetgelagerte Motorspindel von S2M [LACO04]
Motor spindle with magnetic bearings by S2M

Aus diesen Ergebnissen muss geschlossen werden, dass die Anwendbarkeit dieser magnetisch gelagerten Spindel im Werkzeugmaschinenbereich auf Prozesse beschränkt bleibt, die nur eine sehr geringe Flexibilität erfordern. Der begrenzte stabile Drehzahlbereich, die lagerkraftabhängige Beschränkung der Prozesskräfte und die stark schwankende Dämpfung im Frequenzbereich lassen nur Anwendungen zu, in denen die Spindel mit konstanten Prozessparametern und -bedingungen betrieben wird und z.B. eine Dauerbearbeitung von Endlosmaterial durchführt. In diesem Fall sind die hohe Dauerbelastbarkeit der berührungslosen, verschleißfreien Magnetlager und die Optimierung auf die hohen Drehzahlen von Vorteil.

Weitere HSC-Spindeln mit magnetischer Lagerung werden von verschiedenen kleinen Herstellern wie AXOMAT oder IBAG angeboten, welche in diesem Bereich im direkten Kundenauftrag fertigen und lediglich Prototypen und Einzelstücke oder maximal Kleinserien entwickeln [AXOM08; IBAG08].

2.4 Aktive lineare Magnetführungen

Active linear magnetic guidings

Es existieren bereits eine Reihe von Entwicklungen linearer Magnetführungen, wobei allerdings nur sehr wenige den Status der kommerziellen Produktreife erreicht haben. Daher wird in den folgenden Kapiteln hauptsächlich der bekannte Entwicklungsstand unterschiedlicher Forschungsprojekte dargestellt. Es werden zum einen Transportsysteme für Personen und Fracht betrachtet und zum anderen unmittelbar relevante Entwicklungen aus dem Bereich der Werkzeugmaschinen. Außer Acht gelassen werden hier magnetisch gelagerte Mikropositioniereinrichtungen. Die sehr geringen Verfahrwege, die geringe Belastbarkeit und die extreme Genauigkeit, die dort im Fokus stehen, führen zu abweichenden Problemstellungen und Lösungen.

Abschließend werden in diesem Kapitel alternative Führungssysteme mit Gas- oder Flüssigkeitsschmierung, sowie kontaktierende Wälzführungen mit ihren zentralen Eigenschaften vorgestellt. Auf diese Weise werden die Leistungsfähigkeit und die Anwendbarkeit der berührungslosen Magnetführungen in Relation zu diesen bestehenden, kommerziellen Systemen gesetzt.

2.4.1 Eignung und Verwendung für Transportsysteme

Suitability and applicability for transportation systems

Bild 2.11: Prototyp des JR-Maglev MLX01 mit sichtbaren Magnetaktoren (links) und Zugbegegnung auf der Yamanashi Teststrecke in Japan (rechts) [RTRI07]

Prototype of JR-Maglev MLX01 with visible magnetic actuators (left) and train encounter on the Yamanashi test track in Japan (right)

Eine grundsätzliche Möglichkeit zur Realisierung einer magnetischen Führung für ein Transportsystem über lange Strecken ist das elektrodynamische Schweben, welches bereits in Abschnitt 2.1.1 erläutert wurde. Es kommt vornehmlich im japanischen JR-Maglev [RTRI07] zum Einsatz, siehe Bild 2.11. Ein wesentlicher Vorteil des Betriebs auf langen Strecken in ungeschützten Umgebungen sind die sehr großen Luftspalte von 50-150 mm, die während der Fahrt eingestellt werden können. Allerdings führen sie in Verbindung mit den hohen Magnetfeldstärken auch zu starken Streufeldern, vor denen die Passagiere konsequent geschützt werden müssen.

Das kombinierte Antriebs- und Führungsprinzip des JR-Maglev verwendet eine elektrodynamische Anordnung aus supraleitenden Magnetspulen, die an Bord des Zuges bei hohen Geschwindigkeiten Ströme in die Reaktionsspulen in den senkrechten Wänden des Fahrwegs induzieren. Die tragenden Kräfte entstehen durch den vertikalen Versatz der aktiven Spulen am Fahrzeug und der passiven Reaktionsspulen. Im Betrieb werden damit Kraftkomponenten erzeugt, die das Fahrzeug ab einer Mindestgeschwindigkeit von etwa 150 km/h von seinem mechanischen Fahrwerk abheben und stabilisieren [HERO94, S. 74].

Zusätzlich dienen die supraleitenden Magnete als Sekundärteile für zwei Synchronlinearmotoren in Langstatorbauweise. Durch die reibungsfreie Führung können diese Antriebe den Zug auf extrem hohe Geschwindigkeiten beschleunigen. Das Modell MLX01 hält seit 2003 mit einer Spitzengeschwindigkeit von 581 km/h knapp vor dem französischen TGV den Geschwindigkeitsweltrekord für ein bemanntes Schienenfahrzeug. Und mit einer verlängerten Fahrstrecke sind theoretisch sogar noch höhere Geschwindigkeiten möglich. Zur Geschwindigkeitsverringerung besitzt der Zug zusätzlich zu den Möglichkeiten der Antriebe ein aerodynamisches Bremssystem.

Der JR-Maglev wird bis jetzt lediglich auf einer Teststrecke im japanischen Yamanashi eingesetzt. Seit 2004 ist auf der zweispurigen Strecke ein zweiter Zug in Betrieb, so dass auch Zugbegegnungen bei Höchstgeschwindigkeiten getestet werden können, siehe Bild 2.11. Vorgesehen ist die Integration der Teststrecke in eine Verbindung der Städte Tokyo und Osaka, auf absehbare Zeit erscheinen die Bau- und Betriebskosten allerdings zu hoch für einen wirtschaftlichen Einsatz [RTRI07].

Bild 2.12: Magnetschwebebahn Transrapid TR08 mit separatem, elektromagnetischem Trag- und Führmodul [TRAN04]

Maglev-train Transrapid TR08 with separate, electromagnetic levitation and guiding module

Die bekannteste Anwendung für eine lineare Magnetführung für die Personenbeförderung in Deutschland ist der Transrapid, Bild 2.12. Diese Magnetschwebebahn, die ebenfalls Geschwindigkeiten von bis zu 500 km/h erreichen kann, basiert auf dem Prinzip des elektromagnetischen Schwebens. Der Zug ruht auf einer großen Anzahl von aktiv geregelten Elektromagneten, die an Auslegern so entlang der Längsseiten der Wagen verteilt sind, dass sie sich unter der Tragschiene befinden. Dieses Schwebeprinzip ist nicht geschwindigkeitsabhängig, so dass der Zug auch im Stand schweben kann. Es sind also keine mechanischen Radsysteme notwendig. Der Luftspalt beträgt im Normalfall 10 mm, wobei dieser für einen elektromagnetischen Kreis große Wert auf eine hohe Nachgiebigkeit der Führung schließen lässt. Allerdings sind im normalen Betrieb nur verhältnismäßig geringe Beanspruchungen der dynamischen Steifigkeit zu erwarten, zugunsten des Fahrkomforts können bei plötzlichen Störungen Auslenkungen im Millimeterbereich geduldet werden [TRAN04].

Zusätzlich zu den vertikal orientierten Tragmagneten existieren langgestreckte Führmagnete an der Innenseite der Ausleger, die gegen die Außenseiten der Tragschiene wirken und das Fahrzeug auf der Schiene stabilisieren [TRAN04]. Der Umgriff der Magnetführung um die Tragschiene bietet eine mechanische Sicherung gegen ein Entgleisen des Zuges von der aufgeständerten Fahrstrecke. Zusätzlich sind die Ausleger jeweils mit einem Feder-Dämpfer-System ausgestattet, welches auch bei maximaler Geschwindigkeit einen hohen Fahrkomfort garantiert.

Den Antrieb des Zuges bilden zwei lineare Synchron-Direktantriebe nach dem Langstatorprinzip, deren Wicklungen zusammen mit den Rückschlüssen des Schwebesystems unter den Tragschienen liegen. Dabei können die Tragmagnete als Sekundärteile verwendet werden, so dass insgesamt ein kombiniertes Antriebs- und Tragsystem entsteht, welches mitunter als *magnetisches Rad* bezeichnet wird [GOTT84]. Durch ihre große Zahl ist die Feldschwankung der einzelnen Tragmagnete während der Regelung des Luftspaltes nur noch sehr gering und sie bieten den Motoren eine ausreichend konstante Erregung. Der notwendige Wechsel der Magnetpolung wird durch die Jochform der Magnete und die Spulenanordnung gewährleistet. Bei einer Umkehrung der Stromrichtung in den Statoren wird der Zug abgebremst. Zusätzlich besitzt jeder Wagen separate Wirbelstrombremssysteme, und unterhalb von 10 km/h kann der Zug im Notfall mit Kufen auf der Tragschiene aufsetzen.

Die Energieversorgung der Elektromagnete wird durch Bordbatterien sichergestellt, die während der Fahrt (ab 80 km/h) von einem Lineargenerator in der Strecke geladen werden. Der Generator nutzt die Oberwellen des Linearantriebs und ist in zusätzliche Nuten in den Polen der Tragmagnete integriert. Für längere Strecken langsamer Fahrt sind zusätzliche Stromübertragungsschienen eingeplant.

Die Langstatoren in der Schiene werden abschnittsweise aus so genannten Unterwerken mit einem Nennstrom von 1,2 kA und einer Spannung von bis zu 4 kV versorgt. Die getestete Maximalkonfiguration eines Unterwerks an der Versuchsstrecke stellt eine Leistung von 45 MVA zur Verfügung [HENN00], eine weitere Vergrößerung ist möglich. Die aktiven Abschnitte in der Umgebung des fahrenden Zugs (Länge ca. 1 km) werden dynamisch mit den Streckenkabeln zwischen den Unterwerken (Abstand bis zu 50 km) verbunden. Damit trotz der stromlosen Umschaltung zwischen den Segmenten die Schubkraft nicht einbricht, werden parallele, aber versetzte Windungssysteme eingesetzt, die separat geschaltet werden [HENN00].

Obwohl die Technologie des Transrapid als ausgereift betrachtet werden kann, wird sie in Deutschland nicht kommerziell eingesetzt. Die einzige Anwendung findet sie in China in Form der 30 km langen Anbindung des Flughafens Pudong an die Innenstadt von Shanghai. Neben den finanziellen Hürden einer Realisierung bestehen ausgeprägte Einwände aufgrund der Tatsache, dass der Transrapid ein eigenständiges Schienensystem benötigt [MAGL00]. Darüber hinaus ereignete sich auf der deutschen Teststrecke im Jahr 2006 ein schwerer Unfall mit über 20 Todesopfern, der zwar durch menschliches Versagen verursacht wurde, der aber dennoch das Ansehen der Magnetschwebebahn nachdrücklich schädigte [WELT06]. Er führte der Öffentlichkeit vor Augen, wie schwerwiegend Unfälle bei extrem hohen Geschwindigkeiten zwangsläufig sind und demonstrierte die Schwierigkeit von Rettungs- und Bergungsarbeiten an der 4 m hohen Trasse.

Zusätzlich zu diesen distanzorientierten Personenbeförderungsanwendungen können lineare Magnetführungen auch für geringere Strecken und Geschwindigkeiten eingesetzt werden. An dieser Stelle soll dazu ein Fördersystem mit autonomen Fahrzeugen in einem verzweigten Schienennetz vorgestellt werden, bevor der Übergang zum Gebiet der Werkzeugmaschinen erfolgt. Dort werden die Vorteile der Magnetführungen für Anwendungen als Vorschubachsen genutzt.

Bild 2.13: Das kurventaugliche Förderfahrzeug des IEM [VANG04b]
The turn-capable transportation system of IEM

Am Institut für Elektrische Maschinen (IEM) der RWTH Aachen wurde ein Förderfahrzeug entwickelt, das mit einer berührungslosen Magnetlagerung und Lineardirektantrieben ausgerüstet ist [VANG04b]. Vorgesehen ist eine Anwendung als Gepäckfördersystem mit autonomen Fahrzeugen, die entlang einer vollkommen passiven Schienentrasse geführt werden. Der Aufbau bietet eine überlegene Verfügbarkeit des Systems bei geringen Wartungsanforderungen und hoher Geschwindigkeit.

Das Fahrzeug, dessen prototypischer Aufbau in Bild 2.13 gezeigt wird, ist voll kurventauglich, obwohl es auf Aktoren zur seitlichen Führung verzichtet. Es lenkt sich ausschließlich durch die bei der Veränderung des Überdeckungsverhältnisses von Magnetpol und Tragschiene entstehenden Seitenführungskräfte durch die Kurve. Dementsprechend beeinflussen die Kurvenradien und die Spurbreite des Fahrzeugs die geometrische Auslegung der U-förmigen Hybridmagnete. Zur Verstärkung der natürlichen Seitenführungskräfte ist die Unterseite der Tragschiene, also die Rückschlussfläche der senkrecht nach oben ausgerichteten Aktoren, genutet und bildet damit eine Fortführung des Aktorprofils mit sehr kurzen Schenkeln. Der Permanentmagnetanteil der Aktoren bedeckt die gesamten Polflächen und kompensiert bei nominalem Luftspalt das Leergewicht des Fahrzeugs. Dieser Nennluftspalt liegt bei 3 mm, so dass Auslenkungen bis zu 1 mm toleriert werden können. Die Steifigkeit der Anordnung ist kein vordergründiges Anliegen, solange auch bei den stärksten anzunehmenden Störkräften noch eine Stabilisierung im Arbeitspunkt erfolgt.

Der Antrieb wird durch vier Homopolar-Linearmotoren realisiert, die lediglich passive Sekundärteile aus rechteckigen, 30 mm breiten Flussleitstücken benötigen. Die Motoren am Fahrzeug vereinen Statorwicklungen und erregende Permanentmagnete beide auf einem U-förmigen Joch, in dessen seitliche Öffnung die stationären Flussleitstücke hineinragen. Durch Flusskonzentrationen erzeugen sie Vorzugslagen, die sich in eine Beschleunigung umsetzen lassen. Eine blockförmige Speisung der Motorwicklungen ermöglicht an der aufgebauten Versuchsstrecke eine Positioniergenauigkeit von etwa 1 cm. Die für die Antriebe notwendige Leistungselektronik ist zusammen mit den Umrichtern der Tragmagnete im Unterbau des Fahrzeugs integriert, für die Energieversorgung ist eine induktive Übertragung vorgesehen [BRAK04].

Die Regelungsstruktur des Fahrzeugs basiert auf einer PI-Zustandsregelung, welche die Überwachung der Magnetluftspalthöhe und ihrer Änderung, sowie der Spulendurchflutung in Stellsignale überführt. Um die Biegeschwingungen zu unterbinden, die sich durch die Überbestimmung bei der Kontrolle von drei Freiheitsgraden mit vier Aktoren an einem starren Fahrzeugrahmen ergeben, wird die so genannte Spannungsrotation eingesetzt. In schnellem Wechsel wird dabei ein Magnet reihum stromlos geschaltet, so dass nur drei Aktoren gleichzeitig aktiv sind. Der dadurch bedingte Verlust von Tragkraft und Steifigkeit ist für die Anwendung als Transportsystem vertretbar, die Funktion wird nicht wesentlich eingeschränkt. Die Spannungsrotation ist mit einer konsequenten Einzelmagnetregelung verknüpft, die in Verbindung mit zusätzlichen Aktoren auch bei einer Weichenüberquerung notwendig ist, um die unumgänglichen Schienenlücken zu überbrücken [VANG04a].

Die Steuerung eines Fahrzeuges wird von einer mitgeführten, digitalen Signalprozessor-Einheit (DSP) übernommen, die drahtlos mit einer übergeordneten Koordinationsstelle des Gesamtsystems kommuniziert. Zusammen mit der induktiven Energieversorgung kann sich das Fahrzeug also vollständig autonom und ungebunden in seinem Schienennetz bewegen.

Mit Geschwindigkeiten von 15 m/s auf gerader Strecke und mehr als 1 m/s in Kurven und Weichen ohne reibungsbedingte Verschleißerscheinungen ist das Förderfahrzeug herkömmlichen Transportsystemen auf der Basis von Förderbändern deutlich überlegen [VANG04b]. Alle aktiven Komponenten sind auf den Fahrzeugen konzentriert, es können immer nur einzelne Wagen ausfallen, niemals aber ganze Streckenabschnitte. Dies vereinfacht die anfallende Wartung erheblich.

2.4.2 Einsatz in Werkzeugmaschinen

Applications in machine tools

Am Institut für Fertigungstechnik und Werkzeugmaschinen der Universität Hannover wurde im Rahmen der DFG-Forschergruppe „Struktur und Steuerung schneller Maschinen“ und des späteren Schwerpunktprogramms „Adaptronik für Werkzeugmaschinen“ eine Prototypmaschine zur hochdynamischen Bearbeitung von Fräsbauteilen entwickelt, Bild 2.14. Das grundlegende Maschinengestell ist aus dem stark schwingungsdämpfenden Werkstoff Hydropol hergestellt, einer flexibel gestaltbaren Stahlblechhülle mit Betonfüllung, und verfügt über insgesamt drei Verfahrachsen.

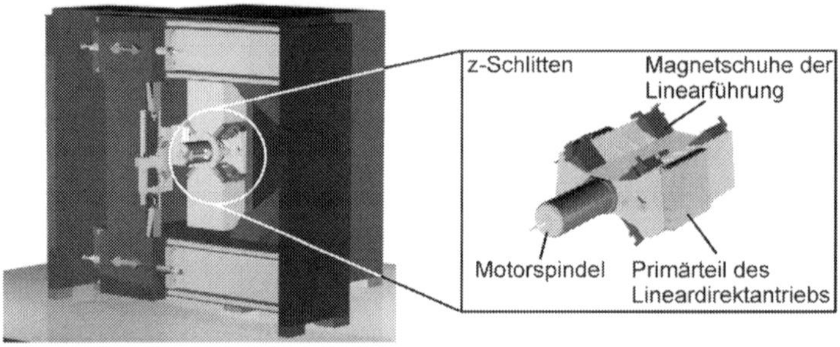

Bild 2.14: Dreiachsige, hochdynamische Fräsmaschine, Universität Hannover [DENK03]
Highly dynamic 3-axes milling machine, University of Hannover

Das kombinierte x-y-Gestell des Prototyps besteht aus einem versteiften Stahlgerüst, während der z-Schlitten separat als optimiertes Fräsbauteil aus Aluminium ausgeführt ist. Die x-y-Achseinheit ist konventionell mit Wälzführungen gelagert, während der z-Schlitten ein kontaktloses, elektromagnetisches Führungssystem besitzt. Diese Magnetführung und ihre Entwicklung sind die Themen der Dissertationen von TIESTE [TIES97], RUSKOWSKI [RUSK04], KALLAGE [KLLG07] und weiteren.

Alle drei Achsen sind mit Lineardirektantrieben ausgestattet, die in der x-Richtung als Gantry ausgelegt sind [DENK03]. Die beträchtlichen Normalkräfte der eisenbehafteten Motoren werden in den x- und y-Achsen von den jeweiligen Wälzführungen aufgenommen, während in der z-Achse zwei Antriebe einander als Doppelkamm gegenübergestellt sind. Mit einer Vorschubkraft von jeweils 10 kN beschleunigen sie den Schlitten mit bis zu 4 g und bei identischen Motorluftspalten kompensieren sich ihre Normalkräfte gegenseitig. Zusätzlich sind diese Motoren um 7,5° zur Vertikalen geneigt, so dass die Normalkräfte mit einer unkompensierten Vertikalkomponente die statische Gewichtskraft des z-Schlittens, der ca. 500 kg wiegt, ausgleichen.

Die Lagerung der z-Achse mit aktiven Magnetlagern wie in diesem Prototypen ist auf Maschinen mit waagrechter Spindel beschränkt und erfordert die Einspannung der Werkstücke an einem vertikalen Tisch. Eine vertikale Bearbeitung verlangt aufwändige mechanische Haltevorrichtungen und wesentlich höhere Motorströme, da die Gewichtskraft in diesem Fall in Vorschubrichtung der Linearantriebe wirkt. Dafür können die Magnetlager erheblich kleiner dimensioniert werden, da sie nur noch orthogonal zur Gewichtskraft wirken. Auch die Neigung der Motoren kann entfallen.

Die einzelnen Aktoren der Magnetführung sind als Elektromagnete mit E-förmigem Kern und einer Spule ausgeführt, siehe Bild 2.15. Zur Erreichung eines höheren Füllfaktors ist die Spule aus isoliertem Kupferband gefertigt, und sowohl der Magnetkern als auch die Rückschlussschiene sind zur Vermeidung von Wirbelstromverlusten laminiert ausgeführt. Diese Maßnahme ist allerdings nur aufgrund der einfachen Geometrie und der stark beschränkten Ausmaße der Schiene umsetzbar. Ausgelegt sind die Aktoren auf einen Nennstrom von 9 A und eine resultierende Kraft von 7 kN, die Maximalwerte liegen allerdings bei 25 A und 15 kN. Die Maxima werden hauptsächlich durch die Sättigung des Eisenkerns begrenzt [RUSK04].

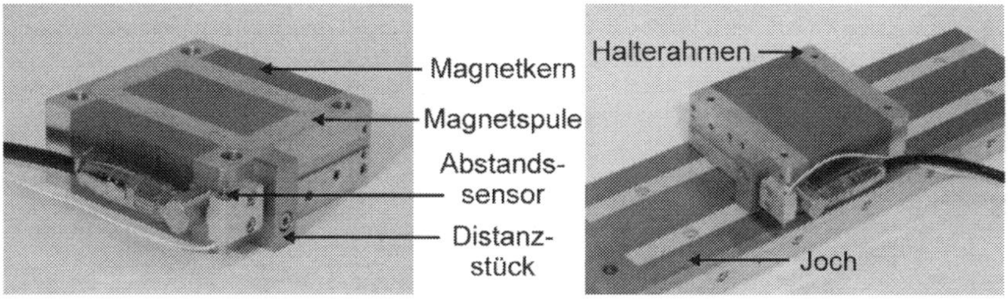

Bild 2.15: Dreipolige Elektromagnete mit Rückschluss der magnetgeführten Maschinenachse der Universität Hannover [RUSK04]

Electromagnets with three poles and back yoke structure of the University of Hannover's machine axis with magnetic guidings

Für die Führung des z-Schlittens werden acht Magnete paarweise in Winkeln von 45° zu den Maschinenachsen angeordnet und bilden damit die Berührungspunkte des Rollenumlaufschuhs eines Wälzlagers nach. Durch die Neigung schneiden sich die Wirkungslinien der Magnetkräfte außerhalb der Führung und üben ein großes Drehmoment in Rollrichtung aus. Der Aufbau spart ein Drittel der in einer orthogonalen Anordnung benötigten Aktoren ein, die Neigung der Kraftvektoren zu den Koordinatenachsen bewirkt aber auch eine Kopplung der Freiheitsgrade des Schlittens. Diese macht sich allerdings nur als lokale Belastung bemerkbar, da sich bei einer gewünschten Bewegung in einer Richtung und entsprechender Bestromung der Aktoren ihre Wirkung in dem ebenfalls beeinflussten, orthogonalen Freiheitsgrad global aufhebt. An jeder Bewegung des Schlittens sind, unabhängig von den angesprochenen Freiheitsgraden, grundsätzlich alle Aktoren beteiligt. Trotz der reduzierten Anzahl bleibt das Prinzip der Differenzanordnung erhalten, d.h. für eine Bewegung wird die Durchflutung in einer Hälfte der Aktoren verstärkt und in den jeweils gegenüberliegenden Elektromagneten abgeschwächt. Ein statischer Dauerstrom in allen Magneten sorgt für die Vorspannung in der Führung.

Die Elektromagnete werden von eigens entwickelten Dreipunktwechselrichtern mit einer Zwischenkreisspannung von 560 V und Strömen bis zu 50 A versorgt. Sie erzeugen eine Scheinleistung von bis zu 20 kVA pro Magnet und sind bei einer Schaltfrequenz von 10 kHz auf einen Bemessungsstrom von 10 A ausgelegt, wobei die Regelung der Magnetführung die Wechselrichter direkt ansteuert. Die Regelungshardware besteht aus einem Motorola PowerPC-System mit VME-Bustechnologie. Das an der Universität Hannover entwickelte Betriebssystems RTOS-UH verarbeitet darin die Algorithmen in der Hochsprache PEARL mit einem Basistakt von 5 kHz.

Die Regelungsstruktur kontrolliert direkt die fünf einzelnen, entkoppelten Freiheitsgrade mit PI-Zustandsreglern. Der Unterstützung dieser Einzelregler dienen adaptive Kalman-Filter zur Zustandsschätzung, die sich in ihrer Gewichtung an der Qualität der Messung des Streckenausgangs orientieren. Da das Kennlinienverhalten der Magnete stark nichtlinear ist, wird ihr Verhalten im Regler ebenfalls nichtlinear nachgebildet, um eine hohe Regelgüte zu erreichen. Zu diesem Zweck wurde das Kraftkennlinienfeld der Magnete vermessen und tabellarisch in der Regelung hinterlegt.

Die Lageregelung verwendet Weg- und Beschleunigungssensoren, um den Bewegungszustand des Achsschlittens relativ zu den Führungsschienen zu ermitteln. Während die acht Luftspaltsensoren vom Typ Vibro-Meter TQ401 die Lage des Schlittens erfassen, messen die vier zweiachsigen Beschleunigungssensoren den vollständigen fünfdimensionalen Beschleunigungsvektor und integrieren ihn zu dem Geschwindigkeitssignal, das in der Regelung verarbeitet wird. Auf diese Weise kann die stark rauschverstärkende Differentiation des Lagevektors umgangen werden. Die einzelnen Wegsensoren sind sehr nah an den Führungsaktoren angebracht, um die Magnetluftspalte so direkt wie möglich zu erfassen. Auch die Leitungslängen vor der A/D-Wandlung werden kurz gehalten, um Störeinflüsse zu reduzieren.

Die Vorstufe der hochdynamischen Fräsmaschine in Bezug auf die Magnetführung war eine eigenständige Prototypführung zur Entwicklung der Regelung und der Magnete. Sie war mit zwölf Elektromagneten in orthogonaler Anordnung aus sechs differentiellen Aktorpaaren ausgeführt. Die erreichte minimale Nachgiebigkeit der entwickelten Prototypführung ohne Antriebe, gezeigt in Bild 2.16, beträgt in Abhängigkeit von der Schlittenmasse und den Beobachterparametern 0,05 µm/N. An der Maschinenachse zeigte der Nachgiebigkeitsfrequenzgang ein Maximum von ca. 0,02 µm/N. In beiden Fällen lagen die Maxima bei etwa 30 Hz [TIES97; RUSK04].

Bild 2.16: Prototyp der antriebslosen Magnetführung der Universität Hannover [RUSK04]
Prototype of the University of Hannover's linear magnetic guiding without drives

Sowohl die Prototypführung als auch die Maschinenachse wurden in Fräsversuchen getestet. Die Prototypführung wurde zu diesem Zweck in eine Universalfräsmaschine eingespannt und in verschiedenen Prozessen untersucht. Sowohl beim Schlichten als auch beim Schruppen einer Stahlflanke treten Kraftimpulse bis 400 N und Auslenkungen in den Luftspalten von 4-16 µm (Spitze-Spitze) auf. Dabei zeigt die Querrichtung der Achse immer eine schwächere Reglerdynamik und eine verbleibende Freiheitsgradkopplung und damit stärkere Abweichungen. Die genauen Parameter und Werte sind in [RUSK04, S. 116ff] aufgeführt. Für die Gesamtmaschine sind die Ergebnisse eines Fräsversuches mit einem HSC-Prüfwerkstück der NC-Gesellschaft mit mehreren Formelementen publiziert worden [DENK06]. An einem um 45° gedrehten Quader kommt es dort zu Geradheitsfehlern von maximal 7 µm.

Bild 2.17: Magnetisch gelagerte Vorschubachse am WZL nach WAHNER [WAHN02]
Feed axis with magnetic guidings at WZL built by WAHNER

Als direkter Vorgänger der vorliegenden Arbeit entwickelte WAHNER am Werkzeugmaschinenlabor (WZL) der RWTH Aachen eine erste Version einer magnetgeführten Vorschubachse mit Linearantrieb [WAHN98; WECK99; WAHN02]. Ein Schwerpunkt der Arbeiten war die Entwicklung und Beschreibung einer bauformunabhängigen, mathematischen Modellbildung der Gesamtachse mit allen relevanten Komponenten, aus welcher im Verlauf des Projektes ein realer Prototyp hervorging. Dieser Prototyp ist in Bild 2.17 zu sehen; er basiert auf einer klassischen Differenzanordnung von zwölf einzelnen, U-förmigen Elektromagneten, die sechs Aktoren bilden, und wird von einem Doppelkamm-Linearmotor angetrieben. Die Magnete sind an den Ecken des Achsschlittens zu Dreiergruppen zusammengefasst und schließen hakenförmige Rückschlussjoche von drei Seiten ein. Damit übernehmen die einzelnen Gruppen gleichzeitig vertikale Trag- und horizontale Führfunktionen [WECK97a]. Der nominale Luftspalt im geregelten Schwebebetrieb beträgt 0,5 mm an jedem Magneten. Die Anordnung der Magnete bedingt ein sehr breites Joch, um genügend aktive Polfläche für alle drei Magnete in jeder Gruppe zu schaffen.

Der bewegte Schlitten wiegt knapp 600 kg, wobei die statische Gewichtskraft durch separate Permanentmagnete, die ebenfalls gegen die Unterseite der Rückschlussjoche wirken, kompensiert wird. Im Vorschubbetrieb erreicht die Achse eine maximale Geschwindigkeit von 2,5 m/s bei einer Beschleunigung von 15 m/s². Die in Bild 2.17 erkennbare, massive Schiene in der Mitte der Fahrspur trägt die Sekundärteile der beiden Linearantriebe. Das Profil des Schlittengerüsts ist unterhalb dieses Trägers durch eine zusätzliche Bodenplatte geschlossen, um die Struktursteifigkeit gegen Verformungen aufgrund der starken Motornormalkräfte zu gewährleisten. Dies bedingt, dass der Träger auf der Länge der Verfahrbahn nicht auf dem Fundament abgestützt werden kann und daher zu Schwingungen neigt. Inwieweit die Leistungsfähigkeit der Achse durch diesen Effekt beeinträchtigt wird, ist nicht bekannt.

Die Regelung der Führung basiert auf einer entkoppelten Freiheitsgradregelung, in der die einzelnen Raumrichtungen durch PI-Regler kontrolliert werden. Diese werden durch einen differentiellen Anteil der Istlage unterstützt, der durch diskrete, stationäre Kalman-Filter beigesteuert wird [WAHN02]. Die gesamte Regelung wird auf einem DSP-System mit VME-Bus mit einem Regeltakt von 2 kHz abgearbeitet. Am Schlitten werden dafür die Signale von sechs induktiven Wirbelstromsensoren für die Position des Tisches und alle zwölf Stromsignale erfasst und in den Regelkreisen verarbeitet. Die resultierenden Ausgangssignale der Regelung steuern direkt zwölf am IEM entwickelte IGBT-Umrichter mit digitalen Toleranzbandstellern an, die für die verwendeten Elektromagnete nur zwei elektrische Quadranten abdecken müssen [BENY02; WAHN02]. Die quadratische Abhängigkeit der magnetischen Flussdichte im Magnetkern von der Stromstärke ist unabhängig von der Stromrichtung. Trotz der gebildeten Aktoren wird ein Umrichter pro Magnet benötigt, da jeder Magnet aufgrund der differentiellen Verschaltung einzeln ansteuerbar sein muss.

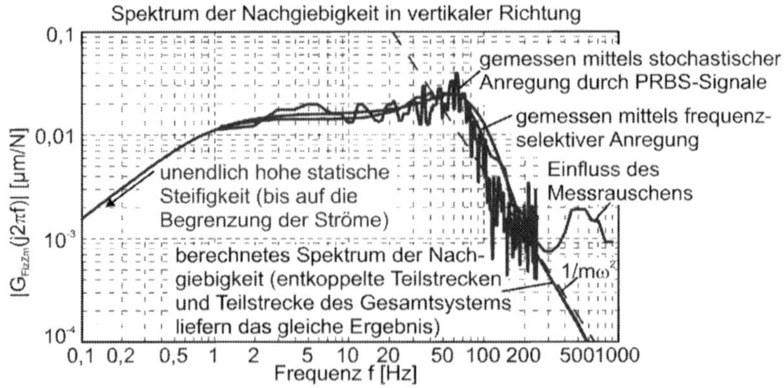

Bild 2.18: Gemessener und berechneter Nachgiebigkeitsfrequenzgang der Vorschubachse in vertikaler Richtung nach WAHNER [WAHN02]

Measured and calculated frequency response of the compliance for the feed axis in vertical direction by WAHNER

In [WAHN02, S. 119] wird für die magnetische Führung der Vorschubachse eine maximale, dynamische Steifigkeit von 50 N/µm in vertikaler und 25 N/µm in horizontaler Richtung angegeben. Die rotatorischen Freiheitsgrade erreichen jeweils eine Steifigkeit von etwa 4 Nm/µrad. Beispielhaft wird in Bild 2.18 der Nachgiebigkeits-Frequenzgang der vertikalen z-Richtung wiedergegeben.

2.4.3 Darstellung und Vergleich alternativer Führungsprinzipien

Description and comparison of alternative guiding principles

Die alternativen Führungsprinzipien im Sinne dieser Arbeit sind gas- und ölgeschmierte Gleitlager, sowie die klassischen Wälzlager. Sie treten in einer Vielzahl von Bauformen und Eigenschaften auf und sollen hier nur im Überblick durch ihre prägnantesten Vor- und Nachteile charakterisiert werden.

Aerostatische Führungen

Ebenfalls berührungslos und für hochreine Umgebungen geeignet sind die aerostatischen Lagerungen, welche die beiden Lagerpartner durch eine extrem dünne Schicht komprimierter Luft trennen. Mit einem Druck von bis zu 10 bar wird die Luft durch eine variable Anzahl von Mikrodüsen oder sogar nur durch eine Schicht poröser Keramik in den Lagerspalt eingeleitet und erzeugt so die notwendige Tragkraft der Lagerung. Diese ist dementsprechend auch reibungs- und verschleißfrei. Durch die notwendigen Spaltweiten in der Größenordnung von nur wenigen Mikrometern aufgrund der geringen Viskosität der Luft stellt sie aber ungleich höhere Anforderungen an die mechanische Fertigung und den Einbau der Einzelteile. Beispielhaft sind in Bild 2.19 Lagerelemente der Firma New Way Air Bearings mit ihrer hochgenau gefertigten, porösen Keramikoberfläche zu sehen [NEWW08].

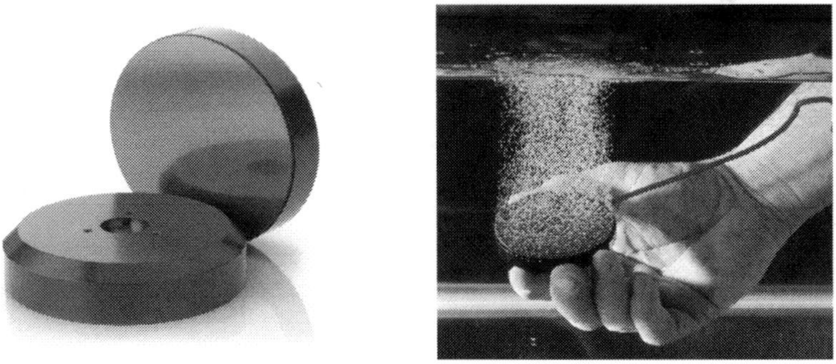

Bild 2.19: Luftlagerelement mit poröser Keramikoberfläche [NEWW08]
Air bearing with porous ceramic surface

Zusätzlich neigen aerostatische Lager bei hohen Belastungen und dynamischen Einflüssen zu Schwingungen, die ihre Leistungsfähigkeit begrenzen. Unterschiedlichste Bauformen wirken dieser Tendenz entgegen, indem sie versuchen, die Kammern und Kanäle, die zur Druckregulierung in die Oberflächen eingelassen sind, zu minimieren. Ausführliche Beschreibungen und Berechnungsvorschriften finden sich hierzu in [GERK91; RISS01; HUBE04; NEWW08 und AERO07]. RISSE erwähnt zusätzlich auch aerodynamische Lagerungen, deren Funktionsprinzip den weiter unten beschriebenen hydrodynamischen Lagern entspricht. Sie sind ebenfalls mit den Nachteilen des Ruckgleitens und des starken Verschleißes behaftet und ihr Einsatz ist noch seltener. Er verlangt einen hohen Auslegungsaufwand, um wenigstens in einem beschränkten Drehzahlbereich die Betriebssicherheit zu gewährleisten. Ein Beispiel ist das Spiralrillenlager, das von MUIJDERMAN beschrieben wird [MUIJ82].

Hydrostatische Führungen

Auch in einer hydrostatischen Führung wird das Medium außerhalb der Lagerung unter Druck gesetzt. Allerdings kommen hier wesentlich höhere Drücke von 30-50 bar zum Einsatz. In der Folge werden die Berührungsflächen der aufeinander gleitenden Lagerpartner, die hier wesentlich kleiner sein können, durch einen permanenten Ölfilm mit einer Höhe von 10-60 µm getrennt. Wie im aerostatischen Lager wird das Medium mit Hilfe von exakt berechneten Lagertaschen in den Schmierspalt eingeleitet und tritt am äußeren Rand kontinuierlich und nahezu drucklos aus. Dies führt zu einer hohen und verhältnismäßig konstanten dynamischen Steifigkeit. Die Grundlagen zur Auslegung einer hydrostatischen Führung werden in [OPIT69] und [PERO11] beschrieben und in [PAEP06] aufgegriffen.

In einer hydrostatischen Lagerung müssen allerdings Maßnahmen getroffen werden, um eine saubere Rückführung des Öls zur externen Versorgung zu gewährleisten und Verschmutzungen zu vermeiden. Dies kann durch geschlossene Abströmkanäle geschehen, oder durch die Einrichtung eines Ölsumpfes im unteren Teil der Maschine. Die Höhe des Ölfilms ist hier fast unabhängig von der Gleitgeschwindigkeit, so dass eine dauerhafte, reine Flüssigkeitsreibung ohne den Stick-Slip-Effekt und zusätzlich Verschleißfreiheit gewährleistet ist. Die Dämpfung ist sehr hoch und lediglich abhängig von den Eigenschaften des Schmiermittels sowie von der Anzahl und der Geometrie der Lagertaschen [WECK06a].

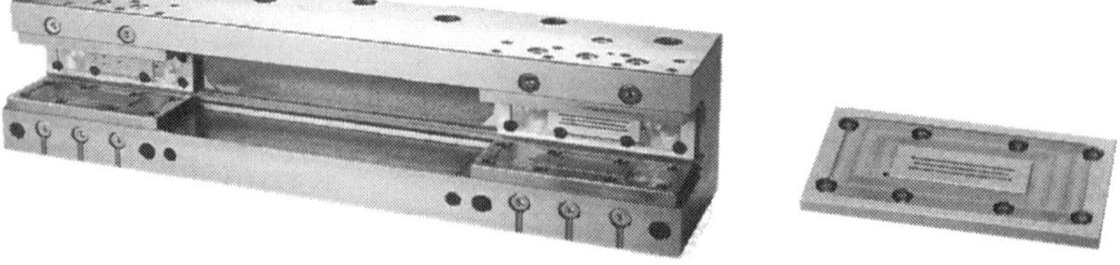

Bild 2.20: Hydrostatische Umgrifführung mit Laufspaltdrosseln [ZOLL08]
Hydrostatic wrap-around guiding with gap restrictors

Zur Aufnahme von exzentrischen Belastungen sind mehrere Lagertaschen notwendig, in denen der Druck unabhängig geregelt werden kann. Dies ist entweder über Einzelpumpen für jede Tasche möglich, oder durch die Aufteilung des Volumenstroms einer zentralen Pumpe und eine Regulierung über Vordrosseln [PAEP06].

Insgesamt werden die Lagertaschen zu Führungsleisten kombiniert, welche auf unterschiedliche Freiheitsgrade wirken, siehe Bild 2.20. Gegenüberliegende Taschen können über Laufspaltdrosseln eine Selbstregulierung der Spaltweiten realisieren. Dabei sind die Nuten der rechteckigen, erhöhten Drosselfläche teilweise mit der gegenüberliegenden Tasche verbunden, so dass sich bei Änderungen der Spalten ausgleichende Druckänderungen ergeben [WECK06a]. Weitere Möglichkeiten der Lageregelung einer hydrostatischen Führung werden in [EFFE70] ausgeführt.

Hydrodynamische Führungen

Zur Anwendung des hydrodynamischen Gleitprinzips, das eine Analogie zum elektrodynamischen Magnetschweben darstellt, wird das Schmiermittel ohne vorherige Kompression in die Lagerung geführt. Dabei muss die Versorgung im Vergleich zur Hydrostatik deutlich weniger Öl bereitstellen. Der Schmierfilm baut sich erst durch die Relativbewegung der Führungselemente im keilförmigen Spalt auf. Die Führung muss dazu leicht spielbehaftet sein, um die Bewegung der Lagerpartner gegeneinander zu erlauben. Auch wenn der Lagerspalt hier kleiner als in der hydrostatischen Führung ist, geht dies stark zu Lasten der Genauigkeit [VDI92, WECK06a].

Ein weiterer Nachteil der hydrodynamischen Führungen ist die minimale Übergangsgeschwindigkeit. Unterhalb dieser Grenze trägt der Schmierfilm nicht ausreichend, so dass zusätzlich zu der gewünschten Flüssigkeitsreibung noch teilweise Festkörperreibung vorliegt, die mit hohem Verschleiß der Gleitflächen verbunden ist. Außerdem kann es im Bereich dieser Mischreibung aufgrund des Stick-Slip Effekts zu ungleichförmigen Bewegungen kommen [PAEP06]. Die normal zu den Führungsflächen wirksame Steifigkeit und Dämpfung hängt zusätzlich zur Schmiermittelcharakteristik und den geometrischen Verhältnissen ebenfalls von der Gleitgeschwindigkeit ab. Die Viskosität und die Verteilung des Schmiermittels können z.B. durch den Einsatz magnetorheologischer Flüssigkeiten signifikant beeinflusst werden [PATZ01].

Da hydrodynamische Führungen und Lager jedoch eine hohe Tragkraft und Dämpfung aufweisen, werden sie vornehmlich in Großwerkzeugmaschinen eingesetzt. Neue Produktionstechniken und Kunststoffbeschichtungen haben die Wirtschaftlichkeit und das Reibungsverhalten dieser Führungsart verbessert, trotzdem kann sie mit den heutigen Wälzführungssystemen oft nicht mehr konkurrieren. Geeignet ist sie zusätzlich für Schleifspindeln, die dauerhaft mit nahezu konstanter Drehzahl laufen, oder andere Feinbearbeitungsmaschinen [WECK06a].

Wälzführungen

In den vergangenen Jahrzehnten sind flüssigkeitsgeschmierte Gleitlager in Werkzeugmaschinen flächendeckend durch Wälzlager ersetzt worden [WECK06a]. Diese wurden umfassend standardisiert [ISO4728] und weiterentwickelt, so dass sie heutzutage viele Vorteile bieten. Durch die vorherrschende Rollreibung zwischen gehärteten Wälzkörpern und Führungsschienen garantieren sie einen leichten Lauf und verhindern den störenden Stick-Slip Effekt, eine ausgereifte Schmiertechnik verringert oder eliminiert außerdem den Wartungsaufwand. Darüber hinaus sind Wälzführungen als günstige und kompakte Standardelemente von mehreren Herstellern in einer Vielzahl von Baugrößen und -formen erhältlich [INA08; SCHN08; SKF08b; THK08]. BRÄNDLEIN bietet in [BRÄN95] zusammen mit FAG Kugelfischer einen umfassenden Überblick über die Gestaltung und Berechnung von Wälzlagern, wobei viele der Betrachtungen auch auf lineare Führungen übertragbar sind. Abhängig von der Form und der Anzahl der Wälzkörper bieten die kontaktierenden Führungen eine sehr hohe statische und dynamische Steifigkeit und häufig auch einen unbegrenzten Verfahrweg, falls die Wälzkörper nur in den Führungswagen umlaufen. Ihr bedeutender Nachteil besteht in der sehr geringen Dämpfung zwischen den Schienen und den belasteten Führungsschuhen. Dies gilt sowohl normal, als auch parallel zur freien Richtung der Führung. Außerdem können sie ausgeprägte Resonanzfrequenzen im Bereich von einigen Hundert Hertz aufweisen, welche die minimale dynamische Steifigkeit auf weniger als 50 N/µm beschränken können [PAEP06, S. 112f]. Die in Werkzeugmaschinen am häufigsten vorkommenden Bauformen von Wälzführungen sind Wellenführungen, Laufrollenführungen, Flachkäfigführungen, Rollenumlaufführungen und die Profilschienenführungen, siehe Bild 2.21.

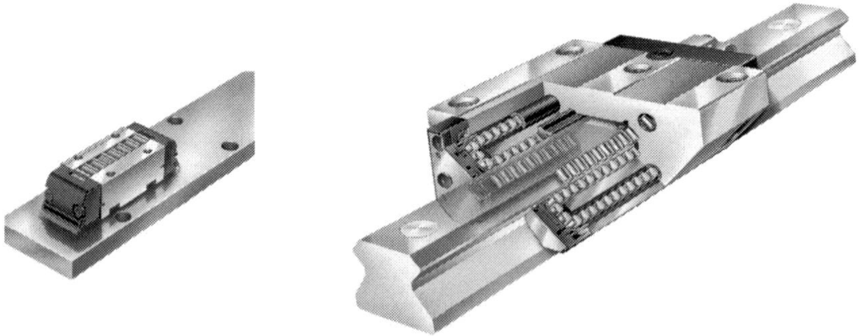

Bild 2.21: Rollenumlaufschuh und Profilschienenwälzführung [INA08]
Linear roller bearing and ball guiding on a profile rail

Ihre Ausführungen und besonderen Eigenschaften sind in [WECK06a, S. 359ff] ausführlich behandelt. Sie zeichnen sich durch unterschiedliche Formen von Wälzkörpern, sowie deren Anzahl, Anordnung und ggf. Umlenkung aus, die jeweils unterschiedliche Eigenschaften in den Vordergrund stellen und dabei drei bis fünf räumliche Freiheitsgrade kontrollieren. Generell sind Wälzführungen bei verhältnismäßig geringem Bauraum trotzdem um ein mehrfaches stärker belastbar als die übrigen, hier beschriebenen Führungsarten und können Geschwindigkeiten von über 6 m/s bei hohen Beschleunigungen erreichen. Die mangelhafte Dämpfung kann im Einzelfall durch spezielle Dämpfungswagen verbessert werden, wobei die Schwingungsenergie durch die Bewegung eines Ölfilms unter einem Kunststoffgleitbelag in Reibungswärme umgewandelt wird [WECK06a, S. 366]. Die Wirksamkeit ist allerdings sehr stark vom Einzelfall abhängig. HASELOFF zeigt in [HASE00, S. 191ff] eine fast vollständige Dämpfung der ersten Biegeschwingung eines Maschinenschlittens mit Kugelumlaufführungen und verschiebt diese gleichzeitig deutlich zu höheren Frequenzen. Demgegenüber favorisiert SCHELENZ in [SCHE94, S. 130ff] die Verwendung zusätzlicher Führungswagen, um eine verbesserte Steifigkeit und eine höhere erste Eigenfrequenz zu erreichen. Dies zieht er der reinen Verbesserung der Dämpfung im Bereich der ursprünglichen Eigenfrequenz vor.

Falls keine extremen Anforderungen an die Lagerung gestellt werden, sind Wälzführungen für die meisten Anwendungsfälle in Werkzeugmaschinen das am besten geeignete Führungsprinzip. Die einfache Verfügbarkeit und Montage, sowie ihre Kompaktheit, die Unabhängigkeit von Zusatzmedien, und die hohe Tragkraft und Steifigkeit sprechen für sie.

In einem tendentiellen Vergleich werden die Eigenschaften der verschiedenen Führungsarten in der folgenden Tabelle 2.1 noch einmal zusammengefasst und auch einer Magnetführung gegenübergestellt.

Tabelle 2.1: Vergleich der Eigenschaften der unterschiedlichen Führungsarten [AERO07], [PAEP06], [WECK06a]

Comparison of the characteristics of the different guiding principles

	Elektro-magnetisch	Wälzlager	Aerosta-tisch	Hydrosta-tisch	Hydrody-namisch
Max. Trag-kraft	-	++	-	++	+
Stat. Steifig-keit	+	++	-	++	++ (Kontakt)
Dyn. Steifig-keit	-	+	-	++	+
Dämpfung	+	--	+	+	+
Lagerspalt	++	/	--	-	-
Versorgung	Strom	/	Luft	Öl	Öl
+ gut bzw. groß - schlecht bzw. klein					

2.5 Fazit

Conclusion

Die in den vorangegangenen Abschnitten vorgestellten Arbeiten haben gezeigt, dass Magnetlager auf die unterschiedlichsten Weisen und für eine große Zahl von Anwendungen mit makroskopischem Bewegungsbereich realisiert werden können. Allen Ansätzen ist aber gemeinsam, dass der Aufwand der Realisierung gegenüber der erreichbaren dynamischen Steifigkeit der Lagerung überproportional stark wächst. Dies gilt von den rein permanentmagnetischen Anordnungen bis hin zu den elektromagnetischen Lagern und Führungen in schnelldrehenden Spindeln und Vorschubachsen von Werkzeugmaschinen. Die permanentmagnetischen Lösungen zeichnen sich zusätzlich noch durch den Mangel an Einflussmöglichkeiten aus, so dass die Flexibilität und die Adaptierbarkeit, die eine magnetische Lagerung attraktiv machen, kaum erschlossen werden können. Ihre Charakteristik ist vollständig durch die mechanische Konstruktion bestimmt und muss im Vorfeld festgelegt werden.

Am besten bewähren sich in der Praxis rotatorische Radial- und Axiallager, deren Anwendungen nur geringe dynamische Anforderungen stellen und so die Umsetzung in serienreife Produkte begünstigen. Die berührungslosen Lager sind prädestiniert für hochtourige, konstant laufende Antriebe aller Größenordnungen in anspruchsvollen Umgebungen, in denen ihre Vorzüge der Reinheit, der Laufruhe und der Lebensdauer besonders zur Geltung kommen. Oft ist nur mit geringen oder bekannten dynamischen Störungen zu rechnen, die allesamt gut von den optimierten Reglern gedämpft werden. Die Flexibilität des Betriebsbereiches ist allerdings gering und es wird eine individuelle Anpassung der Lagerung an die Anwendung benötigt.

Auch die beschriebenen Transportsysteme stellen nur begrenzte Anforderungen an die Stabilität ihrer Lagerung. Durchweg arbeiten sie mit Luftspalten von mehreren Millimetern und lassen deutliche Abweichungen aus den Arbeitspunkten zu. Für die kleineren Systeme reichen teilweise sogar passive Querstabilisierungen aus, ohne dass die Funktion beeinträchtigt wird. Regelmäßige, betriebsbedingte Störeinflüsse treten nicht auf. Die Aufgabe der Regelung liegt vordringlich in der Stabilisierung des Schwebezustands gegen Störungen, welche durch die Toleranzen im Aufbau der sehr langen Strecke und die Vorschubbewegung verursacht werden. Die komplexeren Systeme sind in diesem Fall die Antriebe, welche die berührungslose Kraftübertragung auf langen Strecken sicherstellen müssen. Der besondere Vorteil der Magnetführung liegt hier in den hohen erreichbaren Geschwindigkeiten und Beschleunigungen. Trotz der erfolgreichen Umsetzung von Magnetführungen für Transportzwecke in allen hier beschriebenen Projekten können sich diese bisher nicht in der Praxis durchsetzen. Die hohe Komplexität und die Kosten des Gesamtsystems, sowie die mangelnde Kompatibilität zu bestehenden Lösungen (Schienennetze) verhindern dies. Die Zukunft kann hier allenfalls in kleineren Maßstäben im industriellen Umfeld liegen, sobald analog zu den rotatorischen Lagern spezielle Zusatzanforderungen durch die Produktionsumgebung den Aufwand rechtfertigen.

In Werkzeugmaschinen sind die Anforderungen an die Flexibilität und die Stabilität der Lager und Führungen bedeutend höher. Dies erklärt den geringen Erfolg der magnetischen Spindellager und auch die geringe Anzahl der Projekte, die sich mit Magnetführungen für Vorschubachsen beschäftigen. Mit der Forderung nach einer sehr hohen Steifigkeit über einen breiten Frequenzbereich und der Beherrschung der prozessbedingten starken und hochdynamischen Störkräfte wachsen die Ansprüche an die Lagerung enorm. Es müssen folglich sehr kleine Luftspalte mit geringen Toleranzen und hochqualitative Mess- und Regelstrecken realisiert werden. In keinem der prototypisch umgesetzten Entwicklungsprojekte überzeugt das erzielte Verhalten der Achse im Vergleich zu einer Umsetzung mit kontaktierenden Führungen. Auch der Aufwand zur Realisierung und Steuerung der aktiven Lagerung übersteigt den anwendbaren Nutzen zusätzlicher Adaptierungsmöglichkeiten.

3 Aufgabenstellung und Zielsetzung

Task and Objective

Aus der Analyse des Stands der Technik im letzten Abschnitt von Kapitel 2 ergibt sich die Notwendigkeit der Weiterentwicklung von magnetischen Führungen unter Berücksichtigung der Anforderungen der Werkzeugmaschinenindustrie. Bisherige Anwendungen und prototypische Entwicklungen müssen in jedem bekannten Fall einen übermäßig hohen Realisierungs- und Betriebsaufwand sowie unterschiedliche Einschränkungen in Kauf nehmen, um bei ausreichender Stabilität zusätzlich die vorteilhaften Systemeigenschaften der berührungslosen Führung nutzen zu können. Dies führt auf die allgemeine Anforderung, mit neuen Ansätzen zur Gestaltung von Aktoren und Ansteuerungen die Stabilität zu erhöhen und gleichzeitig die Komplexität, die Kosten, den Bauraum und den Energieverbrauch zu verringern. Mit neuen Ideen auf diesen Gebieten kommen einerseits die eigentlichen Vorteile einer Magnetführung besser zum Einsatz und es erschließen sich andererseits Prozesstechnologien, die als geeignete Zielanwendung von dem Einsatz magnetgeführter Achsen profitieren.

Ein anzustrebender Fortschritt im Aufbau der magnetischen Aktoren ist ein Funktionsprinzip, das mehr als eine aktive Kraftrichtung zur Verfügung stellt, ohne dass eine vollständige Differenzanordnung aufgebaut werden muss. Dies darf gegenüber bestehenden Lösungen nicht gleichzeitig zu einer erhöhten Komplexität der Ansteuerung und des Aufbaus führen, sondern muss diese durch die verringerte Anzahl an mechanischen und elektronischen Komponenten und durch eine robuste, modulare Regelungsstruktur eher noch vereinfachen. Eine zusätzliche Rahmenbedingung ist die Beschränkung der elektrischen Verluste durch hohe statische Ströme, um die Erwärmung der umgebenden Maschinenstruktur zu begrenzen und den Betrieb der Führung effizienter zu gestalten. Dies erfordert eine Betrachtung des möglichen Einsatzes von permanentmagnetischen Kräften zur Entlastung der elektromagnetischen Lagerung. Eine zusätzliche Unterstützung der Magnetaktoren durch Permanentmagnete kann zur Steigerung der Kraft sowie der Dynamik des Aktors verwendet werden, wobei allerdings die bereits in Abschnitt 2.1 diskutierten Nachteile eines hybridmagnetischen Aufbaus vermieden werden sollen. Insbesondere vor dem Hintergrund der dynamischen Anforderungen von Produktionsprozessen kann eine Begrenzung der dynamischen Steifigkeit des Aktors durch die Permanentmagnete nicht zugelassen werden. Im Vergleich zu bekannten Realisierungen ist daher eine Verbesserung der Steifigkeit anzustreben, die durch eine Kombination aus regelungstechnischen Lösungen sowie der mechanischen und elektrischen Dimensionierung des Führungsaktors erreicht wird.

Weiterführend ergibt sich die Aufgabe, unter Verwendung der erweiterten Aktoren eine berührungslose Magnetführung zu entwickeln und die Umsetzbarkeit der erreichten Fortschritte in ein Gesamtsystem zu untersuchen. Eine prototypische Vorschubachse soll dazu die minimale Anzahl von Aktoren aufweisen und ausschließlich durch allgemein verfügbare, industrielle Elektronikkomponenten angesteuert werden. Kostenintensive Eigenentwicklungen von Umrichter- oder Steuerungsbaugruppen werden bewusst vermieden, um die Komplexität des Aufbaus zu begrenzen und die Robustheit, sowie die Anwendbarkeit zu erhöhen. Abschließend wird die berührungslos geführte Achse um ein geeignetes Antriebssystem erweitert, um die entstehenden Wechselwirkungen zu untersuchen und einen Funktionsnachweis der Führung in einer vollwertigen Vorschubachse zu erbringen. Als Ausblick auf mögliche Anwendungsszenarien wird ein Musterfertigungsprozess ausgewählt, der in besonderem Maße von einer stabilen Magnetführung profitieren kann und dessen Anforderungen stellenweise zur Definition von notwendigen Leistungsparametern für die Vorschubachse dienen können.

Zusammenfassend lässt sich aus dem beschriebenen Aufgabenfeld die Zielsetzung der vorliegenden Arbeit ableiten. Es wird ein bidirektional wirkender, permanentmagnetisch unterstützter Elektromagnetaktor mit einer Zustandsregelung ausgelegt, der eine herkömmliche Differenzanordnung aus zwei Elektromagneten ersetzt und keinen Hybridmagnet aufbaut. Zusätzlich zur Dokumentation der Leistungsfähigkeit des einzelnen integrierten Magnetmoduls wird eine vollständige magnetische Führung mit einer entkoppelten Regelung aller Freiheitsgrade als Teil einer angetriebenen Vorschubachse realisiert. Diese prototypische Umsetzung wird erste Untersuchungen des Magnetmoduls im Verbundbetrieb ermöglichen und kann als Grundlage einer weiterführenden Entwicklung und Optimierung dienen, um die Vorteile der Module vollständig in eine Gesamtführung integrieren zu können.

In Kapitel 4 wird zunächst die Entwicklung der integrierten Magnetmodule mit ihren grundlegenden Eigenschaften, Potentialen und Vorzügen dargestellt. Nach einer Erläuterung des Konzepts und einer Beurteilung der Auslegung auf der Grundlage von Simulationen der magnetischen Feldverteilung wird ein geregeltes Verhaltensmodell im Zustandsraum abgeleitet und einer methodenbasierten Regelungsparametrierung unterworfen. Diese Darstellung dient als modulare Grundlage einer späteren Modellierung der Gesamtführung mit einer übergreifenden Ansteuerung aus entkoppelten Freiheitsgradreglern. Alternativ wird in diesem Stadium auch eine kaskadierte Regelungsstruktur erwähnt, die an die gängige Achsregelung einer Werkzeugmaschine angelehnt ist.

Auf der Grundlage der simulativen Untersuchungen erfolgen schließlich die prototypische Umsetzung eines ersten Magnetmoduls und die ausführliche Verifikation der Leistungsfähigkeit in einem einachsigen Prüfstandsaufbau. In dieser Umsetzung wird bereits berücksichtigt, dass die einzelnen Komponenten im weiteren Verlauf als Grundlage des modularen Aufbaus der Vorschubachse dienen sollen. Eine zentrale Fragestellung vor dem Hintergrund der notwendigen Komplexität des Gesamtaufbaus ist, inwieweit die Zustandsgrößen der Regelung sensorisch erfasst werden müssen, oder sensorlos abgeleitet werden können.

Nachdem die Beurteilung des Magnetmoduls in den Einzelversuchen weitgehend positiv ist, wird weiterführend in Kapitel 5 die prototypische Vorschubachse mit vollständig berührungsloser Magnetführung aus mehreren Konzeptansätzen entwickelt. Auf der Grundlage einer Anforderungsdefinition erfolgt eine Synthese aus den unterschiedlichen Modellen, deren Eigenschaften insbesondere im Hinblick auf die mechanische Struktursteifigkeit des Verfahrschlittens geprüft werden. Die notwendigen Grenzwerte definiert hier nicht die Magnetführung selbst, sondern die Belastung durch die entstehenden permanentmagnetischen Anziehungskräfte in den geplanten Vorschubantrieben, die sowohl im Schlittengerüst, als auch in der Lagerung aufgenommen werden müssen. Aufgrund dieser dominanten Störeinflüsse durch die Vorschubantriebe werden die Installation der Antriebe und die notwendige Modifikation der Prüfstandssteuerung separat im Abschnitt 5.3 beschrieben.

Parallel zur mechanischen Auslegung der Vorschubachse wird der bestehende Einzelregler eines Moduls zu einer entkoppelten Freiheitsgradregelung für den Verfahrschlitten weiterentwickelt. In dieser Ausführung kann die Struktur als unabhängiger Einzelregler bestehen bleiben, die jetzt allerdings auf einen räumlichen Freiheitsgrad wirkt und damit mehrere Magnetmodule anteilig beeinflusst. Die Überlagerung aller Regler führt auf das vollständige Ansteuersignal für jedes Modul und berücksichtigt dabei die mechanische Kopplung der Aktoren durch die Fixierung an dem gemeinsamen Schlittengerüst. Die Regelungsstruktur lässt Raum für verschiedene Erweiterungen, die einer Optimierung der Regelung dienen, indem sie z.B. Gewichtungen verschieben, um die Robustheit des Betriebsverhaltens zu erhöhen, oder zusätzliche Sensorik einbinden. In einer theoretischen Untersuchung wird zusätzlich eine mögliche prädiktive Störkompensation erläutert, die eine Optimierungsmöglichkeit der Führungssteifigkeit gegenüber regelmäßig wiederholten Störungen eines iterativen Bearbeitungsprozesses bietet.

Im abschließenden Kapitel 6 wird die Inbetriebnahme der Vorschubachse dokumentiert sowie ihre Leistungsfähigkeit in mehreren Ausbaustufen und vorhandene Ansätze zur Optimierung dargestellt. Zu diesem Zweck werden Messergebnisse in unterschiedlichen Betriebszuständen und bei gezielten Anregungen gezeigt, um das stationäre Verhalten sowie das Führungs- und das Störverhalten beurteilen zu können. Besonderes Augenmerk liegt auf der Darstellung der Nachgiebigkeitsfrequenzgänge in einer Matrixdarstellung über alle Freiheitsgrade. Wiederum wird erst das Betriebsverhalten der reinen Magnetführung präsentiert und erst anschließend in vergleichenden Untersuchungen das Verhalten des Gesamtsystems mit installierten Vorschubantrieben gegenübergestellt. Das Kapitel schließt mit einer kurzen Beurteilung der erreichten Ergebnisse und zeigt Optimierungsmöglichkeiten des Aufbaus auf.

4 Das integrierte Magnetmodul als Weiterentwicklung eines hybriden Magnetaktors

The integrated magnet module as advancement of a hybrid magnetic actuator

Mit dem Ziel, eine weiterentwickelte magnetische Führung an die Anforderungen einer linearen Achse in einer Werkzeugmaschine heranzuführen, wurden in dem dieser Arbeit zugrunde liegenden Projekt permanentmagnetverstärkte, bidirektionale Magnetaktoren entwickelt. Diese Aktoren, die im Folgenden als integrierte Magnetmodule bezeichnet werden, vermeiden explizit die Bildung von klassischen Hybridmagneten, um die permanentmagnetische Kraftverstärkung in möglichst großem Maße nutzen zu können. Gleichzeitig wird durch die zusätzliche Kraftrichtung die notwendige Anzahl der Aktoren reduziert und so die Ansteuerung der Gesamtführung signifikant vereinfacht.

Die Dimensionierung der Magnetmodule basiert auf einer Auslegung der Krafterzeugung mit Hilfe von Finite-Elemente-Berechnungen und mündet in ihre analytische Beschreibung in Abhängigkeit der Luftspalthöhe und der Stromstärke in den Magnetspulen. Auf der Basis dieser Beschreibung wird eine Zustandsregelung entworfen, um das instabile Gleichgewicht des magnetischen Schwebens zu kontrollieren. Die Ausprägung und Parametrierung dieser Regelungsstruktur kann mit Hilfe der Software Matlab/Simulink, die auf Computer Aided Control Engineering (CACE) spezialisiert ist, in Verhaltenssimulationen erprobt und durch Einstellregeln in ihrem Parameterraum auf ein sinnvolles Maß beschränkt werden.

Zum Abschluss werden die entwickelten Strukturen und der erste Prototyp des Magnetmoduls in einem Einzelmagnetprüfstand mit einem Bewegungsfreiheitsgrad getestet und verifiziert. Die an diesem Prüfstand generierten Erfahrungen fließen anschließend in die Entwicklung der magnetischen Führung ein.

4.1 Konzeption und Auslegung eines integrierten Magnetmoduls

Concept and dimensioning of an integrated magnet module

Das integrierte Magnetmodul besteht aus einer Kombination von Elektro- und Permanentmagneten, deren Kräfte sich kontrolliert in vier parallelen Luftspalten überlagern und in einer regelbaren Gesamttragkraft resultieren. Dabei vermeidet die geometrische Form des Magnetkerns die gängigen Nachteile eines Hybridmagneten, also eine Durchsetzung der Permanentmagnete mit dem Fluss der Spulen und damit eine kraft- und steifigkeitsmindernde virtuelle Vergrößerung des Luftspaltes. Auf diese Weise wird die Kraftausbeute des Magneten nach Gleichung 2.3 gesteigert, ohne dass entsprechend der Gleichung 2.7 die Höhe h des Permanentmagnetmaterials in die Luftspalthöhe eingeht. Die Steigerung wird qualitativ in Bild 4.1 verdeutlicht. Die Erhöhung der magnetischen Flussdichte im Magnetkreis bewirkt eine Verschiebung des Arbeitsbereiches auf der quadratischen Kennlinie F(B) in einen Abschnitt mit größerer Steigung und höheren Absolutwerten, ohne dass gleichzeitig ein höherer

Strom aufgewendet werden muss. Zusätzlich zur resultierenden Kraft wird so die Dynamik des Aktors gesteigert, und infolgedessen auch die dynamische Steifigkeit der gesamten Lagerung.

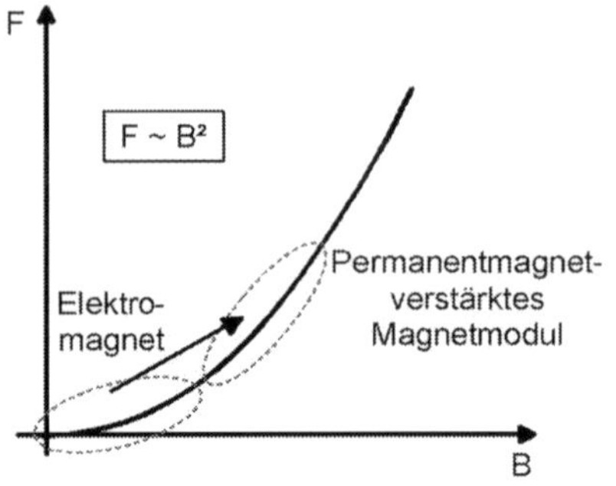

Bild 4.1: Verlustlose Steigerung der Magnetkraft durch Permanentmagnete
Lossless increase in magnetic force using permanent magnets

Die Kernthemen der Auslegung der Magnetmodule sind die mechanische und elektromagnetische Dimensionierung unter Berücksichtigung der Fertigbarkeit und der resultierenden Kraftentwicklung. Darüber hinaus wird ein Simulationsmodell für ein Modul abgeleitet, mit dessen Hilfe im Zusammenspiel mit der Regelung das zu erwartende dynamische Verhalten vorausgesagt werden kann.

4.1.1 Verlustfreie Integration von Permanentmagneten und Kraftsteuerung

Lossless integration of permanent magnets and force control

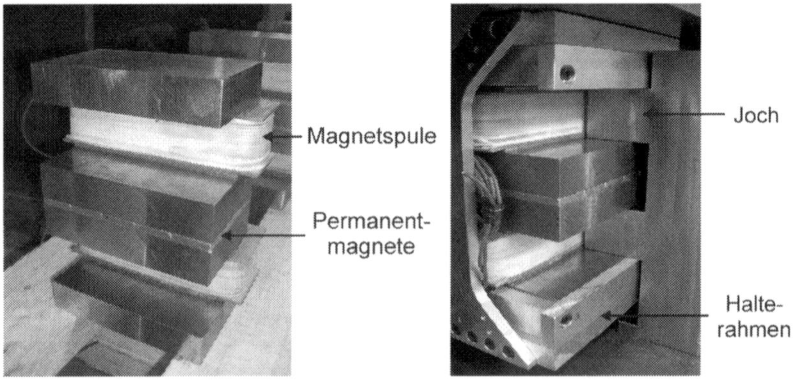

Bild 4.2: Einzelnes Magnetmodul und kombiniert mit Halterahmen und Rückschlussjoch
Single magnet module and combined with mounting frame and yoke

Die Geometrie der Magnetmodule lehnt sich in ihrer Grundidee an die rotatorischen Kombilager der Firma LEViTEC an, die bereits in Abschnitt 2.3.2 beschrieben wurden. Entsprechend der dortigen Axiallager-Komponente umgreift ein Magnetkern mit einer Spule einen Jochzahn und wird dabei parallel von elektromagnetischem und permanentmagnetischem Fluss durchsetzt. Im Unterschied zum Kombilager wiederholt sich diese Anordnung in der zweiten Hälfte des Moduls, während die Permanentmagnete zwischen den beiden Teilen als Verbindungselement eingebettet sind. Darüber hinaus entfällt die Rotationssymmetrie durch die Umgestaltung in eine Linearführung. Stattdessen entsteht eine lineare Verfahrbahn aus den Jochschienen mit den charakteristischen Doppelzähnen und dem darauf laufenden Modulkern. Bild 4.2 zeigt ein freistehendes Magnetmodul sowie die teilweise Integration des in seinen Halterahmen montierten Moduls in ein Rückschlussjoch.

Der Magnetkern ist geblecht aus Transformatorblechen ausgeführt, um Verluste durch Wirbelströme und damit auch die Erwärmung des Moduls zu reduzieren. Eine Blechung des Rückschlussjoches, das sich in der Anwendung einer Linearführung in mehrfacher Ausführung über die gesamte Verfahrlänge erstreckt, kann aufgrund der Dimensionen nicht sinnvoll realisiert werden. Alternativ werden die Rückschlussjoche in der späteren Realisierung mit Möglichkeiten zur Kühlung ausgestattet. Die Geometrie und Flussführung eines Magnetmoduls mit Rückschlussjoch werden in Bild 4.3 im Querschnitt skizziert.

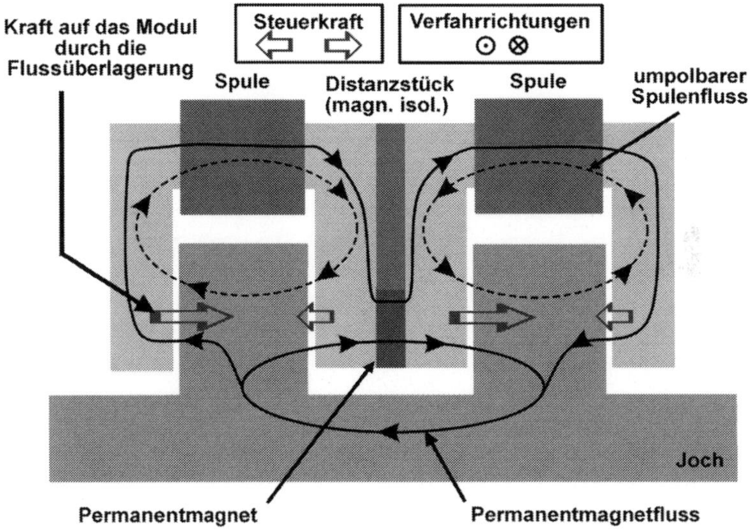

Bild 4.3: Geometrie, Flussverläufe und Funktionsprinzip des integrierten Magnetmoduls

Geometry, flux paths and functional principle of the integrated magnet module

Durch den Eingriff der Jochzähne in das bewegte Modul ergeben sich an den Innenseiten der Modulschenkel vier parallele Luftspalte mit je 0,5 mm Nennmaß. Die Steuerkraft des Moduls wird aufgrund dieser Geometrie nicht wie bei konventionellen Elektromagnetaktoren an den Stirnseiten der Schenkel zum Rückschlussjoch, sondern an den Innenflächen der einzelnen Schenkel erzeugt. Dementsprechend werden an die Parallelität und die Oberflächenqualität der Zahnflanken sowie der Innenschenkel der Module sehr hohe Anforderungen gestellt. Der stirnseitige Abstand zwischen dem Modul und dem Jochkörper wird konstruktiv wesentlich größer als das Nennmaß der Luftspalthöhe eingestellt, um die Umlenkung des magnetischen Flusses an die Innenseiten zu bewirken. Die luftspaltabhängige Magnetkraft entsteht so fast ausschließlich parallel zum Grundkörper des stationären Joches und es wird kaum eine direkte Anziehungskraft zwischen Jochbasis und Modul erzeugt.

Die Permanentmagnete zwischen den Kernhälften schließen ihren Flusskreislauf auf zwei Pfaden. Zum einen verfolgt der Fluss einen sehr kurzen Weg über die beiden inneren Arbeitsluftspalte und zum anderen fließt er durch die Spulen und über die äußeren Schenkel des Kerns und kreuzt dabei die äußeren Luftspalte. Der Verlauf der Flüsse wird anhand von ausgewählten Feldlinien ebenfalls in Bild 4.3 gezeigt.

Solange der Kern zentral über den Jochzähnen in der Schwebe gehalten wird, sind die entstehenden Magnetkräfte in den Luftspalten durch die identischen Höhen und Polflächen gleich und neutralisieren sich. Der Kern befindet sich demzufolge in einem instabilen Gleichgewichtszustand. Erst wenn die beiden Spulen auf den Querschenkeln mit ihren jeweils 60 Windungen betragsmäßig gleich aber mit unterschiedlichen Vorzeichen bestromt werden, bildet sich durch die Flussüberlagerungen eine Steuerkraft aus. Zu diesem Zweck sind die beiden Einzelspulen entgegengesetzt seriell verschaltet und werden über eine gemeinsame Ansteuerung kontrolliert.

Die Spulenflüsse führen in Kombination mit dem Permanentmagnetfluss zu einer Stärkung bzw. Schwächung der einzelnen Luftspaltfelder. Da dies genau paarweise an den jeweils linken und rechten Flanken der beiden Zähne geschieht, verstärken sich die Kräfte auf den beweglichen Modulkern in eine Richtung und werden in die Gegenrichtung geschwächt. Die Umkehrung der Stromrichtungen in den Spulen wendet dabei ebenfalls die Richtung der Steuerkraft. Der resultierende Kraftvektor kann also je nach Modulorientierung als bidirektionale Trag- oder Führungskraft verwendet werden, die durch die Beeinflussung der Spulenströme in Amplitude und Richtung kontrolliert wird. Falls die Position des Kerns über dem Joch mit genügend großer Frequenz erfasst und nachgeregelt wird, kann ein stationärer Schwebezustand mit guter dynamischer Steifigkeit erreicht werden. Durch die direkte Kopplung der Luftspalte bleibt überdies die Induktivität der elektrischen Spulen auch bei einer Verschiebung des Moduls zum Joch in jedem Fall konstant. Dieser Zusammenhang erleichtert die Modellierung und Regelung des Magnetmoduls.

4.1.2 FEM Simulation des magnetischen Feldverlaufs

FEM simulation of the magnetic field distribution

Verwendete Materialien und Modulgeometrie

Die Leistungsfähigkeit des Magnetmoduls hängt stark von den verwendeten Materialien, sowie den geometrischen Abmaßen des Modulkerns und der Spulen ab. Unter anderem spielt die Stärke der Permanentmagnete eine entscheidende Rolle, da sie den Basisfluss zur Verfügung stellen, dem die Steuerflüsse der Spulen überlagert werden. Aus diesem Grund werden Seltenerdmagnete aus Neodymium-Eisen-Bor (NdFeB) mit einem sehr großen Energieprodukt von etwa 250 kJ/m³ eingesetzt. Diese Kennzahl beschreibt die im Material gespeicherte magnetische Energie mittels des maximalen Produkts der Feldstärke H und der Flussdichte B entlang der Entmagnetisierungskennlinie des Magneten. Die Extremwerte der Kennlinie sind die remanente Flussdichte des Materials ohne äußeres Magnetfeld $B_R = 1{,}1$ T und die Koerzitivfeldstärke $H_C \approx 840$ kA/m, die den Magneten vollständig entmagnetisiert [IBS08]. Auch die maximale Einsatztemperatur des Materials von über 100 °C ist für das Magnetmodul von Bedeutung, da es sich im Betrieb deutlich erwärmt und die Permanentmagnete dabei keinen Schaden nehmen dürfen.

Das Material enthält insgesamt einen Anteil von ungefähr 35 % des namensgebenden Lanthanoids (Seltenerdmetalls) Neodymium. Die Legierung muss erschmolzen, zermahlen und anschließend in Form gepresst und gesintert werden. Dabei wird eine Vorzugsrichtung eingeprägt, die der späteren Magnetisierungsrichtung entspricht. Wichtige Eigenschaften des Permanentmagneten sind seine harte, spröde Beschaffenheit, sowie die Neigung zur Oxidation und die langsame Zersetzung in Wasser. Zum Schutz werden die Magnete häufig verzinnt oder vernickelt. Die eigentliche Magnetisierung durch die Einwirkung hoher magnetischer Feldstärken erfolgt durch die Impulsentladung von Kondensatorbänken in einer Luftspule [IBS08; VACU11].

Der Modulkörper wird aus Transformatorblechen M330-50A aufgebaut. Die 0,5 mm starken Bleche sind einseitig lackiert und können nach der Formgebung mittels dieses Backlacks zu einem soliden Körper gefügt werden. Die elektrisch isolierenden Eigenschaften der Lackschichten bleiben dabei erhalten und begrenzen die Ausbreitung von Wirbelströmen in der Blechungsrichtung ohne Störung der Magnetfeldausbreitung. Die Wirbelströme entstehen im späteren geregelten Betrieb der Module durch dynamische Flussänderungen im Material und führen zu einer Erwärmung.

Die Bleche selbst bestehen aus einer Eisen-Silizium-Legierung und sind sehr weichmagnetisch, d.h. sie besitzen nur eine geringe Remanenz und können bereits mit kleinen Feldstärken ummagnetisiert werden. Eine zusätzliche Kornorientierung könnte dem Material ebenfalls eine Vorzugsrichtung der Magnetisierung aufprägen.

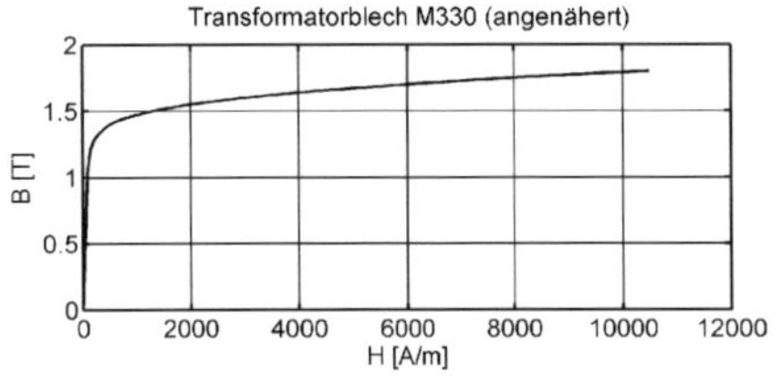

Bild 4.4: Magnetisierungskennlinie des Transformatorblechs M330 mit Ausschnittvergrößerung des linearen Magnetisierungsbereichs

Magnetization characteristic of transformer sheet steel M330 including a zoom of the linear magnetization range

Die Magnetisierungskennlinie des Materials ist in Bild 4.4 dargestellt. Es wird bevorzugt der lineare Bereich der Kennlinie verwendet, in dem schon mit kleinen Feldstärkeänderungen durch kleine Stromausschläge deutliche Reaktionen der magnetischen Flussdichte und damit der resultierenden Magnetkraft bewirkt werden können.

Die Kennwerte des Transformatorblechs und der verwendeten Permanentmagnete dienen als Basisinformation für die Simulation des magnetischen Feldverlaufs in den Magnetmodulen nach der Finite-Elemente-Methode (FEM) [COOK02; MÜLL02]. Zu diesem Zweck wird die Querschnittsgeometrie des Moduls und des dazugehörigen Rückschlussjoches mit den elektrischen Spulen und den Luftspalten als 2D-Zeichnung im Simulationsprogramm ANSYS abgebildet und vernetzt, siehe Bild 4.5.

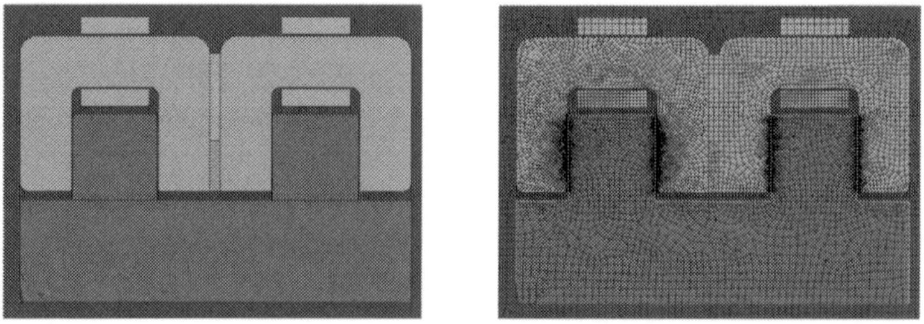

Bild 4.5: 2D-FEM Querschnitt und Vernetzung des Magnetmoduls in ANSYS
2D-FEM cross-section and element network of the magnet module in ANSYS

Unter Berücksichtigung der Materialeigenschaften werden die lokalen magnetischen Feldstärken in jedem Netzelement in Abhängigkeit von der elektrischen Durchflutung der Spulen berechnet und damit die Verteilung der magnetischen Flussdichte im Querschnitt ermittelt. Aus den lokalen Flussdichten kann zusätzlich die resultierende Steuerkraft des Moduls gegenüber dem Joch mittels der in Kapitel 2.1 erläuterten Formeln lokal berechnet und numerisch aufsummiert werden. Der Wert wird als Kraftbelag ausgegeben und bleibt von der nicht berücksichtigten Länge des Moduls abhängig. Die Modullänge ist in Bild 4.5 orthogonal zur Zeichenebene, sie entspricht damit der Ausdehnung in Verfahrrichtung.

Mittels Parametervariationen der Dimensionierung für die Schenkelquerschnitte, die Permanentmagnete und die krafterzeugenden Flächen wird die Modulgeometrie in diesen Simulationen im Hinblick auf eine maximale Kraftentwicklung optimiert.

Simulationsergebnisse

Begrenzt wird die Stärke der magnetischen Flussdichte im Eisenkern durch die Sättigung. Bei hohen Feldstärken kommt es zu einer extremen Abflachung der Magnetisierungskennlinie, siehe Bild 4.4. Eine weitere Erhöhung der Spulendurchflutung führt damit kaum noch zu einer Kraftverstärkung, sie bewirkt lediglich eine zusätzliche Erwärmung des Moduls. Die stark unterschiedlichen Kennliniensteigungen im linearen Bereich und in der Sättigung erschweren außerdem die Auslegung einer Stromregelung sehr stark.

Einen maßgeblichen Einfluss auf die magnetische Flussdichte im Eisen hat der Querschnitt des Modulkerns. Durch seine Abmaße kann die Sättigung des Moduls im Vergleich zur entstehenden Magnetkraft reguliert werden. Außerdem beeinflusst nach Gleichung 2.3 die wirksame Luftspaltfläche die resultierende Kraftentwicklung direkt und ist damit ein wichtiger Parameter. Als Ergebnis der durchgeführten Variationsrechnungen werden ein durchgehender Kernquerschnitt von 30 mm und eine Höhe der krafterzeugenden Flächen von 45 mm festgelegt.

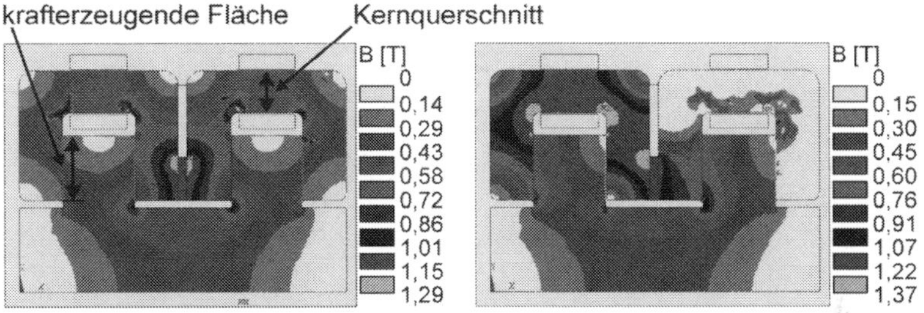

Bild 4.6: Induktionsverteilung im Magnetmodul, zentrierte Lage, bei $\vartheta = 0$ A (links) und bei $\vartheta = 300$ A (rechts)

Distribution of induction in the magnet module, centered position, at $\vartheta = 0$ A (left) and at $\vartheta = 300$ A (right)

Die linke Abbildung in Bild 4.6 zeigt ein Simulationsergebnis des Magnetmoduls im stromlosen Zustand. In der Querschnittsdarstellung ist die symmetrische Flussdichteverteilung aufgrund der eingebrachten Permanentmagnete zu sehen, welche in der zentrierten Lage des Moduls über den Jochzähnen durch die paarweise entgegengesetzten Kraftvektoren keine resultierende Steuerkraft hervorruft. Die antiparallelen Stromrichtungen in den beiden Spulen ändern diesen Zustand. Ein Strom von 5 A resultiert in einer Durchflutung von $\vartheta = N \cdot I = 300$ A und entmagnetisiert die rechten Zahnflanken bereits teilweise, während sich an den linken Flanken Flussdichten mit Spitzenwerten von bis zu B = 1,23 T ergeben. Die so gestärkten oder geschwächten Flussdichten der Luftspalte überlagern sich zu einem wirksamen Gesamtkraftbelag von etwa 13,55 N/mm. Bei einer angenommenen Modullänge von 150 mm wirkt damit senkrecht zu den krafterzeugenden Flächen eine Kraft von etwas über 2 kN. Eine Steigerung der Durchflutung auf 400 A erhöht die maximalen Flussdichten auf ca. 1,35 T und erzeugt dafür eine Kraft von 17,67 N/mm oder 2,65 kN. Jenseits dieses Bereichs treten die ersten Sättigungserscheinungen in der Kraftentwicklung auf, siehe auch das spätere Bild 4.9, rechts.

Eine alternative Darstellung der Flussverteilung im Kern ist die Darstellung von repräsentativen Flusslinien im Inneren des Magnetmoduls, die in Bild 4.7 zu sehen ist. Sie bilden die Flussdichte direkt durch ihre Abstände ab und verdeutlichen sehr anschaulich die lokalen Differenzen und die Unterschiede des stromlosen und des bestromten Zustands.

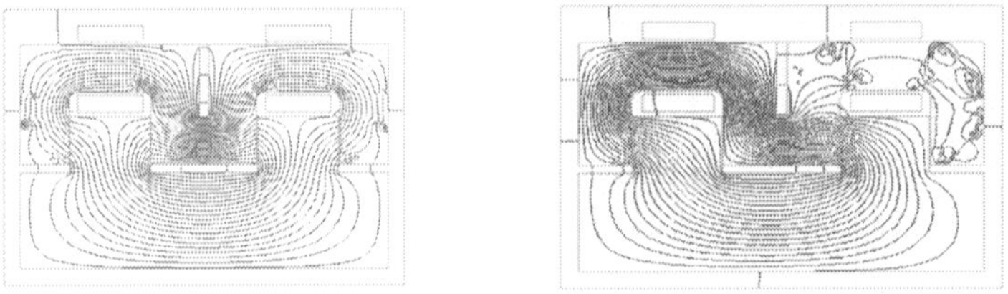

Bild 4.7: Verlauf der Flusslinien im zentrierten Magnetmodul bei ϑ = 0 A (links) und bei ϑ = 300 A (rechts)

Arrangement of the flux lines in the centered magnet module at ϑ = 0 A (left) and at ϑ = 300 A (right)

Zusätzlich zur Variation der Stromamplitude im Arbeitspunkt der Luftspalte muss das Verhalten auch in dezentralen Positionen des Magnetkerns untersucht werden. Dabei sind die Verschiebungen in die beiden Richtungen im idealen Magnetmodul symmetrisch mit umgekehrten Kraftvektoren. Diese ausgelenkten Betriebszustände können in einer Anwendung als Magnetführung durch mechanische Störungen sowie durch Veränderungen des geregelten Luftspaltsollwerts zustande kommen. Außerdem werden sie von den vertikalen Tragmagnetmodulen während des Anhebevorgangs des gelagerten Körpers aus der stromlosen Ruhestellung in die Arbeitsposition mit den identischen Luftspalthöhen von 0,5 mm durchfahren. Die folgenden Abbildungen in Bild 4.8 zeigen eine Extremposition des Kerns bei voller Auslenkung in die mechanischen Anschläge und damit Luftspalthöhen von 0,8 mm bzw. 0,2 mm.

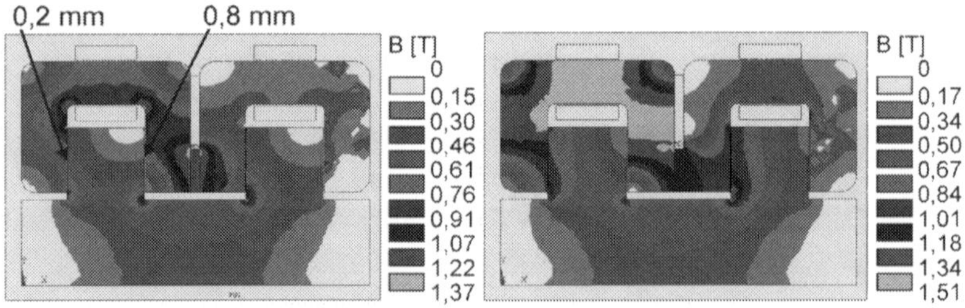

Bild 4.8: Induktionsverteilung im Magnetmodul, um 0,3 mm verschobene Lage, bei ϑ = 0 A (links) und bei ϑ = 300 A (rechts)

Distribution of induction in the magnet module with a position displacement of 0,3 mm, at ϑ = 0 A (left) and at ϑ = 300 A (right)

Im stromlosen Zustand der linken Abbildung übt der Permanentmagnet einen Kraftbelag von 7 N/mm in die Richtung der Verschiebung aus. Diese Kraft muss also kompensiert werden, bevor überhaupt ein Kraftbeitrag zum Anheben geleistet wird. Nach Gleichung 2.7 wächst die Kraft des Elektromagnetfeldes gegenüber dem konstanten Permanentmagnetfeld vor dem Einsetzen einer Bewegung quadratisch mit dem ansteigenden Strom und folgt erst dann einer linearen Überlagerung unter Berücksichtigung der einzelnen Kennliniensteigungen. Eine beispielhafte Durchflutung von $\vartheta = 300$ A ohne eine Bewegung des Moduls kompensiert die hemmende Permanentmagnetkraft und erzeugt zusätzlich eine Gegenkraft von 7,6 N/mm in Richtung des Arbeitspunktes. Mit der angenommenen Modullänge ergibt sich so eine Gesamtkraft von 1140 N. Diese führt auch bei einer deutlichen Belastung des Moduls zu einer Anhebung aus dem Anschlag und kann bei Bedarf durch eine Stromerhöhung noch deutlich überschritten werden, siehe Abschnitt 6.1.1.

Insgesamt lassen sich die Untersuchungen der Kraftentwicklung des Magnetmoduls in verschiedenen Positionen im Luftspalt und mit variabler Bestromung zu einem dreidimensionalen Kennlinienfeld extrapolieren, das zur Durchführung von nichtlinearen Verhaltenssimulationen in Matlab/Simulink eingesetzt wird. Dieses Kennlinienfeld ist in Bild 4.9 abgebildet. Deutlich bildet sich hier die Punktsymmetrie zum kraftfreien und stromlosen Zustand im Arbeitspunkt bei einem Luftspalt von 0,5 mm ab. Diese resultiert aus der grundsätzlichen Symmetrie des Modulaufbaus.

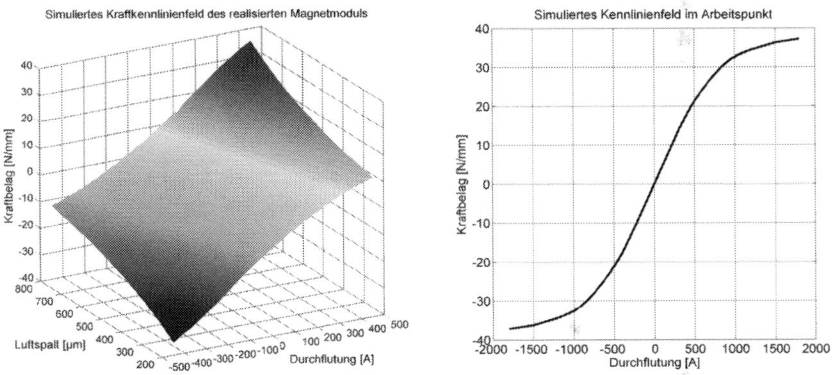

Bild 4.9: Nichtlineares Kennlinienfeld F(δ, ϑ) des Magnetmoduls (links) mit isolierter Arbeitspunktkurve bei δ_0 (rechts)

Nonlinear characteristic curves F(δ, ϑ) of the magnet module (left) with extracted curve in the operating point at δ_0 (right)

Die Schnittlinie des Kennlinienfelds im Arbeitspunkt mit der nominellen Luftspalthöhe von 0,5 mm ist rechts im Bild zusätzlich dargestellt und verdeutlicht das Sättigungsverhalten des eisernen Moduls. Die begrenzenden Effekte beginnen bei einer stationären Durchflutung des Kerns von etwa 600 A und limitieren damit den höchsten Kraftbelag des linearen Kennlinienabschnitts auf 24 N/mm. Im realisierten Magnetmodul mit einer Länge von 150 mm ergibt sich bei diesem Wert eine Maximalkraft von 3,6 kN. Die Kennlinie verflacht bei $\vartheta = 600$ A noch nicht sehr stark, so dass theoretisch eine höhere Kraftausbeute möglich ist. Der gewählte Grenzwert korreliert zusätzlich mit der Leistungsfähigkeit der verwendeten Frequenzumrichter zur Versorgung der Magnetmodule an den Testaufbauten und den Möglichkeiten zur Kühlung der Führung, siehe Kapitel 4.3.1 und 5.1.5. Mit einer idealen Versorgung und Kühlung würde sich der Grenzwert nach Bild 4.9 auf eine Durchflutung von über 900 A und einen Kraftbelag von etwa 32 N/mm erhöhen.

Die gängige Vergleichsangabe der Kraftdichte eines Elektromagneten in Abhängigkeit seiner Luftspaltfläche erweist sich im Magnetmodul als wenig aussagekräftig, da sie die Zuordnung der vier aktiven Flächen sowie die unterschiedlichen Richtungen der Kraftvektoren und ihre Überlagerung nicht berücksichtigt.

Ausblick auf eine alternative Magnetmodulgeometrie

Als Optimierungsschritt zur Überarbeitung der Magnetmodule für zukünftige Realisierungen kann die Geometrie dahingehend abgeändert werden, dass der gewählte Querschnitt der einzelnen Kernschenkel auch die Höhe der krafterzeugenden Flächen bestimmt. Dies reduziert ihre Höhe von 45 mm auf ebenfalls 30 mm und führt zu einem leichteren und kompakteren Magnetmodul, siehe Bild 4.10.

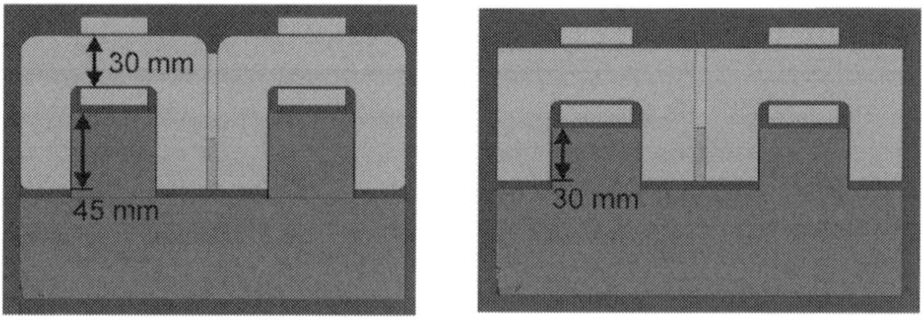

Bild 4.10: FEM Modell einer alternativen Modulgeometrie mit optimierter Polfläche (rechts) im Vergleich zu der realen Geometrie (links)

FEM model of an alternative module geometry with optimized pole area (right) in comparison to the realized geometry (left)

Der Vorteil dieser Geometrieänderung liegt in der Konstanz des Querschnitts, der zu einer konstanten Flussdichte im Kern und auch in den Luftspalten führt. Im realisierten Modul verringert sich die Flussdichte aufgrund der größeren Querschnittsfläche im Luftspalt gegenüber den Werten im Modulkern. Nach Gleichung 2.3 wirkt die Flussdichte des Luftspaltfeldes quadratisch auf die erzeugte Kraft, während die Größe der Polfläche linear eingeht.

Die Berechnung eines modifizierten Kennlinienfelds für das alternative Magnetmodul weist trotz der Reduktion der krafterzeugenden Flächen um ein Drittel nur einen moderaten Kraftverlust von ca. 7 % bei einer Durchflutung von 450 A gegenüber dem realisierten Modul aus, siehe Bild 4.11. Durch die flachere Steigung der Kennlinie steigen die Kraftverluste bei zunehmender Durchflutung an und erreichen bei 600 A einen Verlustbetrag von etwa 13 %. Gleichzeitig sinkt das Modulgewicht um konstante 8 %, in dem realisierten Prototyp macht dies eine Einsparung von ca. 2 kg aus. Da die Module in einer berührungslosen Magnetführung in die schwebende Einheit integriert werden müssen, ist jede Reduzierung ihrer Größe und ihres Gewichts eine wertvolle Verbesserung. In Bezug auf ihre Kraftentwicklung ist die Verkleinerung vor allem bei kleinen und mittleren Beanspruchungen sinnvoll, eine größere Dimensionierung kann allerdings z.B. aus Sicherheitsgründen erforderlich sein. Die zugehörigen Rückschlussjoche der Magnetmodule profitieren durch die Geometrieänderung ebenfalls, da ihre Zahnstrukturen eine geringere Höhe aufweisen können und entsprechend einfacher zu fertigen sind.

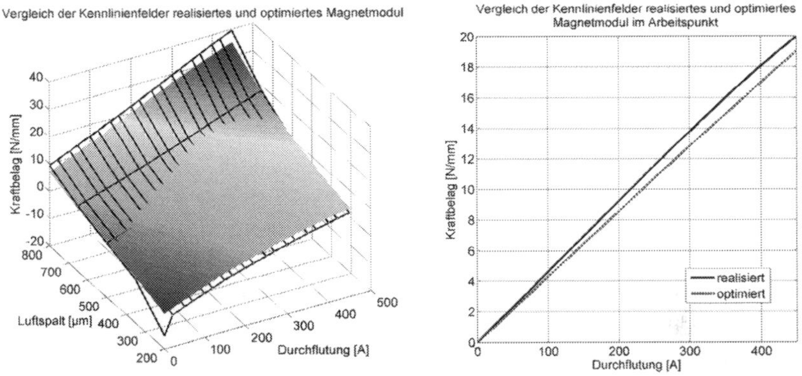

Bild 4.11: Vergleich der nichtlinearen Kennlinienfelder $F(\delta, \vartheta)$ und der Arbeitspunktkurven für das realisierte und das optimierte Magnetmodul

Comparison of the nonlinear characteristic curves $F(\delta, \vartheta)$ and the extracted curves in the operating point for the realized and the optimized magnet module

Im Verlauf der praktischen Umsetzung der Magnetmodule konnte die Optimierung der Kerngeometrie aufgrund des Projektzeitplans nicht mehr berücksichtigt werden. Zum Zeitpunkt der Ausarbeitung war der Aufbau der Vorschubachse bereits weit fortgeschritten und die Module konnten nicht mehr ausgetauscht werden. Aus diesem Grund kann das Potential der Verbesserung nur anhand der vorgestellten Berechnungen beurteilt werden.

4.1.3 Modellbildung und Simulation im Zustandsraum

Modeling and simulation in state space

Zur Beschreibung eines dynamischen Systems werden im Allgemeinen mehrere Differentialgleichungen benötigt. Zu deren Lösung kann im Rahmen einer Laplace-Transformation in den Frequenzbereich ausgewichen werden, um die eigentliche Berechnung zu vereinfachen. Diese Transformationen und auch ihre Rücktransformationen unterliegen allerdings einer Reihe von Voraussetzungen und Einschränkungen. Außerdem werden keine Informationen über die inneren Systemzustände und ihre Verläufe offen gelegt. Gerade für eine zeitabhängige Verhaltenssimulation sind diese aber von Interesse.

Alternativ können die benötigten Gleichungen im Zeitbereich in einer Zustandsdarstellung aufbereitet werden. Es werden dabei zeitabhängige Variablen gewählt, die zwischen den Ein- und Ausgängen des Systems vermitteln und durch ihre zeitliche

Variation das Gesamtverhalten in einem Gleichungssystem erster Ordnung beschreiben. Ausgeschlossen wird nur das Auftreten der Ableitungen der Eingangsgrößen, um die Stetigkeit der Zustandsvariablen sicherzustellen [FÖLL08, S. 387ff].

Die Darstellung des Gleichungssystems erfolgt in kompakter Form als Vektordifferentialgleichung. Die Gesamtheit der Zustandsgrößen bildet den Zustandsvektor **x**, welcher die Eingänge **u** und die Ausgänge **y** über die Zustandsmatrizen verbindet.

$$\dot{\mathbf{x}} = \mathbf{A} \cdot \mathbf{x} + \mathbf{B} \cdot \mathbf{u}; \qquad \mathbf{y} = \mathbf{C} \cdot \mathbf{x} + \mathbf{D} \cdot \mathbf{u} \tag{4.1}$$

Ein lineares und zeitinvariantes System wird durch konstante Zustandsmatrizen gekennzeichnet. Von besonderer Bedeutung für die dynamischen Systemeigenschaften ist die Systemmatrix **A**, da sie diese durch ihre Eigenwerte bestimmt. Vorteilhaft ist eine Darstellung der Matrix in Regelungsnormalform, da hier eine sehr einfache Ableitung der charakteristischen Gleichung und damit auch eine einfache Bestimmung und Manipulation der Eigenwerte möglich ist. Diese Eigenschaft wird im Zuge der Reglerparametrierung in Abschnitt 4.2.2 ausgenutzt und dort noch ausführlicher erläutert. Das folgende Bild 4.12 illustriert die Funktion der Ein- und Ausgangsmatrizen **B** und **C**, sowie der Durchgangsmatrix **D**. Da reelle, technische Systeme im Allgemeinen nicht sprungfähig sind, existiert in den meisten Fällen keine Möglichkeit einer direkten Beeinflussung des Ausgangs durch den Eingang und es gilt **D** = **0**.

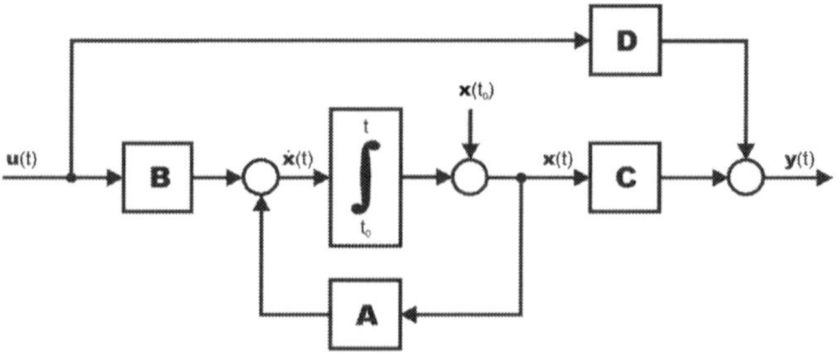

Bild 4.12: Modellierung eines linearen Systems im Zustandsraum [FÖLL08]
Modeling structure of a linear system in state space

Für eine Zustandsdarstellung des Magnetmoduls beschreiben die im Folgenden abgeleiteten Systemgleichungen sein mechanisches und elektrisches Verhalten. Zu jedem Zeitpunkt muss im Modul eine Steuerkraft erzeugt werden, die den stationären Gleichgewichtszustand des Schwebens über dem Rückschlussjoch bewahrt und ihn trotz dynamischer Störungen aufrechterhält. Entsprechend dem Kraftkennlinienfeld in Bild 4.9 ist die Kraftentwicklung nichtlinear abhängig von der Luftspalthöhe und der elektrischen Durchflutung im Modul. Zur Vereinfachung der Beschreibung kann das Kennlinienfeld mit Hilfe einer Taylorreihe linearisiert werden:

$$F_{Mag}(\vartheta,\delta) = F_{Mag}(\vartheta_0,\delta_0) + (\vartheta-\vartheta_0)\cdot \underbrace{\left.\frac{\partial F_{Mag}}{\partial \vartheta}\right|_{\vartheta_0,\delta_0}}_{k_{\vartheta,mag}} + (\delta-\delta_0)\cdot \underbrace{\left.\frac{\partial F_{Mag}}{\partial \delta}\right|_{\vartheta_0,\delta_0}}_{k_{\delta,mag}} \tag{4.2}$$

Dieser Ansatz berücksichtigt die Annahme geringer Abweichungen aus dem Arbeitspunkt mit der nominellen Luftspalthöhe $\delta_0 = 0{,}5$ mm und der Basisdurchflutung ϑ_0 und beschreibt die Kraftbeiträge verbleibender Abweichungen mittels der Differenzgrößen $\delta - \delta_0 = \Delta\delta$ und $\vartheta - \vartheta_0 = \Delta\vartheta$ sowie der partiellen Differentiale $k_{\vartheta,mag}$ und $k_{\delta,mag}$.

Die Differentiale repräsentieren die Steigungen der Hauptrichtungen des Kennlinienfeldes, sie ergeben sich in Abhängigkeit von der Modullänge zu

$$k_{\vartheta,mag} = 46\frac{N}{A \cdot m}; \quad k_{\delta,mag} = 19{,}65\frac{N}{\mu m \cdot m}. \tag{4.3}$$

Diese Werte ergeben sich aus den FEM Berechnungen und werden im Prüfstandsbetrieb verifiziert. $k_{\delta,mag}$ gilt allgemein als Kenngröße eines Elektromagneten und wird als negative Steifigkeit bezeichnet. In konventionellen Anordnungen beschreibt es die Kraftzunahme in Abhängigkeit vom abnehmenden Luftspalt. Im Magnetmodul tritt diese Größe aufgrund der Art der Luftspaltmessung und der verwendeten Vorzeichenkonventionen ausnahmsweise positiv auf, siehe dazu Abschnitt 4.3.1.

Aus der Linearisierung ergibt sich mit diesen Ersatzgrößen die folgende, kompaktere Beschreibung der Magnetkraft:

$$F_{Mag}(\vartheta,\delta) = F_{Mag}(\vartheta_0,\delta_0) + k_{\vartheta,mag} \cdot \Delta\vartheta + k_{\delta,mag} \cdot \Delta\delta \tag{4.4}$$

Im Sinne einer Newtonschen Bewegungsgleichung kann der dynamische Anteil der Krafterzeugung mit der Bewegung des Magnetmoduls in Luftspaltrichtung verknüpft werden. Der statische Anteil ist für die Erfassung der Bewegung nicht notwendig.

$$m \cdot \Delta\ddot{\delta} = F_{Mag,dyn} = k_{\vartheta,mag} \cdot \Delta\vartheta + k_{\delta,mag} \cdot \Delta\delta \tag{4.5}$$

Ergänzend zur mechanischen Bewegungsbeschreibung wird auch das elektrische Verhalten des Moduls erfasst. Die Steuergröße der Modulkraft ist die elektrische Durchflutung der beiden seriell verknüpften Spulen. Ihr Verhalten wird durch eine Differentialgleichung zur Beschreibung der Stromverläufe mittels des Spulenwiderstands R und der als konstant angenommenen Induktivität L abgebildet. Flussminderungen durch Verfahrbewegungen des Magnetmoduls werden dabei vernachlässigt:

$$U = R \cdot I + \frac{d\Phi}{dt} = R \cdot I + L \cdot \frac{dI}{dt} \tag{4.6}$$

In dieser Darstellung können erneut die statischen Anteile U_0 und I_0 zur Erzeugung der Grunddurchflutung im Arbeitspunkt und die dynamischen Anteile Δu und Δi zur Störkompensation aus den Summen $U = U_0 + \Delta u$ und $I = I_0 + \Delta i$ separiert werden.

$$U_0 + \Delta u = R \cdot (I_0 + \Delta i) + L \cdot \frac{d(I_0 + \Delta i)}{dt} \tag{4.7}$$

Der statische Stromanteil bildet sich rein ohmsch auf die Steuerspannung ab und die Kopplung des dynamischen Spulenstroms an die Differenzdurchflutung erfolgt über die Anzahl der Spulenwindungen. Damit ergibt sich eine kompakte Beschreibung des Zusammenhangs der Spulendurchflutung und der Steuerspannung, die als Ausgangssignal einer Regelung erzeugt werden kann:

$$\Delta u = \frac{R}{N} \cdot \Delta\vartheta + \frac{L}{N} \cdot \Delta\dot{\vartheta} \tag{4.8}$$

Aus den Gleichungen 4.5 und 4.8 kann nun eine Zustandsdarstellung abgeleitet werden. Der gewählte Zustandsvektor besteht aus der Differenzgröße des Modulluftspaltes und seiner Ableitung, der Änderungsgeschwindigkeit, sowie der Durchflutung der Magnetspulen als zweiter Differenzgröße. Damit orientiert sich die Beschreibung an der Abweichung des Moduls aus seinem definierten Arbeitspunkt. Dies ist für die weitere Verwendung der partiellen Differentiale und der in ihnen verborgenen lokalen Linearisierung von Bedeutung.

$$\begin{pmatrix} \Delta\dot{\delta} \\ \Delta\ddot{\delta} \\ \Delta\dot{\vartheta} \end{pmatrix} = \begin{pmatrix} 0 & 1 & 0 \\ \frac{k_{\delta,mag}}{m} & 0 & \frac{k_{\vartheta,mag}}{m} \\ 0 & 0 & -\frac{R}{L} \end{pmatrix} \cdot \begin{pmatrix} \Delta\delta \\ \Delta\dot{\delta} \\ \Delta\vartheta \end{pmatrix} + \begin{pmatrix} 0 \\ 0 \\ \frac{N}{L} \end{pmatrix} \cdot \Delta u \tag{4.9}$$

$$y = \begin{pmatrix} 1 & 0 & 0 \end{pmatrix} \cdot \begin{pmatrix} \Delta\delta \\ \Delta\dot{\delta} \\ \Delta\vartheta \end{pmatrix} \tag{4.10}$$

Die Struktur der abgeleiteten Differentialgleichungen und ihre Verknüpfung über die Durchflutung wird im folgenden Bild 4.13 als Blockschaltbild dargestellt und kann direkt in eine graphische Simulationsumgebung übertragen werden.

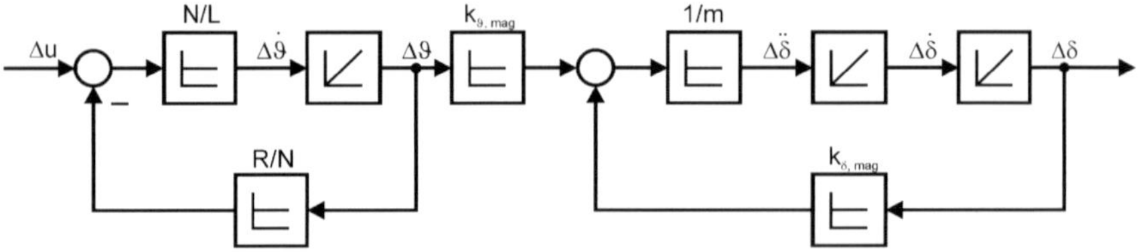

Bild 4.13: Struktur der Modellierung des Magnetmoduls
Modeling structure of the magnet module

Die Modellierung in Matlab/Simulink zur Durchführung von zeitabhängigen Verhaltenssimulationen zeigt Bild 4.14. Anstelle der in Bild 4.13 berücksichtigten Linearisierung greift die Verhaltenssimulation auf das vollständige, nichtlineare Kraftkennlinienfeld zurück und ist damit auch außerhalb des primären Arbeitspunktes gültig. Die Modellierung berücksichtigt zusätzlich zur Umsetzung der Differentialgleichungen 4.5 und 4.8 in der Summe des dynamischen Kräftegleichgewichts auch die Gewichtskraft des Moduls bzw. der gelagerten Struktur und die Möglichkeit von Störkräften. Da das Modell aus Gründen der Anschaulichkeit auf die Verwendung von Differenzdurchflutungen und -spannungen verzichtet, fließt in Bild 4.14 über die Gewichtskraft der Basisstrom des Moduls wieder explizit ein. Dieser entspricht einer statischen Umwandlung von Strom in Kraft, da der Arbeitspunkt sich in der Mitte des Luftspalthubes befindet und damit eine einflusslose Gleichgewichtsposition einnimmt.

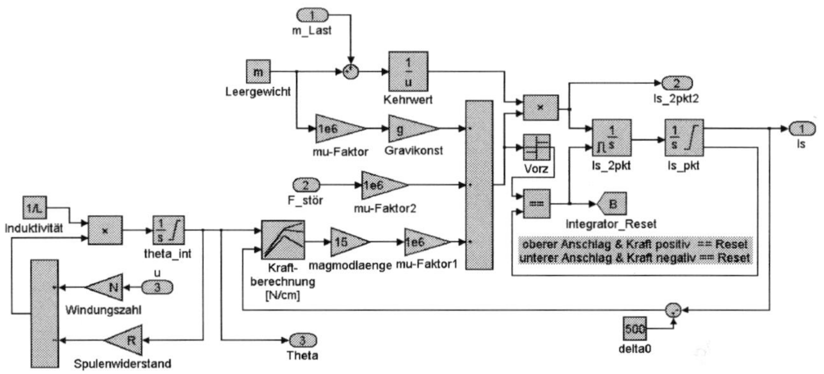

Bild 4.14: Nichtlineare Modellierung des Magnetmoduls in Matlab/Simulink

Nonlinear modeling of the magnet module in Matlab/Simulink

In einer Erweiterung der Modellierung wird auch das Übertragungsverhalten des Umrichters zur Umsetzung der Steuerspannung in Spulenstrom berücksichtigt. Wie bereits die Struktur des Blockschaltbildes in der linken Hälfte von Bild 4.13 zeigt, nimmt die Magnetspule das Verhalten eines PT_1-Gliedes an. Hier kann die lineare Übertragungscharakteristik des Umrichters zusätzlich integriert werden.

$$\frac{\Theta(s)}{U(s)} = N \cdot \frac{K}{1 + T \cdot s} \tag{4.11}$$

In diesem kombinierten System ist die wirksame Zeitkonstante T deutlich geringer als es die elektrische Zeitkonstante T_L der Spule an sich wäre. Dies resultiert aus der hohen Zwischenkreisspannung und der als ideal angenommenen Stromregelung und vernachlässigt zusätzlich den Einfluss der Arbeitsströme. Der Verstärkungsfaktor K ergibt sich als Verhältnis von maximalem Ausgangsstrom des Umrichters zu maximaler Steuerspannung.

$$T_L = \frac{L}{R} = 10{,}54\,\mathrm{ms} \qquad T = \frac{i_{max}}{\frac{U_{ZK}}{R}} \cdot T_L = 0{,}239\,\mathrm{ms} \tag{4.12}$$

4.2 Regelungsauslegung im Zustandsraum

Control engineering in state space

Ausgehend von einer linearen, zeitinvarianten Strecke, die nach Gleichung 4.1 mit konstanten Matrizen im Zustandsraum beschrieben wird, können mittels proportionaler, zeitlich konstanter Rückführungen des vollständigen Zustandsvektors die Aufgaben einer Regelung erfüllt werden. Trotz der anfangs unvollständigen Kenntnis des Gesamtsystems und seines zeitlichen Verhaltens kann durch die Rückführung eine gezielte Beeinflussung vorgenommen werden. Der Zustandsregler erhält die Form eines Proportionalreglers, der jede einzelne Zustandsgröße individuell beeinflusst und als summierte Stellgröße auf den Eingang zurückführt. Diese Rückführung kann kompakt in die Gleichung der Zustandsdarstellung integriert werden:

$$\dot{\mathbf{x}} = (\mathbf{A} - \mathbf{B} \cdot \mathbf{R}) \cdot \mathbf{x} \tag{4.13}$$

Ein negatives Vorzeichen der Rückführung ist hierbei nicht grundsätzlich zwingend, kann aber aus traditionellen Gründen beibehalten werden. Die Vorzeichen der einzelnen Verstärkungsfaktoren werden entsprechend angepasst [FÖLL08, S. 464f].

Die reine Zustandsregelung nach Gleichung 4.13 stabilisiert das System aus einem unbestimmten Anfangszustand heraus. Falls außerdem die Anpassung an einen vorgegebenen Führungsvektor notwendig ist, muss ein zusätzliches Vorfilter eingefügt werden. Alternativ kann die Regelung um ein vorgeschaltetes PI-Glied erweitert werden, um so auch Abweichungen durch variable Störungen und Parameterschwankungen ausregeln zu können.

Die folgenden Abschnitte beschreiben den Aufbau und die Parametrierung einer PI-Zustandsregelung für das integrierte Magnetmodul und zeigen die zu erwartende Leistungsfähigkeit anhand der Ergebnisse von Verhaltenssimulationen auf.

4.2.1 Die PI-Zustandsregelung

The PI-state control

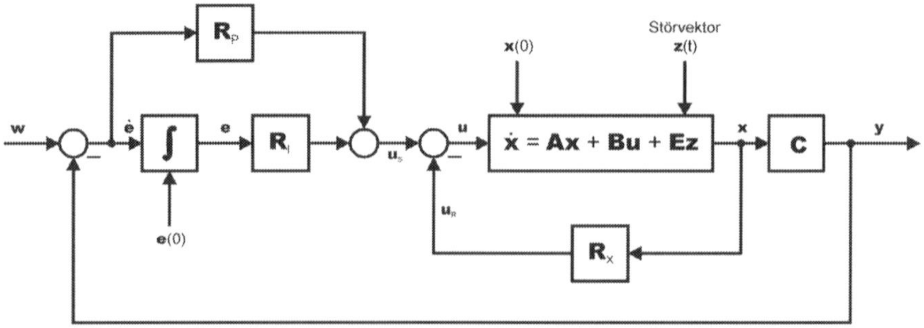

Bild 4.15: Vollständige Struktur der PI-Zustandsregelung [FÖLL08]
Complete structure of the PI-state-control

Die PI-Zustandsregelung erweitert die Struktur der reinen Zustandsrückführung und ersetzt unter anderem das Vorfilter, das in vielen anderen Fällen zur Anpassung des Streckenverhaltens an einen Führungsvektor genutzt wird. Zusätzlich zur Rückführung des gesamten Zustandsvektors auf den Eingang **u** der gestörten Regelstrecke wird die Ausgangsgröße **y** des Systems mit einem externen Führungsvektor **w** zu einer Regeldifferenzgröße verrechnet und auf ein PI-Glied geleitet. Insbesondere der Integralteil bietet eine zusätzliche Möglichkeit, dynamische Störungen und Parameterschwankungen der Strecke auszugleichen. Dafür erhöht der ergänzende Regler die Ordnung des Gesamtsystems und den Aufwand der Parametrierung. Die erweiterte Struktur ist in Bild 4.15 schematisch dargestellt.

Die erhöhte Ordnung des Systems verlangt eine Vergrößerung des Zustandsvektors um einen weiteren Parameter. Wie allgemein üblich wird dazu der Ausgang des zusätzlichen Integrators **e** bestimmt. Dies ist die aufintegrierte Abweichung des Streckenausgangs von der äußeren Führungsgröße [FÖLL08].

Diese erweiterte Strecke kann in der Zustandsdarstellung zusammengefasst werden. Für die spätere Parametrierung der Regelung wird insbesondere die erweiterte Systemmatrix $\mathbf{A_E}$ von Bedeutung sein.

$$\begin{pmatrix} \dot{\mathbf{x}} \\ \dot{\mathbf{e}} \end{pmatrix} = \underbrace{\begin{pmatrix} \mathbf{A} & \mathbf{0} \\ -\mathbf{C} & \mathbf{0} \end{pmatrix}}_{\mathbf{A}_E} \cdot \begin{pmatrix} \mathbf{x} \\ \mathbf{e} \end{pmatrix} + \begin{pmatrix} \mathbf{B} \\ \mathbf{0} \end{pmatrix} \cdot \mathbf{u} \qquad \mathbf{y} = \begin{pmatrix} \mathbf{C} & \mathbf{0} \end{pmatrix} \cdot \begin{pmatrix} \mathbf{x} \\ \mathbf{e} \end{pmatrix} \tag{4.14}$$

Auch die Reglerstrukturen können mittels Gleichung 4.15 in die erweiterte Darstellung eingefügt werden, so dass sich letztendlich eine Analogie zu Gleichung 4.13 ergibt. Dabei wird von einem verschwindenden Führungsgrößenvektor **w = 0** ausgegangen, so dass der Ausgang des Systems unverändert auf den Eingang des PI-Zusatzreglers zurückgeführt wird.

$$\mathbf{u} = -\mathbf{R}_E^T \cdot \begin{pmatrix} \mathbf{x} \\ \mathbf{e} \end{pmatrix} = -\begin{pmatrix} \mathbf{R}_X^T + \mathbf{R}_P^T \cdot \mathbf{C} & -\mathbf{R}_i^T \end{pmatrix} \cdot \begin{pmatrix} \mathbf{x} \\ \mathbf{e} \end{pmatrix} \tag{4.15}$$

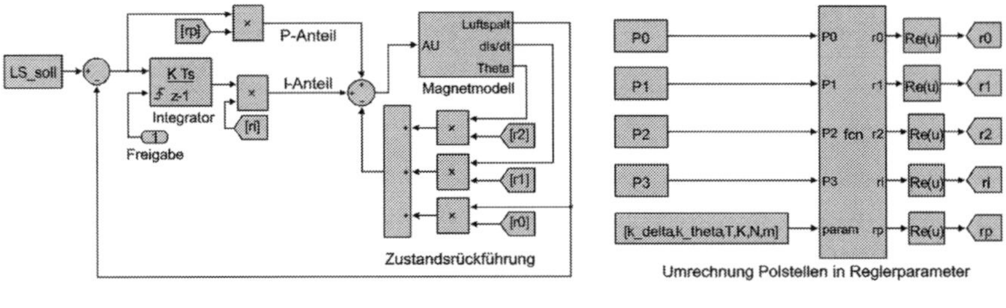

Bild 4.16: Simulink-Umsetzung des Zustandsreglers und der Reglerparameterberechnung
Simulink realization of the state controller and control parameter calculation

Die allgemeine Struktur eines beliebigen, geregelten Systems im Zustandsraum kann jetzt für die konkrete Regelung eines integrierten Magnetmoduls und der bereits abgeleiteten Zustandsdarstellung umgesetzt werden, siehe Bild 4.16, links. Eine entsprechende Regelungsstruktur wird in der Simulink-Modellierung der Darstellung des Magnetmoduls nach Bild 4.14 überlagert. Die Führungsgröße ist dabei der Sollluftspalt im Modul, der die Schwebehöhe festlegt. Im Normalfall entspricht diese Vorgabe der zentralen Lage in der Luftspaltmitte, um die Symmetrie und die Unterstützung der Permanentmagnete optimal nutzen zu können. Möglich ist allerdings auch eine stationäre oder dynamische Auslenkung, um die Position des schwebenden Körpers aktiv zu regeln.

Die Ausgangsgröße ist der tatsächliche, gemessene Luftspalt im Modul, so dass im PI-Glied ein Positionsfehler verarbeitet werden kann. Dieser Anteil der Stellgröße wird mit der Rückführung des gesamten Zustandsvektors aus Luftspalthöhe, Luftspaltänderungsgeschwindigkeit und Durchflutung der Magnetspulen verrechnet. Im ersten Ansatz wird die Änderungsgeschwindigkeit des Luftspaltes als nicht direkt messbare Zustandsgröße durch eine diskrete Differentiation der Luftspalthöhe ermittelt, siehe auch Abschnitt 4.2.3.

Im rechten Teil von Bild 4.16 wird die skriptbasierte Umsetzung der Reglerparameterberechnung für das Simulink-Modell angedeutet. Sie basiert auf der im folgenden Abschnitt beschriebenen Verschiebung der Eigenwerte der Systemmatrix. Dabei werden die gewünschten Eigenwerte vorgegeben und diese in die individuellen Verstärkungen der Zustandsgrößen transformiert. In der Abbildung werden die Größen schließlich über Variablenfunktionen an die Elemente des Regelvektors übergeben.

4.2.2 Methoden zur Reglerparametrierung

Methods for control parametrization

Aufbauend auf der charakteristischen Gleichung der erweiterten Systemmatrix des Magnetmoduls $\mathbf{A}_E$ mit ihren vier Eigenwerten kann mittels Koeffizientenvergleich und Transformationen die bereits erwähnte Verschiebungsvorschrift der Eigenwerte an eine gewünschte Position in der komplexen Ebene abgeleitet werden. In einer der Zustandsbeschreibung alternativen Darstellung durch eine Übertragungsfunktion im Laplace-Bereich entsprechen die Eigenwerte der Matrix den Polstellen der Übertragungsfunktion. Daher wird auch im Zustandsraum häufig von Polstellen gesprochen und diese Konvention auch auf die Magnetregelung angewendet [FÖLL08].

Die Auswahl der verschobenen Polstellen folgt entweder der so genannten Polplatzierung oder kann durch die Minimierung eines Gütekriteriums nach Riccati unterstützt werden. Die primäre Aufgabe der Verschiebung ist die Stabilisierung des Gesamtsystems, da jeder Elektromagnet in Bezug auf seine Luftspalthöhe inhärent instabil ist. Des Weiteren beeinflusst sie die Eigenschaften der magnetischen Führung, wie z.B. ihre Steifigkeit und Dämpfung [SCHW93].

Die Verschiebungsvorschrift ermittelt die notwendigen Verstärkungen in den Rückführungen zur Ausführung der gewünschten Polverschiebung. Für die vorliegende Regelstrecke in Form eines Magnetmoduls ergibt sich eine analytisch geschlossen lösbare Form, die eine Bestimmung der Koeffizienten zur Laufzeit der Regelung ermöglicht. Damit ist gewährleistet, dass für jede manuelle Polverschiebung die Kopplung der Parameter berücksichtigt und ein vollständiger, stabiler Parametersatz bestimmt wird.

Die Transformation basiert auf dem charakteristischen Polynom der erweiterten Systemmatrix unter Berücksichtigung der Zustandsrückführung. Zur Veranschaulichung der Anwendung auf die Modulregelung werden im Folgenden trotz grundsätzlicher Allgemeingültigkeit anstelle allgemeiner Exponenten bereits Polynome vierter Ordnung entsprechend dem Rang von $\mathbf{A}_E$ verwendet.

$$\det\left(\lambda \cdot \mathbf{I} - \left(\mathbf{A}_E - \mathbf{B}_E \cdot \mathbf{R}^{*T}\right)\right) = \lambda^4 + \left(a_3 + r_3^*\right) \cdot \lambda^3 + \ldots + \left(a_1 + r_1^*\right) \cdot \lambda + \left(a_0 + r_0^*\right) \tag{4.16}$$

Die Koeffizienten des Polynoms als Summe aus originalem Eigenwert a_n und Rückführungsfaktor r_n* sollen gleichzeitig einem charakteristischen Polynom mit den gewünschten Eigenwerten bzw. Polstellen P_n entsprechen.

$$\left(\lambda - P_0\right) \cdot \left(\lambda - P_1\right) \cdot \left(\lambda - P_2\right) \cdot \left(\lambda - P_3\right) = \lambda^4 + \tilde{a}_3 \cdot \lambda^3 + \tilde{a}_2 \cdot \lambda^2 + \tilde{a}_1 \cdot \lambda + \tilde{a}_0 \tag{4.17}$$

Durch einen Koeffizientenvergleich dieser beiden Polynome können die Faktoren r_n* für die Rückführung **R*** bestimmt werden.

Eine Voraussetzung für diese Bestimmung der Reglerparameter ist die Darstellung der Systemmatrix in Regelungsnormalform (RNF). Ist diese Formatierung nicht gegeben, muss zusätzlich die ausgleichende Basistransformationsmatrix **Z** berücksichtigt werden [MEYR98, S. 327ff]. Diese entsteht aus einem rekursiven Ansatz nach

$$\begin{aligned} \mathbf{Z} \cdot \mathbf{A}_E^{RNF} &= \mathbf{A}_E \cdot \mathbf{Z} \\ \mathbf{B}_E &= \mathbf{Z} \cdot \mathbf{B}_E^{RNF} \end{aligned} \tag{4.18}$$

Im Ergebnis setzt sich **Z** aus der Steuerbarkeitsmatrix $\mathbf{Q}_S$ der erweiterten Zustandsdarstellung und einer Dreiecksmatrix **V** zusammen und erhält die folgende Form:

$$\mathbf{Z} = \mathbf{Q}_S \cdot \mathbf{V} = \left(\mathbf{A}_E^3 \cdot \mathbf{B}_E \quad \mathbf{A}_E^2 \cdot \mathbf{B}_E \quad \mathbf{A}_E \cdot \mathbf{B}_E \quad \mathbf{B}_E\right) \cdot \begin{pmatrix} 1 & 0 & 0 & 0 \\ a_3 & 1 & 0 & 0 \\ a_2 & a_3 & 1 & 0 \\ a_1 & a_2 & a_3 & 1 \end{pmatrix} \tag{4.19}$$

Diese Transformationsmatrix wird invertiert und zur Korrektur mit dem ermittelten Rückführvektor multipliziert. Damit ergibt sich dieser unabhängig von der Formatierung der Zustandsmatrizen in seiner endgültigen Form. Implizit werden hier die vollständige Erreichbarkeit sowie die Existenz einer Regelungsnormalform der Systemmatrix vorausgesetzt. Unter diesen Umständen ist auch **Z** invertierbar.

$$\mathbf{R} = \mathbf{R}^* \cdot \mathbf{Z}^{-1} = \left(r_0 \quad r_1 \quad r_2 \quad r_i\right) = \left(\mathbf{R}_X - \mathbf{R}_P \cdot \mathbf{C} \quad \mathbf{R}_i\right) \tag{4.20}$$

Die letztendliche Anwendung dieser Herleitung auf die Matrizen des Magnetmoduls unter Einbeziehung der elektrischen Systemzeitkonstante führt zu einer Berechnungsvorschrift für die Regelungsparameter, die nur von den Systemparametern und den gewählten Polstellen abhängt.

$$\mathbf{R}_X = \sigma_1 \cdot \begin{pmatrix} (\sigma_2 - P_0 \cdot P_1 \cdot P_2 - (P_0 \cdot P_1 + (P_0 + P_1) \cdot P_2) \cdot P_3 - \sigma_2 \cdot \sigma_3 \cdot T) \cdot m \cdot T \\ (\sigma_2 \cdot T + P_0 \cdot P_1 + (P_0 + P_1) \cdot P_2 + (P_0 + P_1 + P_2) \cdot P_3) \cdot m \cdot T \\ -\sigma_3 \cdot T \cdot k_{\vartheta,mag} \end{pmatrix} \tag{4.21}$$

$$\text{mit} \quad \sigma_1 = \frac{1}{k_{\vartheta,mag} \cdot N \cdot K}, \quad \sigma_2 = \frac{k_{\delta,mag}}{m \cdot T} \quad \text{und} \quad \sigma_3 = \left(\frac{1}{T} + P_0 + P_1 + P_2 + P_3\right)$$

$$\mathbf{R}_i = \frac{P_0 \cdot P_1 \cdot P_2 \cdot P_3 \cdot m \cdot T}{k_{\vartheta,mag} \cdot N \cdot K} \tag{4.22}$$

Der Verstärkungsfaktor des proportionalen Zweigs $\mathbf{R}_P$ wird entsprechend der Herleitung aus [FÖLL08, S. 524f] so gewählt, dass sich eine sofortige Anpassung an den Führungsvektor ergibt.

$$\mathbf{R}_P = -\left(\mathbf{C} \cdot \mathbf{A}^{-1} \cdot \mathbf{B}\right)^{-1} \tag{4.23}$$

Dieser statische Wert der Reglerverstärkung leistet nur einen geringen Beitrag zur Stellgröße der Magnetregelung. Darüber hinaus behindert er das Verhalten der Regelung während einer Sollwertänderung. Durch die negative Steifigkeit des Magnetmoduls kann sich das Vorzeichen der Stellgröße während eines Anpassungsvorganges ändern, ohne dass der Proportionalzweig dieser Änderung folgt. Vor dem Hintergrund von dynamischen Sollwertmanipulationen und dem geringen statischen Einfluss wird der Reglerfaktor $\mathbf{R}_P$ für den Betrieb der Magnetmodule dauerhaft zu Null gesetzt und nicht weiter berücksichtigt.

Die Eingabewerte zur Berechnung eines Satzes von Reglerwerten bleiben grundsätzlich die gewählten Polstellen in der komplexen Ebene. Durch Ihre Wahl werden zum einen die Stabilität der Regelung sichergestellt und zum anderen ihre Eigenschaften festgelegt. Die Methode der manuellen Polplatzierung verlässt sich weitgehend auf die Erfahrung des Benutzers, der das Verhalten des Systems in Simulationen und Prüfstandsexperimenten untersucht hat. Dies setzt allerdings einen hohen Zeitaufwand voraus, da im Beispiel der Magnetregelung bereits vier Polstellen zu setzen sind, die real oder komplex sein können. Vielfach sind hier Vereinfachungen wie z.B. mehrfache Polstellen notwendig.

Alternativ kann die Auswahl der Polstellen beispielsweise durch den Berechnungsansatz nach Riccati unterstützt werden, der einen Satz von Polstellen durch die Minimierung des quadratischen Gütemaßes J ermittelt. Dieses wird durch die Bestimmung von Gewichtsmatrizen parametriert, welche die Regelabweichung in den unterschiedlichen Zustandsgrößen durch die Wahl von $\mathbf{Q}$ gewichten und die zulässige Stellenergie für den Ausgleich mittels $\mathbf{S}$ festlegen.

$$J = \int_0^\infty \left(\begin{pmatrix} \mathbf{x} \\ \mathbf{e} \end{pmatrix}^T \cdot \mathbf{Q} \cdot \begin{pmatrix} \mathbf{x} \\ \mathbf{e} \end{pmatrix} + \mathbf{u}^T \cdot \mathbf{S} \cdot \mathbf{u} \right) dt \tag{4.24}$$

Zur Vereinfachung der Parametrierung und aufgrund mangelnder Anhaltspunkte zur Wahl von Nebendiagonalelementen werden die Gewichtungsmatrizen rein diagonal ausgelegt. Es gilt nun, die optimale Eingangsfunktion **u** auszuwählen, welche das Gütemaß minimiert. Die Berechnung erfolgt unter Verwendung der stationären Riccati-Gleichung, die für positiv definite Gewichtungsmatrizen eine eindeutige Lösung für die Hilfsmatrix **P** liefert.

$$\mathbf{P} \cdot \mathbf{B}_E \cdot \mathbf{S}^{-1} \cdot \mathbf{B}_E^T \cdot \mathbf{P} - \mathbf{P} \cdot \mathbf{A}_E - \mathbf{A}_E^T \cdot \mathbf{P} - \mathbf{Q} = \mathbf{0} \qquad (4.25)$$

Mit der bestimmten Lösung für **P** kann die optimale Eingangsfunktion analog zu Gleichung 4.15 als verstärkte Rückführung des Zustandsvektors bestimmt werden. Diese Darstellung enthält bereits die einzelnen Verstärkungsfaktoren.

$$\mathbf{u}_{opt} = -\left(\mathbf{S}^{-1} \cdot \mathbf{B}_E^T \cdot \mathbf{P}\right) \cdot \begin{pmatrix} \mathbf{x} \\ \mathbf{e} \end{pmatrix} \qquad (4.26)$$

Ausführliche Herleitungen sind in der Literatur, z.B. in [FÖLL08, S. 479ff], aufgeführt und auch als Funktion in CACE-Programmen wie Matlab implementiert [TEWA02].

Zu beachten ist bei der Verwendung des Riccati-Ansatzes, dass auch hier die Erfahrung des Benutzers nicht durch eine formalisierte Berechnung ersetzt werden kann. Der Parametrierungsaufwand verlagert sich lediglich von der eigentlichen Wahl der Polstellen auf die Parametrierung der Gewichtsmatrizen des Gütemaßes. Dies führt allerdings zu einer Verringerung der zu wählenden Parameter und garantiert die Erzeugung eines homogeneren Satzes von Polstellen. Theoretisch ist der berechnete Regler immer stabil, die Werte sind aber in der Praxis nicht immer einsetzbar. In jedem Fall ist der Aufbau eines realitätsnahen Simulationsmodells des zu regelnden Systems unerlässlich für die Reglerauslegung. Insbesondere für die spätere Freiheitsgradregelung der magnetisch gelagerten Vorschubachse wurden die Polstellen der Regelkreise ausschließlich mittels des Riccati-Ansatzes berechnet.

4.2.3 Alternative Erfassung von Zustandsgrößen

Alternative capture of state variables

Die Erfassung der Zustandsgrößen ist in den meisten Fällen auf sensorische Messungen angewiesen. Ein Teil der Zustandsgrößen kann allerdings unter Umständen auf der Grundlage von physikalischen Abhängigkeiten berechnet werden. In der Modulregelung entspricht die zeitliche Ableitung der Luftspalthöhe im Magnetmodul der Änderungsgeschwindigkeit dieser Luftspalthöhe. Mittels eines Differentialgliedes in der Signalverarbeitung sind beide Zustandsgrößen über einen Sensor erfassbar.

Die Differenzierung eines realen Messsignals ist allerdings mit einem hohen Störpegel behaftet, der aus der Verstärkung des stochastischen Rauschanteils im Originalsignal herrührt. Dementsprechend kann diese Zustandsgröße auch in der Rückführung der Regelung nur noch schwach gewichtet werden.

Eine bessere Erfassung des Geschwindigkeitssignals ermöglicht der Einsatz eines Beschleunigungssensors in Luftspaltrichtung, dessen Signalverlauf zum jeweiligen Geschwindigkeitswert aufintegriert werden kann. Einen qualitativen Vergleich der beiden unterschiedlich erfassten Geschwindigkeitssignale aus einem Luftspaltverlauf zeigt das folgende Bild 4.17. Die beiden unteren Abbildungen stellen die beiden Signalqualitäten unmittelbar gegenüber. In den oberen Graphen sind der originale Luftspaltverlauf und die dazugehörige Aufzeichnung des verwendeten Beschleunigungssensors abgebildet. Die starken Störungen des Luftspaltes resultieren aus demonstrativen Kraftstößen auf das Magnetmodul.

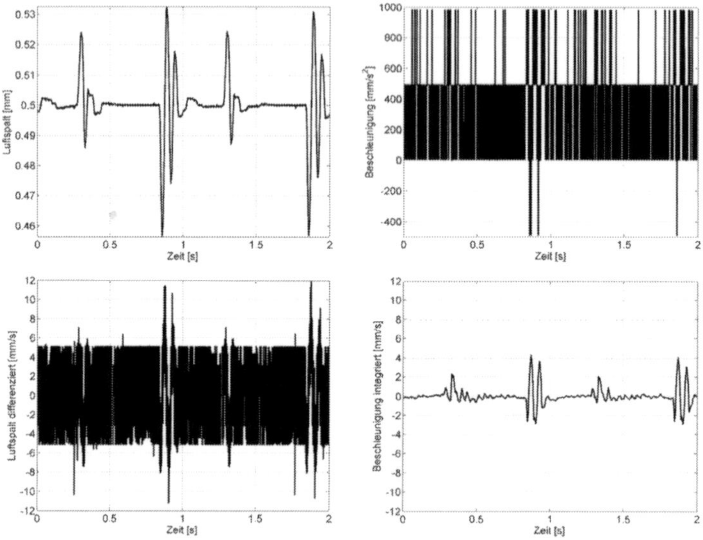

Bild 4.17: Vergleich der Geschwindigkeitssignale nach Differentiation (links) und gefilterte Integration (rechts)

Comparison of speed signals after differentiation and filtered integration

Die Integration des aufgezeichneten Beschleunigungssignals verlangt eine Signalvorverarbeitung, um es von der prinzipiellen Drift des verwendeten piezoelektrischen Sensors und den akkumulierten niederfrequenten Störungen zu isolieren. In einem ersten Ansatz werden zu diesem Zweck nach der Anpassung an die Sensorkennlinie die langsamen Anteile des Signals vor der Integration abgetrennt und somit auch ein Überlaufen des Integrators verhindert, siehe Bild 4.18.

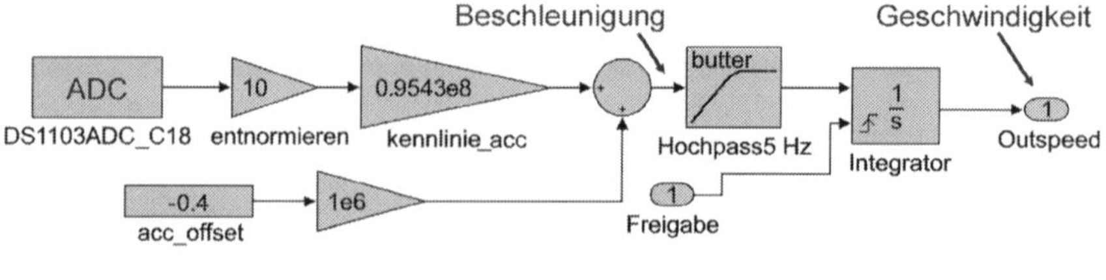

Bild 4.18: Aufnahme, Filterung und Integration des Beschleunigungssignals

Input, filtering and integration of the acceleration signal

Dieses Verfahren liefert ein qualitativ gutes Geschwindigkeitssignal und wird in den Simulationen und Messungen in den Abschnitten 4.2.4 und 4.3.2 angewendet. Allerdings kann trotz der deutlich gesteigerten Signalqualität in der experimentellen Anwendung keine Verbesserung der Störsteifigkeit des Magnetmoduls erreicht werden. Aus diesem Grund werden im weiteren Verlauf der Arbeiten zusätzliche Signalverarbeitungsmethoden zur Verbesserung des Geschwindigkeitssignals untersucht.

Alternativ zur Anwendung eines Butterworth-Hochpassfilters in Verbindung mit der Integration eines Beschleunigungssignals werden verfeinerte Methoden zur Differentiation und Glättung des Luftspaltsignals eingesetzt. Anstelle der allgemeinen, analogen Differentiation wird eine diskrete Ableitung im Regelungstakt berechnet. Die analoge Differentiation kann sehr einfach mit einem PT_1-Glied gekoppelt werden, dessen Zeitkonstante der Grenzfrequenz der Signaleingangsfilter entspricht. Auch die Verbindung eines Tschebyscheff-Filters vom Typ I [z.B. WANG07] mit einem Halteglied und der Einsatz von statistischen Glättungsmethoden des differenzierten Signals führen zu einer verbesserten Signalqualität.

Allerdings sind diese Filterungsmethoden wie der ursprüngliche Aufbau alle mit unterschiedlich stark ausgeprägten Signalverzögerungen von mindestens einer Abtastperiode behaftet, die zusätzlich mit Frequenzabhängigkeiten und Grenzfrequenzen behaftet sind. Damit bewirken sie insgesamt keine überzeugende Verbesserung in der Leistungsfähigkeit der Magnetregelung.

Im Zuge der Erweiterung der Regelung auf die Freiheitsgradregelung für die Vorschubachse wird die Integration des Beschleunigungssignals schließlich mit einem vollständigen Beobachter verknüpft, der zusätzlich durch die gemessene Luftspalthöhe gestützt wird, siehe Kapitel 5.2.2. Dazu kommt an der Vorschubachse eine höher auflösende Digitalisierung des Signals. In Bild 4.17 zeigen sich bereits Quantisierungssprünge der sehr kleinen Eingangsspannung, die mit der späteren 16bit-Wandlung beseitigt werden können. Erst diese verzögerungsfreie, höher auflösende Implementierung führt zu einer merkbaren Verbesserung des Prüfstandsverhaltens.

4.2.4 Simulationsergebnisse

Simulation results

Auf der Basis der theoretischen Auslegung des Magnetmoduls und der PI-Zustandsregelung in Verbindung mit den Ergebnissen der FEM Simulationen kann ein vollständiges Verhaltensmodell des geregelten Moduls in Matlab/Simulink erstellt werden. Dieses bildet die Reaktionen des parametrierten Moduls auf die Regelungskommandos ab und erlaubt so eine Parametrierung der Regelung für einen stabilen Schwebebetrieb und erste Prognosen zur möglichen Leistungsfähigkeit. Die einzelnen Elemente des Simulationsmodells sind in den Abbildungen der vorangegangenen Abschnitte bereits vorgestellt worden.

Im Versuchsbetrieb wurde das Modell an einem realen Prototypen eines Magnetmoduls im Einzelmagnetprüfstand nach Abschnitt 4.3 überprüft und verifiziert. Die Eigenschaften der Simulation erwiesen sich in diesem Vergleich überwiegend als realitätsnah und belastbar. Unter anderem werden im Modell auch das Rauschverhalten der Messsignale und die eingesetzten Filtercharakteristiken berücksichtigt.

Die simulative Optimierung in Simulink konzentriert sich auf die Ermittlung von Polstellen, die einen stabilen Schwebezustand und eine möglichst hohe dynamische Störsteifigkeit prognostizieren. Dabei wird zunächst ein einzelnes Modul isoliert in seiner Schweberichtung betrachtet, es handelt sich also um eine Einzelmagnetregelung mit einem Freiheitsgrad. Mechanische Kopplungen zur Kraftwirkung weiterer Module müssen hier noch nicht berücksichtigt werden.

Zur Untersuchung der Steifigkeit werden sehr steilflankige Belastungsänderungen des Moduls simuliert. Aus dem Zeitverhalten der idealisierten sprungförmigen Kraftänderung von 100 N und der resultierenden Auslenkung des Luftspaltes kann die dynamische Nachgiebigkeit bzw. Steifigkeit als Quotient im Sinne eines Worst-Case-Wertes bestimmt werden. In der Simulation können die sprungförmige Be- und Entlastung als äquivalent betrachtet werden, aufgrund der Symmetrie des Magnetmoduls und der Kompensation der Gewichtskraft durch einen statischen Stromanteil bildet sich keine Vorzugsrichtung aus. In praktischen Experimenten kann dagegen lediglich die Entlastung durch das Abschneiden eines über Umlenkrollen angehängten Gewichtsstückes nachgestellt werden. Diese Abschneidversuche bilden die bestmögliche Näherung zu einer sprungförmigen Entlastung des Magnetmoduls. Eine sprungförmige Belastung mit definierter, konstanter Kraft kann dagegen nicht ausreichend genau umgesetzt werden.

Wie bereits im vorherigen Abschnitt 4.2.3 erläutert wurde, ist für das Verhalten des Magnetmoduls die Erfassung und Rückführung der Luftspaltänderungsgeschwindigkeit von besonderer Bedeutung. Sie wird alternativ durch eine Differentiation der gemessenen Luftspalthöhe berechnet oder aus dem integrierten Signal eines Beschleunigungssensors gewonnen. Diese beiden Alternativen sind auch in der Simulation abgebildet und können hier direkt verglichen werden. Die Vorverarbeitung des Beschleunigungssignals entspricht in den folgenden Simulationen der Signalkette nach Bild 4.18.

Zum direkten Vergleich der beiden Erfassungsmethoden der Änderungsgeschwindigkeit werden in den folgenden Abbildungen die Simulationsergebnisse einer Serie von Kraftsprüngen mit wechselnden Vorzeichen gegenübergestellt. Mittels Polplatzierung wurden die vier Polstellen gemeinsam auf (-800 ± j800) 1/s festgelegt. Die implementierte Transformation ermittelt daraus die folgenden Reglerwerte:

$$r_0 = -0.7\frac{\mathrm{V}}{\mu\mathrm{m}};\quad r_1 = -807\frac{\mu\mathrm{Vs}}{\mu\mathrm{m}};\quad r_2 = -0.13\frac{\mathrm{V}}{\mathrm{A}};\quad r_i = -252\frac{\mathrm{V}}{\mu\mathrm{m}\cdot\mathrm{s}}$$

Während die Rückführungen von Luftspalt und Durchflutung ähnlich stark gewichtet werden, bleibt die Bewertung der Änderungsgeschwindigkeit um mehrere Größenordnungen dahinter zurück. Zum Ausgleich weisen die rückgeführten Werte im Vergleich allerdings sehr hohe Amplituden auf. Der vorgeschaltete Regler erhält ebenfalls einen sehr starken Anteil an dem kumulierten Stellsignal.

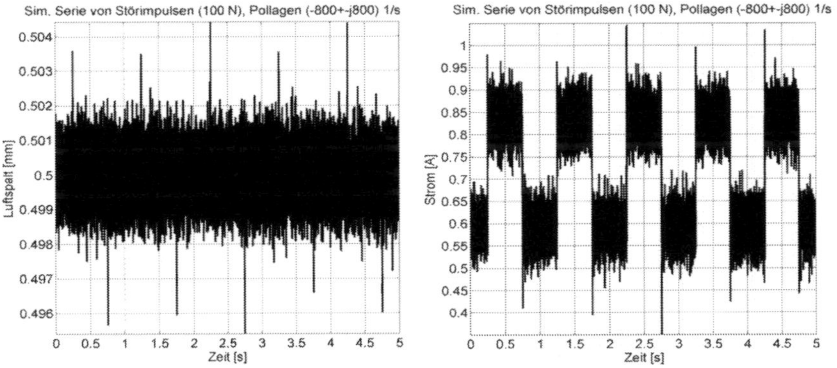

Bild 4.19: Simulation einer Serie von Störimpulsen mit Beschleunigungssensor
Simulation of a series of disturbances with an acceleration sensor

Während die Änderungsgeschwindigkeit aus dem integrierten Beschleunigungssignal gewonnen wird, ergeben sich in der Simulation nach Bild 4.19 klare Sprünge im Stromverlauf, welche die Belastungsänderungen von jeweils 100 N widerspiegeln. Der Luftspalt zeigt einen stabilen Schwebezustand mit einer Störamplitude von knapp ± 2 µm, der während der Kraftsprünge durch impulsförmige Störungen mit einer Dauer von etwa 5 ms unterbrochen wird. Diese Impulse gelten als Maß für die dynamische Störsteifigkeit des simulierten Magnetmoduls und ergeben einen gemittelten Wert von 25 N/µm. Die leichten Unterschiede in der Impulshöhe ergeben sich durch den stochastischen Rauschanteil, der dem Luftspaltverlauf überlagert ist.

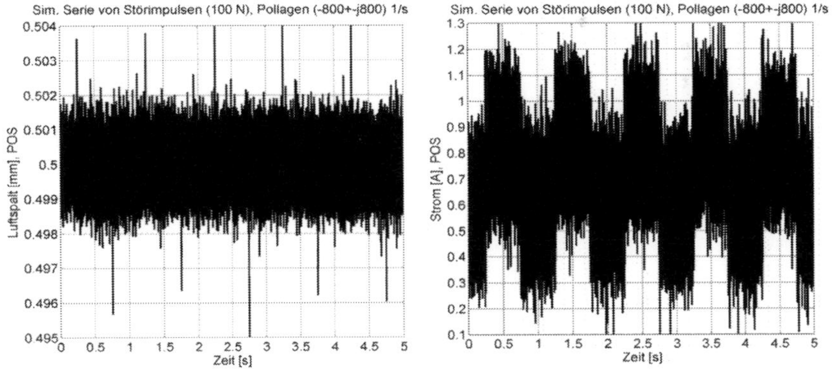

Bild 4.20: Simulation einer Serie von Störimpulsen mit differenzierter Luftspalthöhe
Simulation of a series of disturbances with a differentiated air gap height

Sobald im Vergleich dazu in Bild 4.20 die Geschwindigkeitsermittlung durch die Differentiation des Luftspaltes ersetzt wird, steigt vor allem der Rauschpegel des Stromsignals stark an. Der Regelaufwand wird durch die schlechtere Signalqualität merkbar erhöht, die Qualität der Schweberuhe im Luftspalt kann allerdings mit stark erhöhter Stellenergie aufrechterhalten werden. Auch die gemittelte Störsteifigkeit bleibt erhalten, so dass in dieser Verschaltung der zusätzliche Sensor offensichtlich nur eine Energieersparnis und keine Verbesserung des Störverhaltens bewirkt. Die späteren Messungen zeigen allerdings in Bild 4.33 auch noch eine deutliche Beruhigung des Schwingungsverhaltens im unteren Frequenzbereich.

Zur Veranschaulichung der Unterschiede in der Signalerfassung werden die Amplituden der zugehörigen Geschwindigkeitssignale in Bild 4.21 noch einmal direkt gegenübergestellt. Die Amplituden der beiden Signale und die Deutlichkeit, mit der sich die eingebrachten, regelmäßigen Störungen in den Signalen abzeichnen, unterscheiden sich in ähnlichem Maße wie bereits in Bild 4.17 demonstriert.

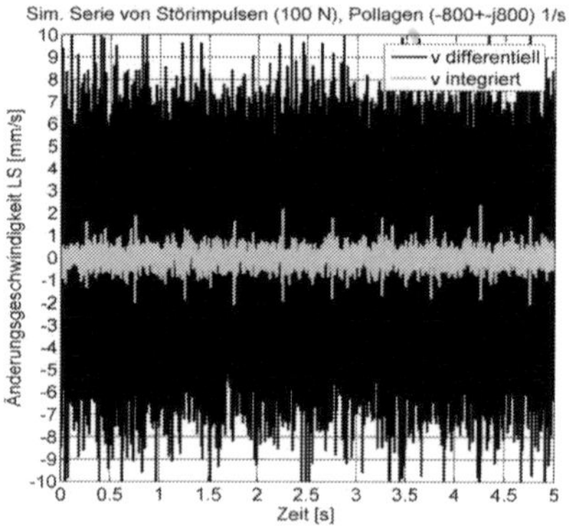

Bild 4.21: Simulation der unterschiedlich generierten Geschwindigkeitssignale zum Vergleich der Amplituden

Simulation of the differently generated velocity signals to compare their amplitudes

Dieser Vergleich unterstreicht noch einmal das grundsätzliche Potential, das in der Nutzung eines Beschleunigungssensors liegt. Im weiteren Verlauf der Arbeiten begründete dies die Untersuchung zusätzlicher Methoden der Signalvorverarbeitung, die an der fertiggestellten Vorschubachse zum Einsatz kommen, siehe Kapitel 4.2.3.

Die Simulationsmodelle werden für umfassende systematische Versuchsreihen zu den Auswirkungen der Polplatzierung auf das Steifigkeitsverhalten genutzt. Sie berücksichtigen insgesamt sowohl rein reelle Polstellen als auch komplexe Lagen. Voruntersuchungen ergaben dazu, dass die reellen Polstellen optimalerweise 4-fach ausgeführt werden und die komplexen Pole dementsprechend als konjugiert komplexe, doppelte Polpaare mit identischen Real- und Imaginärteilen.

Wie in Bild 4.22 klar abzulesen ist, ergeben sich mit steigenden Polwerten stetig ansteigende Steifigkeiten, wobei der Einfluss der unterschiedlichen Geschwindigkeitsermittlung trotz der starken Unterschiede in der Signalqualität und dem Regelaufwand vernachlässigbar bleibt. Die Versuchsreihe wird hier nur in begrenztem Maße über den späteren, realen Stabilitätsrand der Modulregelung hinaus dargestellt.

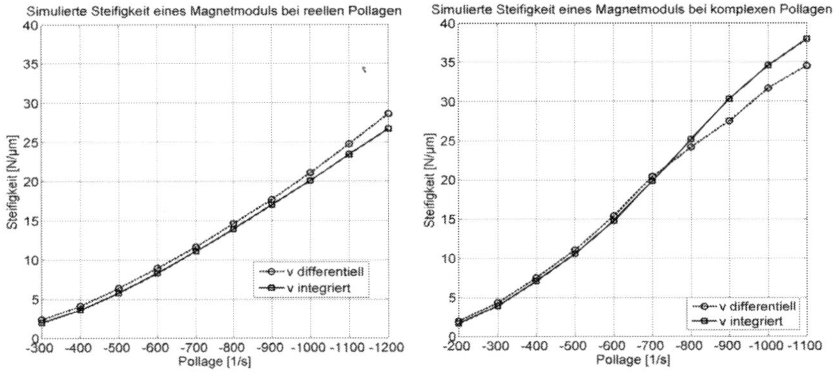

Bild 4.22: Simulierte Abhängigkeit der Lagersteifigkeit von der Pollage der Regelung
Simulated dependence of the bearing stiffness on the control's pole positioning

4.2.5 Alternativer Ansatz einer PI-Kaskadenregelung

Alternative approach of a PI-cascade control

Parallel zur Entwicklung der beschriebenen PI-Zustandsregelung wurde auch der Einsatz einer Kaskade aus P- und PI-Reglern angedacht. Die in Bild 4.23 gezeigte Staffelung aus Strom-, Geschwindigkeits- und Lageregelung wird in den Antrieben für Vorschubachsen von Werkzeugmaschinen fast ausschließlich eingesetzt. Die Aufgaben der einzelnen Regler können in diesem Fall von einem elektrischen Antrieb auf ein Magnetmodul übertragen werden. Hierbei kontrolliert der Lageregler die Höhe des Magnetluftspaltes, während der Geschwindigkeitsregler die zeitliche Spaltänderung überwacht. Der konventionelle Stromregler regelt anstelle eines Motorstroms in dieser Anwendung die Stärke der Durchflutung in den Magnetspulen.

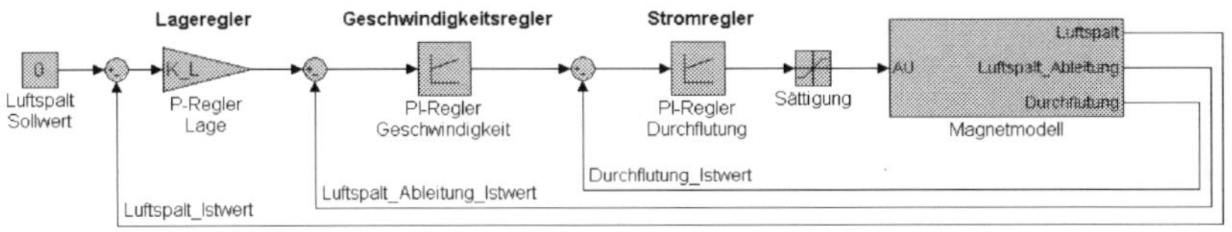

Bild 4.23: Vollständige Struktur der PI-Kaskadenregelung
Complete structure of the PI-cascade control

In einer simulativen Auslegung mit experimenteller Verifikation konnte für das Magnetmodul kein Potential ausgemacht werden, das die Ablösung der deutlich stabileren Zustandsregelung rechtfertigt Die geringe realisierbare Störsteifigkeit bleibt deutlich hinter den Erwartungen an die Leistungsfähigkeit des integrierten Magnetmoduls zurück. Daher wird der Einsatz einer PI-Kaskadenregelung im anschließenden Verlauf der Arbeiten nicht weiter verfolgt.

4.3 Verifizierung an einem Einzelmagnetprüfstand

Verification on a Single-Module-Test-Bench

Zur Verifikation der simulierten Eigenschaften des Magnetmoduls an einem ersten Prototyp wurde ein Einzelmagnetprüfstand (EMP) konstruiert, der ein einzelnes Modul aufnehmen kann und ihm die Beweglichkeit in einem translatorischen Freiheitsgrad erlaubt. Die Gesamtstruktur des Prüfstands aus dem Magnetmodul mit Stützstruktur und Rückschlussjoch erreicht eine Höhe von 430 mm und eine Grundfläche von ca. 250 x 250 mm, siehe Bild 4.24.

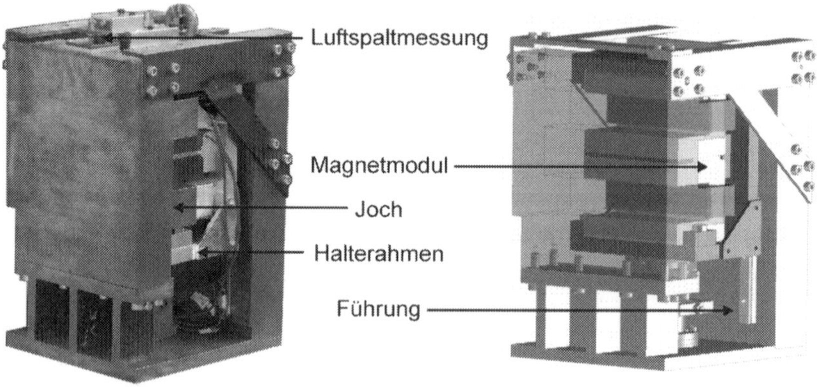

Bild 4.24: Der Einzelmagnetprüfstand (EMP)
The Single-Module-Test-Bench

Zusätzlich zur mechanischen Aufnahme des Prototyp-Moduls mit der definierten Abstützung aller Freiheitsgrade bis auf die gewünschte Schweberichtung ist für den Betrieb des Prüfstands ein Anteil an Sensorik und Elektronik notwendig. Es ergibt sich ein Gesamtaufbau, der zusätzlich zum EMP eine Versorgungsplatte mit Elektronikkomponenten sowie einen Steuerrechner und eine separate Sensorelektronik umfasst. Der Gesamtaufbau ist in Bild 4.30 zu sehen, die einzelnen Elemente werden im folgenden Abschnitt 4.3.1 näher erläutert.

4.3.1 Mechanische und elektrische Komponenten des Prüfstands

Mechanical and electrical components of the test bench

Das aktive Magnetmodul ist das zentrale Element des Prüfstands, das geführt und gestützt sowie überwacht, geregelt und versorgt werden muss. Diese Aufgaben erfüllen die einzelnen Komponenten des Einzelmagnetprüfstands, die im Folgenden näher spezifiziert werden. Ihre gegenseitigen Abhängigkeiten sind vorweg bereits schematisch in Bild 4.25 zusammengefasst. Nicht aufgeführt ist hier der optionale Beschleunigungssensor, der parallel zum Luftspaltsensor mit eigener Kupplerelektronik und separatem Tiefpasskanal an den Steuerrechner angebunden wird.

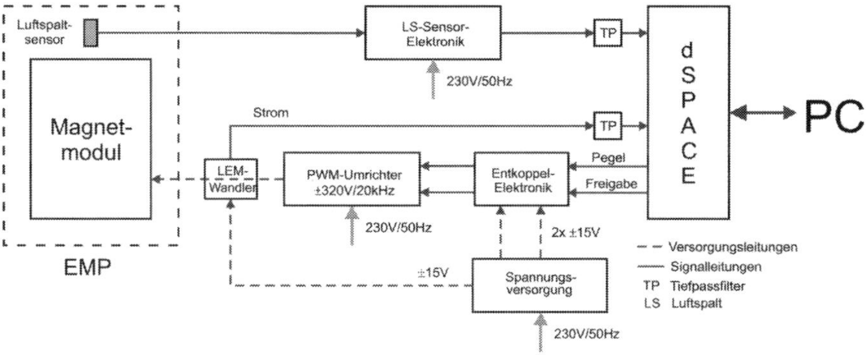

Bild 4.25: Komponentenverschaltung des EMP
Component relations of the EMP

Mechanik

Als mechanisches Montageelement für das Magnetmodul wird ein Halterahmen entwickelt, der mehrere Aufgaben erfüllt. Die Rahmenkonstruktion verbindet das Modul unter Berücksichtigung von mechanischen Justierungen mit senkrechten Kugelumlaufführungen. Das Modul ist so nur noch in vertikaler Richtung beweglich, während die mögliche Vorschubbewegung im Betrieb als Führungselement eines Verfahrschlittens horizontal und parallel zu den Jochzähnen erfolgen würde. Eine Verfahrbewegung ist in diesem Prüfstand allerdings nicht vorgesehen. Das Modul kann über den Zähnen schweben und abgesetzt werden, ohne die rotatorischen Freiheitsgrade und die Vorschubrichtung aktiv stabilisieren zu müssen. Diese Raumrichtungen werden anstelle weiterer Aktoren einer vollständigen Magnetführung von der mechanischen Hilfsführung blockiert. Als schwebende Masse von ca. 26 kg dienen im EMP nur das Magnetmodul selbst und sein Halterahmen.

Die Konstruktion des Rahmens fixiert das Modul, ohne dass zusätzliche Verbindungselemente wie z.B. Schrauben in den Kern eingebracht werden müssen und dort die Flussausbreitung behindern. Außerdem isoliert der Aluminiumrahmen das Modul magnetisch vom Gerüst des gelagerten Schlittens bzw. des Prüfstandes und verhindert so eine unerwünschte Ableitung des Flusses. Um eine Berührung der aktiven Flächen an Magnetkern und Joch auszuschließen, werden die einstellbaren Luftspalthöhen der Führung durch überstehende mechanische Anschläge auf nur 0,5 mm ± 0,3 mm beschränkt.

Diese Anschläge sind, wie in Bild 4.26 gezeigt, direkt in den Modulrahmen integriert. Sie bilden die Abschlüsse der Vorsatzbleche an den beiden äußeren Modulschenkeln und ragen in die Aussparungen des Kerns hinein, welche im Betrieb die Jochzähne aufnehmen und so die krafterzeugenden Luftspalte ausbilden. Bild 4.26 zeigt eines der Magnetmodule sowie die Integration des Moduls in den Rahmen. Deutlich erkennbar sind die bandagierten Magnetspulen an den Querschenkeln des liegenden Moduls, sowie die Magnetplatten im Zentrum zwischen den beiden Kernhälften.

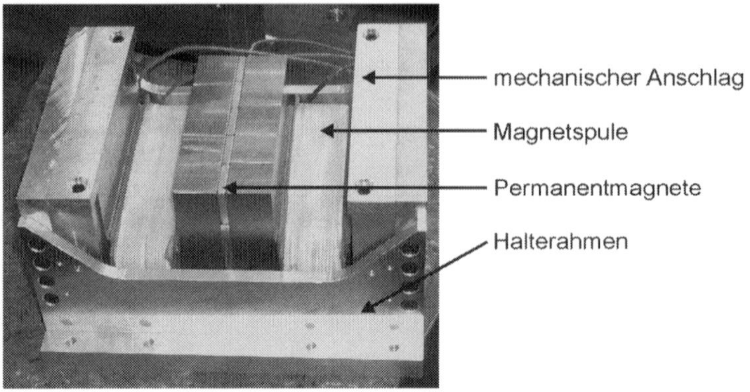

Bild 4.26: Einzelnes Magnetmodul mit Halterahmen
Single magnet module with mounting frame

Sensorik

Zur Überwachung des Luftspaltes im Betrieb der Magnetführung wird ein induktiver Wirbelstromsensor mit einem Messbereich von 1 mm und einer Maximalfrequenz von 20 kHz der Firma Vibro-Meter eingesetzt [VIBR98], siehe Bild 4.27. In einer in den Sensorkopf eingelassenen Spule wird mittels einer externen Speiseelektronik ein hochfrequentes, magnetisches Wechselfeld erzeugt, das Wirbelströme in einer leitfähigen Reaktionsfläche hervorruft. Diese Wirbelströme wiederum besitzen ein eigenes Magnetfeld, welches das erzeugende Feld abschwächt. Diese Schwächung kann als Veränderung der Spulenimpedanz im Sensorkopf erfasst werden und ist linear abhängig von der Stärke der erzeugten Wirbelströme und damit dem Abstand zwischen Sensorkopf und Reaktionsfläche [WECK06b, S. 17]. Wirbelstromsensoren sind sehr robust gegen die meisten Umwelteinflüsse, benötigen allerdings einen Mindestabstand zu den Magnetaktoren, um magnetische Störfelder auszuschließen.

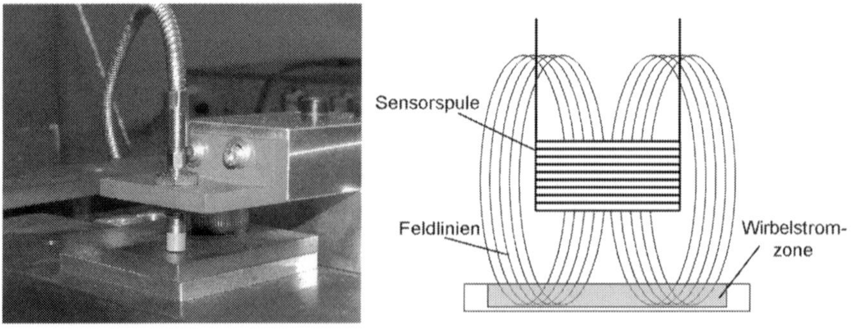

Bild 4.27: Induktiver Wirbelstromsensor zur Luftspalthöhenmessung mit Funktionsprinzip
Inductive eddy current sensor for the measurement of the air gap height with functional principle

Am EMP wird der Luftspalt im Magnetmodul nicht direkt gemessen, sondern als relative vertikale Verschiebung des Moduls gegen die Oberseite des Rückschlussjoches, siehe auch Bild 4.24. Der Sensorabstand zum Joch wird in der Signalauswertung durch eine kalibrierte Kennlinie auf die Höhe der beiden Luftspalte auf den Oberseiten der horizontalen Jochzähne transformiert. Die Messung ist so definiert, dass eine weitere Anhebung des Moduls durch eine positive Kraft zu einer Vergrößerung der gemessenen Luftspalthöhe führt. Entgegen der allgemein üblichen Definition der negativen Steifigkeit $k_{\delta,mag}$ von konventionellen Magnetkreisen führt diese Vergrößerung des überwachten Luftspalts zu einem zusätzlichen positiven Kraftbeitrag im dynamischen Kräftegleichgewicht. Dies ist auf die Luftspaltkopplungen mit den Luftspalthöhen an den Zahnunterseiten, die sich parallel zu Anhebung verkleinern, und das Funktionsprinzip des Magnetmoduls zurückzuführen.

Zur Messung von Beschleunigungen in Schweberichtung werden uniaxiale Quarzmesselemente mit Piezotron-Kuppler der Firma Kistler mit einem Messbereich von ± 50 g und einer Empfindlichkeit von 100 mV/g verwendet [KIST03]. Die Sensoren beinhalten kompakte seismische Massen, die durch ihre Beschleunigung ein Piezoquarzelement auf Schub belasten und darin ein elektrisches Signal erzeugen [WECK06b, S. 43]. Durch den integrierten Impedanzwandler liegt am Sensorausgang bereits ein verwertbares Spannungssignal an. Der zugehörige Kuppler versorgt den Sensor und bereinigt das Messsignal um die Ausgangsruhespannung.

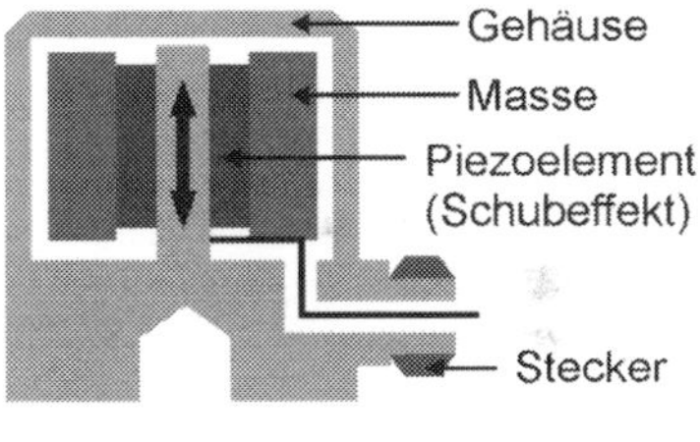

Bild 4.28: Beschleunigungssensor am Einzelmagnetprüfstand
Acceleration sensor at the Single-Module-Test-Bench

Als letzte verbleibende Zustandsgröße der integrierten Magnetmodule wird der Spulenstrom der Elektromagnete in Halleffekt-Kompensationswandlern gemessen [LEM03]. Die Versorgungsleitungen werden dazu im Sensor durch einen geschlitzten Ringkern geführt, in dessen Luftspalt sich eine Hallsonde befindet. Zusätzlich wird der Kern von einer Kompensationswicklung umgeben. Diese erzeugt ein Gegenfeld zum Magnetfeld des Primärstroms, bis die Hallsonde nicht mehr anspricht [LEM04]. Das Ausgangssignal des Wandlers ist proportional zum Kompensationsstrom und wird über einen Messwiderstand abgegriffen und aktiv stabilisiert. In der Messwerterfassung muss am EMP teilweise ein zusätzliches Softwarefilter in Form eines gleitenden Mittelwertfilters zur Glättung eingesetzt werden. Im Laufe der Arbeiten konnte dieses zusätzliche Filter aus der Messkette eliminiert werden.

Steuerungshardware

Als Prüfstandssteuerung kommt ein Rapid Control Prototyping Board DS1103 der Firma dSPACE zum Einsatz [DSPA09]. Es ermöglicht die Ein- und Ausgabe einer Vielzahl analoger und digitaler Signale und arbeitet alle notwendigen Regelungs-, Mess- und Anzeigefunktionen auf einem integrierten digitalen Signalprozessor (DSP) ab. Dieser DSP kann vollständig über ein Simulink Blockschaltbild und die erweiterten Funktionen des Matlab Real Time Workshops programmiert werden. Er ermöglicht den permanenten Online-Zugriff auf alle Regelparameter sowie die Überwachung und Aufzeichnung aller wichtigen Messgrößen. Als zentrale Funktion wird auf dem Prozessor die Zustandsregelung implementiert, sie berechnet aus den eingehenden Messsignalen die Ansteuerbefehle für die Umrichter der Magnetmodule. Um Schäden durch Überspannungen zu vermeiden, werden die Ein- und Ausgänge zur Umrichteransteuerung galvanisch über stabilisierte Optokoppler abgetrennt.

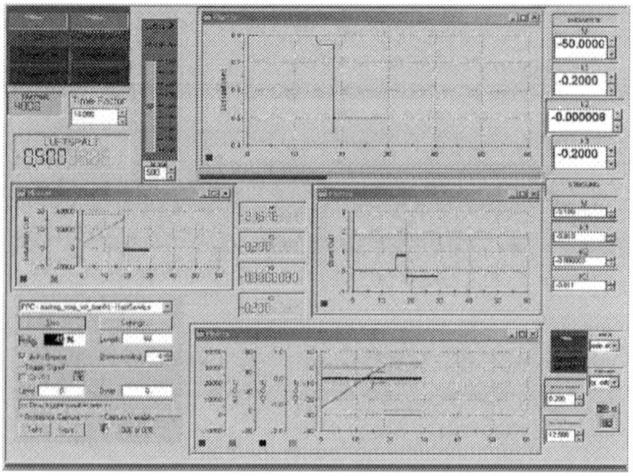

Bild 4.29: Steuerungs-GUI des EMP in dSPACE ControlDesk
Control-GUI of the EMP in dSPACE ControlDesk

Die umfangreichen Möglichkeiten zur Parametrierung, Beeinflussung und Überwachung der Regelung manifestieren sich in der frei gestaltbaren, graphischen Benutzerschnittstelle dSPACE ControlDesk nach dem Beispiel von Bild 4.29. Die Abbildung demonstriert die umfassenden Einsatzmöglichkeiten der unterschiedlichen graphischen und numerischen Anzeige- und Eingabeinstrumente anhand der Benutzeroberfläche des EMP. Sie gliedert sich in die Anzeigen der verschiedenen Sensordaten und Reglerparameter sowie die Möglichkeiten zur Einflussnahme auf den Betriebsmodus und die Einstellungen der Prüfstandssteuerung.

Ein wichtiger Aspekt der Weiterverarbeitung der analogen Sensordaten in der Steuerungseinheit ist ihre Digitalisierung. Zur Vermeidung von störenden Aliasing-Effekten, also der Frequenzspiegelung von Signalanteilen, die oberhalb der halben Abtastfrequenz liegen, müssen der Diskretisierung der zeitkontinuierlichen Spannungen Tiefpassfilter vorgeschaltet werden. Entsprechend dem Shannon-Abtasttheorem überlappen sich die periodischen Spektren von bandbegrenzten Signalen im Frequenzbereich, falls sie nicht mindestens mit dem doppelten Wert ihres höchsten Frequenzanteils abgetastet werden [OHM04]. Die Tiefpassfilter führen eine künstliche Begrenzung der Bandbreite des Analogsignals ein und unterdrücken so das Aliasing. Die Steilheit des Übergangs vom Durchlassbereich eines Filters in den Sperrbereich ist von seiner Ordnung abhängig. Hohe Filterordnungen können mit aktiven Schaltungen erreicht werden, wobei allerdings zusätzlich zu ihrer Dämpfungszunahme ab der Grenzfrequenz auch das Ausmaß der Phasenverzögerung des Signals beachtet werden muss. Aufgrund der nichtidealen Filtercharakteristiken sollte zusätzlich eine Überabtastung mit einem möglichst hohen Faktor stattfinden.

Das dSPACE Board ermöglicht für die Regelung der Magnetmodule eine maximale Abtastfrequenz von 6 kHz. Die Versuchsreihen ergaben eine minimale Grenzfrequenz der Tiefpassfilter von 2 kHz bei einer Auslegung als Besselfilter 8. Ordnung. Diese Auslegung stellt eine konstante Gruppenlaufzeit im Durchlassbereich und einen steilen Pegelabfall jenseits der Grenzfrequenz sicher.

Versorgung

Die Umsetzung der Steuerbefehle der Zustandsregelung in Leistungssignale für die Magnetspulen erfolgt in einem multifunktionalen Frequenzumrichter BA30-320-S der Firma Aerotech [AERO09]. Seine einphasige, gleichgerichtete Netzversorgung wird in einem kapazitiven Zwischenkreis gepuffert und bei einer Taktfrequenz von 20 kHz mittels Pulsweitenmodulation (PWM) in das Ausgangssignal übersetzt.

Die Betriebsart Torque-Control überträgt bei anliegendem Freigabesignal ein analoges Eingangssignal von ± 10 V direkt auf einen Ausgangsstrom von bis zu ± 30 A (Übertragungsfaktor K = 3 A/V). Der Umrichter realisiert also einen zusätzlichen Stromregler und stellt außerdem zahlreiche Sicherheitsfunktionen zur Verfügung. Seine Eigenschaften werden in der Modellierung der Magnetführung gesondert berücksichtigt, siehe Gleichung 4.11 in Abschnitt 4.1.3. Die Dauerleistung der Umrichter bei umfassender Kühlung ermöglicht einen stationären Ausgangsstrom von ± 15 A, in den Aufbauten der Prüfstände werden allerdings maximal ± 10 A zugelassen. Diese Einschränkung begründet sich sowohl durch die Kühlleistung des Umrichterschaltschranks als auch durch die magnetischen Anforderungen der Magnetmodule, die ab einer Bestromung von 10 A erste Sättigungseffekte zeigen, siehe Abschnitt 4.1.2.

4.3.2 Messergebnisse

Measurement results

Am Einzelmagnetprüfstand (EMP) erfolgt die systematische Untersuchung der Leistungsfähigkeit des entwickelten Magnetmoduls. Im Fokus steht dabei die Optimierung der Regelungsparameter im Hinblick auf eine möglichst hohe dynamische Störsteifigkeit. Dazu werden insbesondere die bereits in Abschnitt 4.2.4 erwähnten Abschneidversuche durchgeführt. Die sprungartige Entlastung des Magnetmoduls nach dem Abtrennen einer hängenden Last über Umlenkrollen führt zu einer steilflankigen

Kraftänderung, welche die Regelung sehr stark belastet. Als Maßgabe für die Regelgüte dienen die Amplitude der Abweichung vom Sollluftspalt im Magnetmodul und die benötigte Zeit zur Ausregelung der Störung. Zur Aufnahme von vergleichbaren Messreihen wird das Abschneidverfahren am EMP dahingehend automatisiert, dass ein tatsächliches Abschneiden durch die Taktung eines zusätzlichen Elektromagneten ersetzt wird. Dieser zieht das Lastgewicht an und erreicht durch die Umlenkung eine Entlastung des Prüfstandes um etwa 100 N, siehe Bild 4.30. Die Abschaltung des externen Magneten führt zu einer sehr schnellen Kraftänderung, die einem Abschneidversuch sehr ähnlich ist. Der genaue Lastwert wird für jede Messreihe anhand der Spulenströme im Magnetmodul bestimmt, um Variationen aufgrund des Aufbaus und der Versuchsvorbereitung auszuschließen. Die Bestimmung des Steifigkeitswertes als Quotient der mittleren Luftspaltabweichung und der tatsächlichen Belastung führt zu einer Vergleichbarkeit der Messergebnisse.

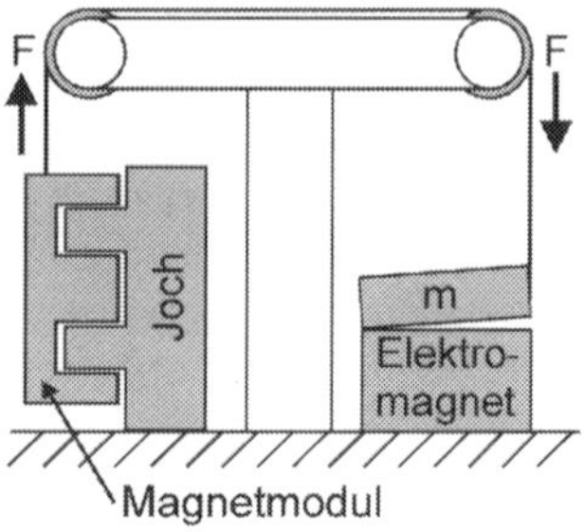

Bild 4.30: Kraftumlenkung zur Durchführung von Abschneidversuchen
Force redirection for the conduction of cut-off experiments

Wie in der Simulation wird die Störsteifigkeit in den Versuchsreihen mit ihrer Abhängigkeit von der Lage der Systempole dokumentiert. In Anlehnung an die Ergebnisse der Verhaltenssimulationen sollten die Pole für eine maximale Steifigkeit gemeinsam auf (-800 ± j800) 1/s festgelegt werden. Dieser Wert liegt allerdings am realen Prüfstand bereits knapp jenseits des Stabilitätsrandes. Die leichte Diskrepanz zwischen realem und simulierten Verhalten schlägt sich in einer maximal möglichen Einstellung der Pole von (-800 ± j550) 1/s nieder und führt zu folgenden Reglerparametern in der PI-Zustandsregelung:

$$r_0 = -0.5\frac{\mathrm{V}}{\mu\mathrm{m}};\quad r_1 = -700\frac{\mu\mathrm{Vs}}{\mu\mathrm{m}};\quad r_2 = -0.13\frac{\mathrm{V}}{\mathrm{A}};\quad r_i = -137\frac{\mathrm{V}}{\mu\mathrm{m}\cdot\mathrm{s}}$$

Im Vergleich zu den simulierten Werten muss insbesondere die Verstärkung des Integralzweigs deutlich zurückgenommen werden. Auch die Rückführung des Luftspaltes muss in ihrer Gewichtung um fast ein Viertel reduziert werden. Mit diesen Werten ist ein stabiler Betrieb des Prüfstandes möglich, er zeigt allerdings bereits Anzeichen einer mangelnden Stabilitätsreserve. Wie in Bild 4.31 zu sehen ist, stellt sich eine Schweberuhe von ± 1,5 µm ein, die mit einer dauerhaften Stromschwingung von mehr als 100 mA verbunden ist. Trotzdem erreicht das Magnetmodul im Abschneidversuch bereits mit dieser Einstellung die prognostizierte Steifigkeit von 25 N/µm durch eine Abweichung von etwa 2 µm bei einem Kraftsprung von 50 N. Besonders deutlich wird hier im Stromverlauf, dass das Abschneiden der Last die Entlastung des Prüfstands beendet. Dementsprechend steigt der Stromverbrauch sprungförmig auf den Ruhestrom im Arbeitspunkt von ca. 600 mA.

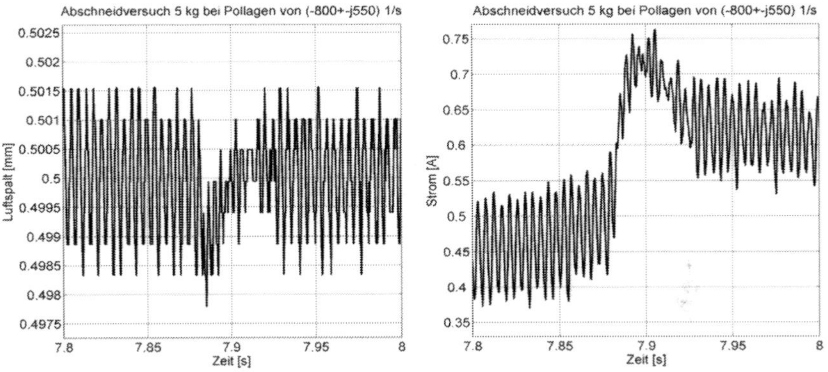

Bild 4.31: Abschneidversuch mit 5 kg-Gewicht und Beschleunigungssensor
Cut-off experiment with a 5 kg weight and an acceleration sensor

Die gezeigte Messung bindet bereits den Beschleunigungssensor zur Erzeugung des Geschwindigkeitssignals in die Regelung ein. Im Rahmen der Versuche am EMP wird zusätzlich die Referenzierung des Beschleunigungssignals durch einen baugleichen Sensor am feststehenden Gerüst des Prüfstands untersucht. Dabei zeigt sich, dass weder am Gerüst des EMP noch am Fundament der Vorschubachse Störungen erzeugt werden können, die eine Verbesserung des bewegten Beschleunigungssignals durch eine Differenzbildung notwendig machen.

Die Nähe zum Stabilitätsrand der hohen Poleinstellungen äußert sich auch darin, dass der Prüfstand nicht aus der Ruhelage in den Arbeitspunkt angehoben werden kann. Dazu ist eine starke Absenkung der Einstellungen notwendig, um die Bewegung nicht zu übersteuern. Gegebenenfalls kann die Bewegung auch durch einen rampenförmigen Anstieg der Sollwerte unterstützt werden. Allerdings ist der Anhebevorgang an sich kein Betriebszustand, der eine hohe Steifigkeit erfordert. In einer industriell genutzten Magnetführung findet das Anheben zur Nebenzeit ohne dynamische Belastungen statt, so dass die Führung im störungsfreien Betrieb stabilisiert und eine Änderung der Regelparameter auf die Arbeitseinstellungen durchgeführt werden kann. Darüber hinaus sind die Auswirkungen von Parameterumschaltungen im laufenden Betrieb geregelter Systeme Gegenstand anderer Forschungsarbeiten.

Die Poleinstellung für einen sicheren Anhebevorgang vernachlässigt die Vorbedingung mehrfacher Polstellen und stellt durch eine weiträumige Verteilung entlang der realen Achse extrem niedrige und zugleich sehr betriebsstabile Verstärkungen ein.

Im Vergleich der beiden Regelungskonfigurationen ist die Luftspaltdifferenzierung POS gegenüber dem Beschleunigungssensor ACC in diesem Versuch im Vorteil. Der Anhebevorgang findet minimal schneller statt und erzeugt sowohl eine kleineres Überschwingen des Luftspaltes als auch eine geringere Stromspitze, siehe Bild 4.32.

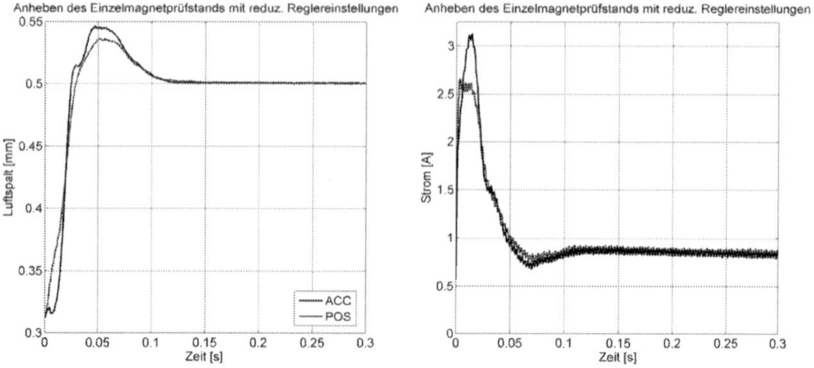

Bild 4.32: Anhebevorgang des Magnetmoduls aus der Ruhelage in den Arbeitspunkt mit reduzierten Reglereinstellungen

Lifting of the magnet module from its standby position into the operating point at reduced control settings

Dies ist möglicherweise darauf zurückzuführen, dass sich die wesentlich höhere Amplitude des Geschwindigkeitssignals aufgrund der sehr weichen Regelungsparameter nicht nachteilig bemerkbar macht, sondern zu einer größeren Steilheit in der Veränderung des Stellsignals führt. In der Struktur der Regelung werden die Zustandsgrößen verstärkt und summiert auf den Streckeneingang zurückgeführt, so dass sich die höhere Steilheit bei gleichen Einstellungen in einer leicht besseren Anhebecharakteristik äußert. Allerdings erreicht diese Regelungsvariante auch wesentlich eher ihren Stabilitätsrand als es unter Verwendung des Beschleunigungssensors zu beobachten ist. Dieses Potential gleicht den scheinbaren Nachteil aus, wobei die übermäßige Optimierung des Anhebevorgangs im Hinblick auf die Steifigkeit nicht sinnvoll ist. Die weicheren Parameter erlauben einen höheren Spielraum hinsichtlich der möglichen Belastung des Magnetmoduls durch eine stationäre Last.

Für die weiteren Untersuchungen und Optimierungen der Regelung des Moduls werden allerdings wieder hohe Reglereinstellungen angestrebt, um die gewünschte maximale Störsteifigkeit im Betrieb erzielen zu können. Die Umschaltung der Parametersätze muss hier ohne dynamische Belastungen erfolgen. In diesem Zusammenhang erlangen die Amplituden der unterschiedlich erzeugten Geschwindigkeitssignale eine große Bedeutung. In Anlehnung an den bereits in Bild 4.21 erfolgten simulativen Amplitudenvergleich werden die beiden Signale auch in der Messung direkt gegenübergestellt. Die Signalverlaufsabschnitte entstammen unterschiedlichen Messungen, die in Bild 4.34 und Bild 4.35 weiterführend diskutiert werden, so dass die Geschwindigkeitssignale in beiden Fällen Bestandteil des Regelkreises sind.

Als zusätzlicher Aspekt für diese Messungen kann der Frequenzinhalt der integrierten Beschleunigungssignale beider Regelungskonfigurationen in Bild 4.33 rechts gezeigt werden. Die Verwendung des Beschleunigungssensors führt zu einer wesentlich geringeren Schwingungsanregung im unteren Frequenzbereich bis 20 Hz. Die Anregung durch den differenzierten Luftspalt im Regelkreis kann im Betrieb des Prüfstands deutlich als emittierter Körperschall wahrgenommen werden.

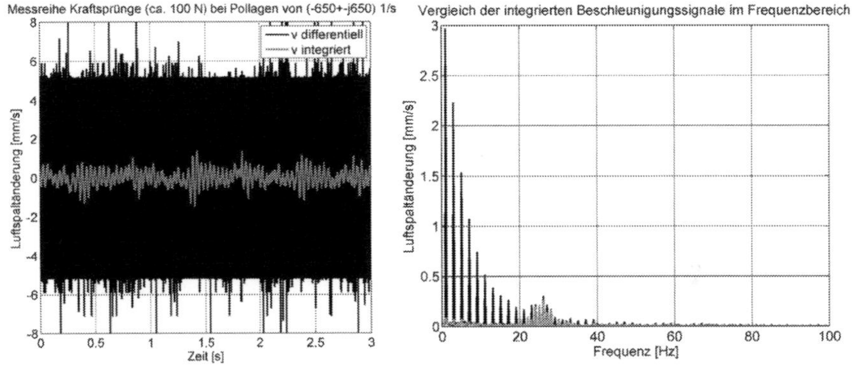

Bild 4.33: Realer Amplitudenvergleich der unterschiedlich generierten Geschwindigkeitssignale und Frequenzinhalte der integrierten Beschleunigungssignale beider Messungen

Real amplitude comparison of the differently generated velocity signals and frequency content of the integrated acceleration signals for both measurements

Wie bereits ausgeführt, können die simulierten Pollagen von (-800 ± j800) 1/s in der Realität nicht erreicht werden, die Untersuchungen ergaben jedoch eine gute Betriebssicherheit bei einer Einstellung von (-650 ± j650) 1/s. Dementsprechend fallen auch die absoluten Amplituden des realen Vergleichs in Bild 4.33 niedriger aus als in der Simulation. Der eindrucksvolle Unterschied der beiden Geschwindigkeitsamplituden bleibt allerdings erhalten.

Diese favorisierten Einstellungen der Systempole entsprechen den folgenden Regelungsparametern:

$$r_0 = -0.4\frac{V}{\mu m};\; r_1 = -14\frac{\mu Vs}{\mu m}\left(-540\frac{\mu Vs}{\mu m}\right);\; r_2 = -0.1\frac{V}{A};\; r_i = -110\frac{V}{\mu m \cdot s}$$

Eine bedeutende Einschränkung des Prüfstandsbetriebs mit Luftspaltdifferentiation ist die Notwendigkeit, die Verstärkung des Geschwindigkeitssignals für einen stabilen und störsicheren Betrieb auf maximal r_1 = -14 µVs/µm zu beschränken. Andernfalls wird durch das dominante, rauschintensive Geschwindigkeitssignal bereits bei sehr niedrigen Pollagen ein Aufschwingen des Luftspaltes verursacht und der Stabilitätsrand des Systems überschritten. Dieser deutliche Eingriff in die Regelungsparametrierung verzerrt die Pollage signifikant und ist der stärkste Beweis für die überlegene Signalqualität des integrierten Beschleunigungssignals. Ähnlich wie für den Anhebevorgang werden die mehrfachen Polstellen in einen sehr schnellen und einen dominanten realen Pol aufgespaltet, während das zweite konjugiert komplexe Polpaar mit überhöhtem Imaginärteil und deutlich verringertem Realteil auftritt.

Mit dieser Veränderung lassen sich in beiden Regelungskonfigurationen stabile Versuchsreihen mit variablen Poleinstellungen durchführen. Exemplarisch werden in den folgenden beiden Abbildungen beide Konfigurationen mit der ermittelten Optimaleinstellung von (-650 ± j650) 1/s direkt gegenübergestellt. In den automatisierten Abschneidversuchen stellt sich durch das periodische Entlasten des Magnetmoduls eine Folge von positiven und negativen Lastsprüngen ein. Relevant im Sinne eines Abschneidversuchs sind die Zeitpunkte der positiven Flanken der Stromsprünge, da zu diesen Zeitpunkten die umgelenkte Last fast vollständig abfällt und das Magnetmodul zu seinem Ruhestrom zurückkehrt. Die Differenz aus der gemittelten Amplitude des stationären Tragstroms und des verbleibenden Stroms im entlasteten Zustand ermöglicht mittels der bekannten Modulcharakteristik die Berechnung der tatsächlich wirkenden Kraft. Als zuverlässiges Vergleichskriterium unterschiedlicher Messungen kann durch die Varianz in der Last nur die normierte Steifigkeit und nicht die individuelle Luftspaltabweichung aufgrund des Kraftsprungs dienen.

Im Luftspaltverlauf kann aus der Stärke der Abweichung während des Stromaufbaus auf die Steifigkeit des Moduls mit der zugehörigen Poleinstellung geschlossen werden. Die Luftspaltabweichungen werden über den Verlauf eines Versuches ebenfalls gemittelt, um weitere Störeinflüsse des Aufbaus zu vermindern.

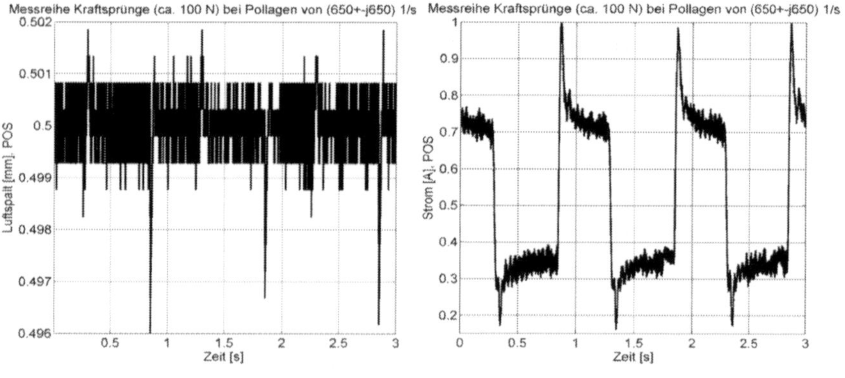

Bild 4.34: Messung einer automatisierten Serie von Abschneidversuchen von ca. 100 N mit Luftspaltdifferentiation

Measurement of an automated series of cut-off experiments at approx. 100 N with air gap differentiation

Bild 4.34 zeigt zunächst die Messung unter Verwendung der Luftspaltdifferentiation, die eine allgemeine Schweberuhe von ± 1 µm aufweist und durch das sprungförmige Abschneiden eine Auslenkung von 3 – 4 µm erfährt. Nach einer Ausregelzeit von durchschnittlich 26 ms ist die Störung vollständig abgebaut worden.

Der Stromverlauf der Versuchsreihe zeigt eine Amplitude von ca. 700 mA im stationären Zustand, die zur Aufrechterhaltung des stabilen Schwebens benötigt wird. Die Flanken der Lastwechsel zeigen ein kräftiges Überschwingen und eine träge Rückkehr auf das stationäre Niveau. In dieser Trägheit und den verbleibenden Schwingungen des Luftspaltes wirkt sich die drastische Beschränkung der Geschwindigkeitsverstärkung als Verminderung der Regelungsqualität aus.

Im Vergleich zu dieser Messung zeigt Bild 4.35 die äquivalente Messung mit eingebundenem Beschleunigungssensor. Hier kommen die Poleinstellungen unverzerrt zur Geltung und führen zu einer verbesserten Schweberuhe des Luftspaltes und einer engeren stationären Amplitude des Stroms.

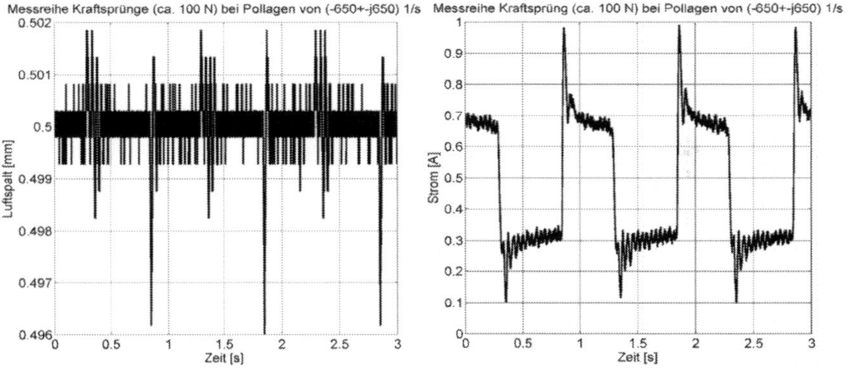

Bild 4.35: Messung einer automatisierten Serie von Abschneidversuchen von ca. 100 N mit Beschleunigungssensor

Measurement of an automated series of cut-off experiments at approx. 100 N with an acceleration sensor

Trotz der verbesserten Signalqualität und des ruhigeren stationären Schwebens ergibt sich keine Erhöhung der Steifigkeit über 25 N/µm hinaus. Die grundsätzlichen Verläufe der Stromkurve und die Auslenkungen der Luftspalthöhe sind fast identisch. Sie weisen allerdings auf eine höhere Schwingneigung des Systems im unteren Frequenzbereich hin, die zu einer fast verdoppelten Ausregelzeit führt. Diese Auffälligkeit wird daher in weiteren Messungen näher untersucht, siehe Bild 4.37.

Die Ergebnisse der einzelnen automatisierten Messungen werden analog zur Simulationsauswertung in Bild 4.22 in einem Verlauf der Modulsteifigkeit in Abhängigkeit der Pollagen zusammengefasst. Die ermittelten Kennlinien in Bild 4.36 bestätigen die Simulationsergebnisse und weisen insgesamt sogar eine leicht höhere Steifigkeit des realen Moduls nach.

Alles in allem bleiben die Messergebnisse der Steifigkeitsversuche mit differenziertem Luftspalt trotz der radikalen Beschränkung der Geschwindigkeitsverstärkung nicht hinter den Vergleichsmessungen mit Beschleunigungssensor zurück. Dieser kann die verbesserte Signalqualität also lediglich in eine höhere Signalverstärkung der Geschwindigkeit umsetzen, lässt aber dennoch keine Erhöhung der Gesamtverstärkung und damit auch keine verbesserte Steifigkeit zu.

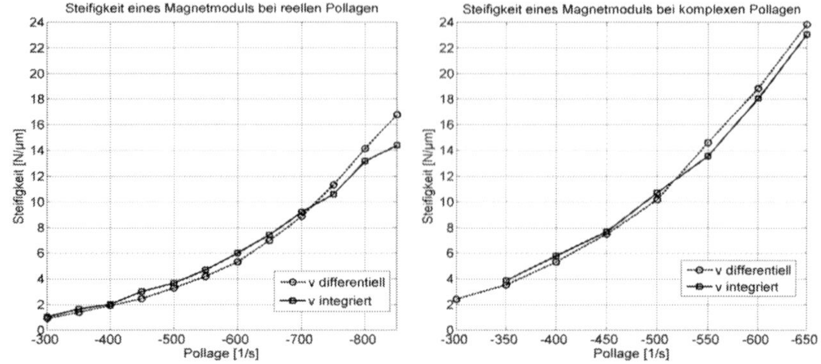

Bild 4.36: Dynamische Steifigkeit des Magnetmoduls in Abhängigkeit der Polstellen

Dynamical stiffness of the magnet module with regard to the system poles

Eine nähere Betrachtung der Ausregelung eines Störungsimpulses mit veränderten Regelungseinstellungen zeigt hierfür eine mögliche Ursache auf. Der imaginäre Anteil der Systempole erhöht erwartungsgemäß nicht nur die Reglerverstärkungen, sondern auch die Schwingneigung des Systems. Diese kann wiederum durch eine Erhöhung des Realteils und damit der Schnelligkeit des Systems ausgeglichen werden. Vor diesem Hintergrund werden in den bisher vorgestellten Versuchsreihen mit den optimalen Steifigkeitswerten bevorzugt symmetrische Pollagen mit identischen Real- und Imaginärteilen verwendet.

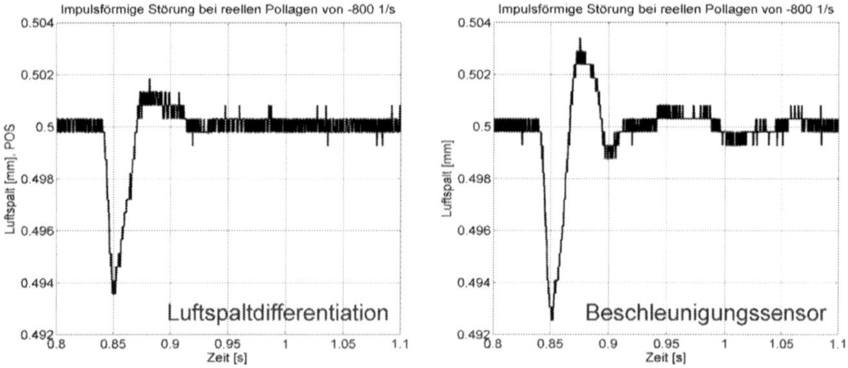

Bild 4.37: Vergleich der Ausregelung einer impulsförmigen Kraft mit unterschiedlich generierten Geschwindigkeitssignalen

Comparison of the compensation of an impulse force with differently generated velocity signals

In Bild 4.37 wird im Unterschied dazu eine Poleinstellung mit hohem Realteil und ohne imaginären Anteil betrachtet, um dem System eine hohe Verstärkung ohne verstärkte Schwingneigung aufzuprägen. Die Einstellung einer gesammelten Pollage von -800 1/s führt zu den folgenden Reglerparametern ohne jedoch die Beschränkung von r_1 bei Luftspaltdifferentiation aufzuheben.

$$r_0 = -0.37\frac{V}{\mu m};\; r_1 = -14\frac{\mu Vs}{\mu m}\left(-610\frac{\mu Vs}{\mu m}\right);\; r_2 = -0.13\frac{V}{A};\; r_i = -63\frac{V}{\mu m\cdot s}$$

Die Abbildung zeigt dennoch deutlich eine höhere Schwingneigung im Verlauf des rechten Störimpulses, der unter Verwendung des Beschleunigungssensors ausgeregelt wird. Diese wird bei komplexen Pollagen eher noch dominanter und ist eine der Ursachen für die Beschränkung auf ähnliche Maximalwerte wie mit der Luftspaltdifferentiation, auch wenn zumindest die Verzerrung der Pollage durch die Beschränkung von r_1 entfallen kann. Als Schlussfolgerung aus dieser Beobachtung wird parallel zur Entwicklung der Gesamtführung die Anbindung des Beschleunigungssensors entsprechend den Ausführungen in Abschnitt 4.2.3 überarbeitet, um die Anzahl der Softwarefilter und damit die Signalverzögerung zu reduzieren.

Als abschließende Untersuchung des Betriebsverhaltens eines Magnetmoduls im EMP wird in Bild 4.38 das Ergebnis eines Abschneidversuches mit einem Gewicht von 65 kg präsentiert. Die maximale Steifigkeit erweist sich hier als stark rückläufig und die Systemstabilität kann nur durch eine Reduzierung des Imaginärteils der Pollagen gewährleistet werden. Unter Verwendung des Beschleunigungssensors können maximale Einstellungen von (-800 ± j200) 1/s erreicht werden.

$$r_0 = -0.39\frac{V}{\mu m};\quad r_1 = -622\frac{\mu Vs}{\mu m};\quad r_2 = -0.13\frac{V}{A};\quad r_i = -71\frac{V}{\mu m\cdot s}$$

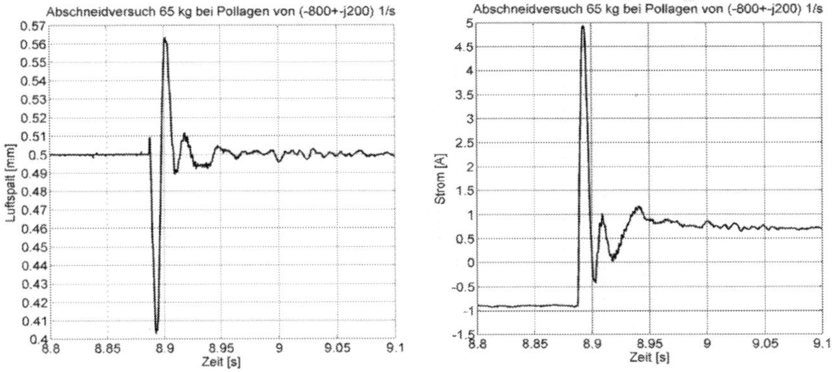

Bild 4.38: Abschneidversuch mit 65 kg Gewicht mit Beschleunigungssensor

Cut-off experiment with a 65 kg weight with an acceleration sensor

Die erreichten Einstellungen führen zu einer stabilen Ausregelung der starken Störung und weisen dem System eine verbleibende Steifigkeit von nur noch knapp

7 N/µm zu. Hier zeigen sich die bereits in Abschnitt 2.1.3 thematisierten Einschränkungen einer magnetischen Führung in einer begrenzten Belastbarkeit durch die reaktive Regelung und den sukzessiven Strom- und Kraftaufbau. Aufgrund der sehr starken Belastung des Moduls treten sie überdeutlich hervor.

Fazit

Insgesamt erweist sich das entwickelte Magnetmodul im Zusammenspiel mit seiner Zustandsregelung als stabil und belastbar. In der Simulation und der praktischen Erprobung bestätigen sich die grundlegenden Prinzipien und Dimensionierungen der Auslegung und zeigen darüber hinaus eine weitgehend gute Übereinstimmung. Dies verifiziert die abgeleiteten Simulationsmodelle, so dass diese im Zusammenspiel mit dem am EMP erprobten modularen Aufbau der Mechanik und Elektronik eine sinnvolle Ausgangsbasis für die Entwicklung einer prototypischen Magnetführung bilden.

Besonderes Augenmerk wird auch weiterhin auf die Auswertung der eingesetzten Beschleunigungssensoren gelegt und ihr Einfluss auf das Prüfstandsverhalten analysiert. Da die Versuche mit einer alternativen Regelungsstruktur in Anlehnung an eine berührend gelagerte Vorschubachse mit elektromechanischem Antrieb im Ergebnis zurückbleiben, wird ferner an der Zustandsregelung festgehalten. Für die vollständige Führung wird diese auf eine Freiheitsgradregelung umgestellt, um die mechanischen Kopplungen der Einzelaktoren berücksichtigen zu können.

Des Weiteren können die umfangreichen Erfahrungen zur Parametrierung der Zustandsregelung und den Auswirkungen der Polstellenwahl bzw. –verschiebung für die Inbetriebnahme der Führung genutzt werden, wobei die höhere Komplexität durch die Ausweitung auf fünf Freiheitsgrade den konsequenten Übergang zu einer Polstellenwahl auf der Basis des Riccati-Ansatzes verlangt. Dies begünstigt die Bildung stabiler Polkonfigurationen.

Auf der Grundlage dieser Ergebnisse und Erkenntnisse wird im Folgenden die Auslegung und Erprobung einer Vorschubachse mit prototypischer Magnetführung aus integrierten Magnetmodulen vorgestellt.

5 Entwicklung einer linearen Vorschubachse auf der Basis der integrierten Magnetmodule

Development of a linear feed axis based on the integrated magnet modules

Infolge der erfolgreichen Realisierung des prototypischen Moduls für den Einzelmagnetprüfstand werden die integrierten Magnetmodule für die berührungslose Führung einer Vorschubachse eingesetzt. Der Aufbau wird auf die Eigenschaften der Module abgestimmt, um diese besonders vorteilhaft zu berücksichtigen. Die erreichte Störsteifigkeit des EMP soll auf die Achse übertragen werden und damit die Grundlage für dynamische Bewegungen und eine anwendungsnahe Belastbarkeit schaffen.

Aus diesen Vorgaben ergibt sich ein Verfahrschlitten, der sechs Magnetmodule und zwei Lineardirektantriebe in Doppelkammanordnung vereinigt. Die Verfahrstrecke besteht aus drei passiven Doppelzahnjochen und den permanentmagnetischen Sekundärteilen der Antriebe. Dieser Aufbau ermöglicht kontrollierte Bewegungen in allen sechs Freiheitsgraden und ermöglicht im Idealfall hohe Verfahrgeschwindigkeiten. Dabei schwebt der Schlitten vollständig berührungslos in der Strecke.

Bild 5.1: Ansichten der fertig gestellten linearen Vorschubachse
Completed linear feed axis

Im Verlauf der Achsentwicklung werden nach einer Definition der einzelnen Anforderungen mechanische Konzepte ausgearbeitet und in einer Synthese zu dem endgültigen Entwurf zusammengeführt. Dieser wird anhand von FEM-Simulationen auf seine mechanische Festigkeit überprüft und anschließend durch die Steuerungs- und Versorgungskonzepte vervollständigt und prototypisch realisiert. Die Regelung der Magnetführung für diesen Prototypen basiert auf einer modellgestützten, entkoppelten Freiheitsgradregelung mit verschiedenen Zusatzmodulen, die maßgeblich auf der Struktur und den Erfahrungen am Einzelmagnetprüfstand aufbaut.

Erst nach einer vorläufigen Inbetriebnahme der Führung wird der Prototyp im letzten Schritt um die Linearantriebe erweitert, die ihrerseits umfangreiche Rückwirkungen durch translatorische Kräfte und Störmomente auf die Schweberegelung aufweisen.

5.1 Mechanische und elektrische Konstruktion der Achse

Mechanical and electrical design of the axis

Während sich der elektrische Aufbau der Vorschubachse fast vollständig auf die Entwicklungen für den EMP zurückführen lässt, kann für die mechanische Konstruktion nur die überarbeitete Aufhängung der Magnetmodule aus den Vorarbeiten einfließen. Die Gesamtstruktur muss hingegen von Grund auf neu entworfen werden. Daher werden zunächst die Anforderungen an die Vorschubachse herausgearbeitet und der Konstruktion zu Grunde gelegt. Anhand der Vorgaben werden verschiedene Konzepte ausgearbeitet und zu der endgültigen Realisierung zusammengeführt. Diese wird durch statische FEM Berechnungen der Strukturverformung abgesichert.

5.1.1 Definition der Anforderungen an den Aufbau

Definition of the requirements on the set-up

Die integrierten Magnetmodule bilden die Grundlage für eine berührungslose magnetische Führung mit einer möglichst geringen Anzahl von Aktoren. Die bidirektionale Kraftentwicklung ermöglicht die Reduzierung der üblichen zwölf Elektromagnete einer vollständigen Magnetführung (siehe Kapitel 2.4) auf nur noch sechs Magnetmodule. Dabei wird berücksichtigt, dass fünf räumliche Freiheitsgrade in der Führung kontrolliert werden müssen. Die einzelnen Aktoren erzeugen paarweise die Drehmomente in den drei rotatorischen Freiheitsgraden und stabilisieren zusätzlich entweder die vertikale Tragrichtung oder die Seitenführung des Achsschlittens. Der verbleibende sechste Freiheitsgrad einer ungehinderten Bewegung im Raum wird allein durch die Vorschubantriebe des Schlittens beeinflusst.

Die Mehrfachnutzung der Aktoren durch eine Überlagerung von rotatorischen und translatorischen Aufgaben ist generell möglich und im Rahmen einer Freiheitsgradregelung auch explizit gewünscht. Um eine weitgehende Kraftentkopplung der einzelnen Freiheitsgrade zu ermöglichen, müssen die Magnetmodule allerdings orthogonal zum verwendeten Koordinatensystem ausgerichtet werden. Zweckmäßigerweise sollte dieses Koordinatensystem die Wirkung der Gewichtskraft auf eine Koordinatenrichtung beschränken. Darüber hinaus kann die Anzahl der Rückschlussjoche in der Verfahrstrecke und damit deren Komplexität durch eine paarweise Fluchtung der Module auf drei Schienen beschränkt werden. Mit diesen Überlegungen ergibt sich eine Anordnung aus vier senkrecht wirkenden Tragmodulen und zwei waagrechten Führmodulen am Achsschlitten, die durch den Linearantrieb ergänzt werden.

Die Ansteuerung der Führung wird gemäß einer weiteren grundlegenden Anforderung der Aufgabenstellung weitestgehend durch kommerziell erhältliche Komponenten ausgeführt. Dieser Verzicht auf Eigenentwicklungen im Bereich der Elektronik unterstreicht die geforderte Anwendungsnähe der Vorschubachse. Die serienreifen Baugruppen reduzieren die Anzahl der Bauteile im fehleranfälligen Prototypenstadium und ermöglichen die Konzentration der eigenen Arbeiten auf die Kernfunktionen der Führung. Gleichzeitig wird auf diese Weise der Nachweis erbracht, dass die

Realisierung einer magnetischen Führung nicht zwingend den Aufbau von spezialisierten Elektronikkomponenten verlangt. Die verringerte Anzahl der Module reduziert insgesamt die Komplexität und die Kosten der Ansteuerung, da nur die verbleibenden sechs Kanäle versorgt und überwacht werden müssen.

Die Kombination aus sorgfältig platzierten Aktoren, ihrer elektrischen Versorgung und Überwachung sowie der Regelung der Schlittenposition in allen Freiheitsgraden soll eine hohe dynamische Steifigkeit unter Prozessbedingungen gewährleisten. Sie verlangt dementsprechend eine hohe Leistungsfähigkeit und eine gute Abstimmung aller Komponenten. Die dynamische Steifigkeit berührungsloser Führungen gilt allgemein als ein Kernthema aller bisherigen Realisierungen, und insbesondere im Bereich der Werkzeugmaschinen wird beständig die Erhöhung der bisher erzielten Werte angestrebt [RUSK04; WAHN02].

Eine mögliche Zielanwendung für eine magnetisch gelagerte Vorschubachse mit angetriebenem Werkstücktisch ist das Pendelhubschleifen, da es die Vorteile der hochdynamischen, wiederholten Bewegung in einer Achse optimal nutzen kann. Allerdings verlangen die wiederholten, starken Beschleunigungen des pendelnden Bewegungsmusters und das verhältnismäßig hohe Eigengewicht des Schlittens die Verwendung eisenbehafteter Synchron-Linearmotoren als Vorschubantriebe, um das Potential einer reibungsfreien Führung voll ausnutzen zu können. Diese weisen eine sehr hohe Energiedichte auf, sind aber gleichzeitig mit extrem starken permanentmagnetischen Normalkräften zwischen Primär- und Sekundärteilen behaftet. Daher ist die Anordnung zweier Motoren in einem Doppelkamm unerlässlich, um die Seitenführung des Achsschlittens zu entlasten. Zusätzlich können die Normalkräfte durch eine Neigung der Motoren mit einer Vertikalkomponente versehen werden, die der statischen Gewichtskraft des Schlittens entgegenwirkt. Auf diese Weise werden auch die Tragmagnete entlastet, je nach Stärke der Neigung kann die Gewichtskraft vollständig kompensiert werden. Zu beachten ist dabei die Erzeugung von Drehmomenten um den Schwerpunkt des Schlittens. Sowohl die seitlichen Führmagnete und ihr Rückschlussjoch als auch die Elemente der Linearmotoren konkurrieren also um den Bauraum entlang der zentralen Schlittenachse in Verfahrrichtung.

Grundsätzlich verlangt die konsequente Beherrschung der spaltabhängigen permanent- und elektromagnetischen Kräfte der Motoren und Führungsaktoren des Weiteren eine sehr hohe Maßgenauigkeit des mechanischen Aufbaus der Vorschubachse. Sowohl am Schlitten als auch an der Verfahrstrecke müssen über große Längen und Abstände sehr gute Parallelitäten der einzelnen Lager- und Antriebspartner gewährleistet werden, um die Schwankungen der Magnetkräfte zu begrenzen. Außerdem muss die mechanische Steifigkeit der Aufbauten in jedem Fall eine übermäßige Verformung ausschließen.

Schließlich ist eine sorgfältige Ausnutzung der einzigartigen Vorteile einer aktiv geregelten, berührungslosen Führung mit verhältnismäßig großen Luftspalten und einstellbaren Eigenschaften anzustreben. Eine entkoppelte Freiheitsgradregelung ermöglicht viele Freiheiten in der Parameterwahl und sogar eine Feinpositionierung des Schlittens in allen Raumrichtungen, die nur durch die Auflösung der verwendeten Sensorik und die Qualität der Signalübertragung beschränkt wird. Zusätzlich kann die Steifigkeit der Führung gegenüber bekannten Störungen noch durch Vorsteuerungsalgorithmen erhöht werden.

Aus der Summe dieser Anforderungen an eine Vorschubachse mit magnetischer Führung und elektrischen Linearmotoren können verschiedene Konstruktionsvarianten entwickelt werden. Zwei mögliche Entwürfe werden im Folgenden vorgestellt und verglichen, bevor aus ihnen die endgültige Konstruktion abgeleitet wird.

5.1.2 Konstruktionsvarianten

Structural design alternatives

Ausgangskonzepte

Aufgrund der eingangs definierten Anforderung zur Anordnung der integrierten Magnetmodule ergibt sich die optimale Aufteilung entlang des äußeren Umfangs des Verfahrschlittens der Vorschubachse. Vier der Module sind senkrecht an den Ecken angeordnet und bringen die vertikale Tragkraft auf. Die große Zahl Module, die parallel auf diesen Freiheitsgrad wirkt, gewährleistet eine hohe Belastbarkeit und Steifigkeit. Zusätzlich kontrollieren diese Module paarweise das Rollen und das Nicken des Verfahrschlittens mit maximalen Hebelarmen in den rotatorischen Freiheitsgraden. Ihre Ausrichtung ermöglicht die gemeinsame Nutzung von nur zwei Rückschlussjochen, die als Schienen die Verfahrstrecke seitlich begrenzen. Entsprechend der in Abschnitt 4.1 vorgestellten Modulgeometrie weisen diese Joche über den gesamten Verfahrweg zwei Zähne mit geschliffenen Flanken auf, welche die krafterzeugenden Flächen der berührungslosen Führung darstellen. Die verbleibenden beiden Magnetmodule wirken in horizontaler Richtung und kontrollieren so die seitliche Ausrichtung des Schlittens in der Führung. Ihre Distanz in Verfahrrichtung bildet zusätzlich die Hebelarme zur Beeinflussung der Gierneigung.

Diese Anordnung der Führungsaktoren ist beiden Grundkonzepten des Achsentwurfs zu Eigen, sie unterscheiden sich vornehmlich in der Anordnung der Vorschubantriebe in Relation zu den Aktoren der Seitenführung.

Das Achskonzept A berücksichtigt in erster Linie die Einflüsse der Normalkräfte der Antriebe auf die Schlittenstruktur und setzt daher einen kastenförmigen Schlittenquerschnitt voraus, siehe Bild 5.2. Das geschlossene Profil weist eine sehr hohe Struktursteifigkeit auf, so dass nur geringe Verformungen auftreten können, welche die Luftspalte in den Magnetaktoren deformieren und so deren Leistungsfähigkeit beeinträchtigen. Um die Drehmomentbildung durch die Motorkräfte um die Hochachse des Schlittens weitgehend auszuschließen, werden die Antriebe und die Seitenführungsmodule vertikal übereinander angeordnet. Damit der Schlitten verfahrbar bleibt, kann der zentrale Träger der Motoranordnung, der mit den Sekundärteilen der Antriebe bestückt ist, nur an den Enden der Verfahrbahn abgestützt werden. Trotz der sehr torsionssteifen Doppel-T Struktur bildet er ein schwingungsanfälliges System. Um zu vermeiden, dass sich Vibrationen des Trägers über das Rückschlussjoch auf die Seitenführung übertragen, werden der Motorträger und das horizontale Rückschlussjoch der Führmodule nicht gekoppelt. Das führt allerdings dazu, dass der Schlitten sehr hoch baut und dass sich Drehmomente um seine Längsachse bilden.

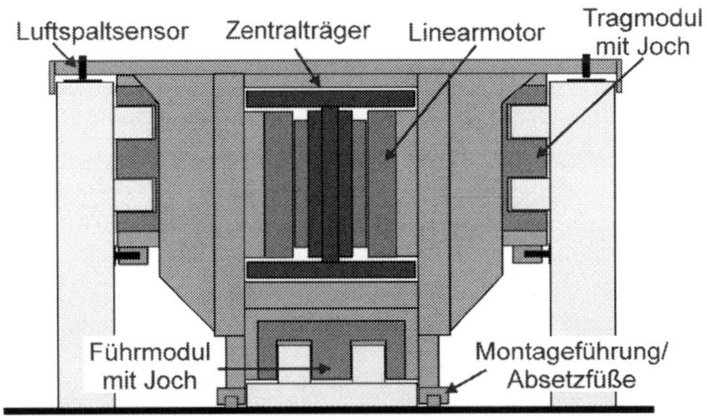

Bild 5.2: Konzept A: Vertikaler Aufbau der Vorschubachse und geschlossenes Schlittenprofil

Concept A: Vertical set-up of the feed axis and closed slide profile

Alternativ zu dieser Lösung ordnet das Konzept B nach Bild 5.3 die Motoren und die Seitenführungselemente horizontal verteilt an. Erneut sind das Magnetjoch und die Sekundärteilträger getrennt und in dieser Variante vollständig im Untergrund verankert. Hier ist kein Zentralträger notwendig und die Bauhöhe reduziert sich deutlich.

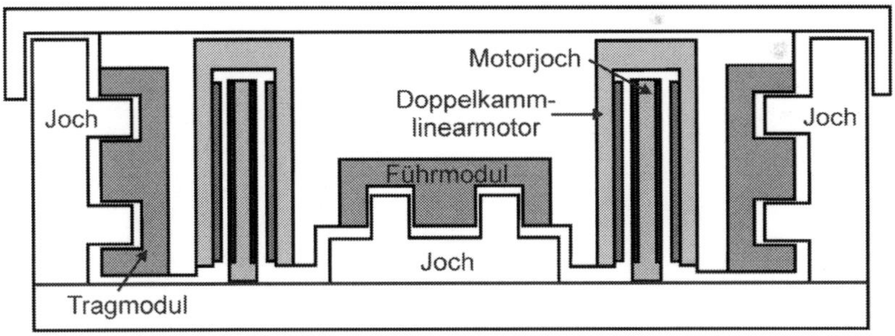

Bild 5.3: Konzept B: Horizontale Anordnung der Aktoren und offenes Schlittenprofil

Concept B: Horizontal arrangement of the actuators and open slide profile

In diesem Konzept ergeben sich dafür eine sehr große Spurbreite der Vorschubachse und eine hohe Anzahl an Trägern, die entlang der Strecke aufgebaut und parallel ausgerichtet werden müssen. Zusätzlich sind die Motoren weit entfernt vom Schwerpunkt des Schlittens, so dass bei einer Drehung um die Hochachse durch die Spaltänderungen in den Antrieben starke Momente erzeugt werden. Außerdem kann das Schlittenprofil nicht geschlossen werden, so dass die Einwirkungen der Motornormalkräfte auf die mechanische Struktur nicht optimal abgestützt werden können. Das Schlittengerüst muss daher sehr sorgfältig über Strukturelemente versteift werden. Um die Auswirkungen der Normalkräfte möglichst weit zu verteilen, werden hier zwei kompakte Doppelkammantriebe vorgesehen.

Diese Anordnung erschwert die Neigung der einzelnen Motorkomponenten, da kommerzielle Doppelkammantriebe häufig als Langstatoren aufgebaut sind und die U-förmigen Permanentmagnetstrukturen keinen Bauraum für die notwendigen Modifikationen aufweisen. Ein Aufbau aus vier Einzelkammantrieben mit keilförmigen Elementen zur Motorneigung würde die Spurbreite der Vorschubachse noch einmal deutlich erhöhen. Anstelle der Neigung kann die Möglichkeit berücksichtigt werden, durch zusätzliche, separat angeordnete Permanentmagnete eine vertikale Kraft zwischen dem Verfahrschlitten und den äußeren Jochen zu erzeugen.

Integriertes Konzept

Im weiteren Verlauf der Entwicklung wurden die beiden Ausgangskonzepte zu einem gemeinsamen Entwurf verbunden. Entsprechend der CAD-Zeichnung in Bild 5.4 bleibt die Anordnung der Tragmagnete erhalten. Der Zentralträger des Konzepts A wird zu einem gemeinsamen Gerüst für das Rückschlussjoch der Seitenführungsmagnete und die permanentmagnetischen Sekundärteile der Synchronmotoren umgestaltet. Das massive Magnetjoch und das H-Profil verleihen dem Träger wiederum eine hohe Quersteifigkeit, so dass er vorläufig ausschließlich an seinen Enden verankert wird. Auf diese Weise kann das geschlossene Profil des Verfahrschlittens erhalten bleiben und die mechanischen Verformungen durch die Normalkräfte gering halten, siehe Bild 5.5. Die geforderte Neigung der Antriebe kann durch keilförmige Montageplatten erreicht werden, die allen Motorkomponenten hinterlegt werden.

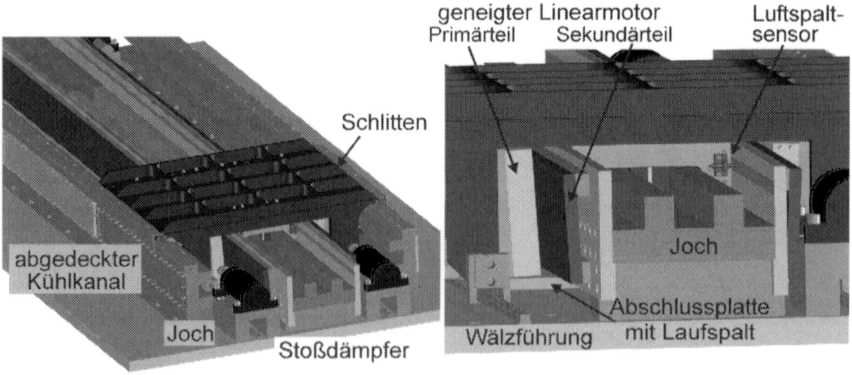

Bild 5.4: Integration der Ausgangskonzepte A und B

Integration of the original concepts A and B

Um eine Durchbiegung der Deckplatte und eine seitliche Verbiegung der Vertikalträger des Schlittengerüsts zu vermeiden, wird eine Rippenstruktur auf der Oberseite des Schlittens aufgesetzt und mit einer Aluminiumplatte abgeschlossen. Auch die

Unterseite der Deckplatte wird mit Querrippen versteift. Zusätzlich stützen Knotenbleche und Rippen die senkrechten Träger ab. Um die Dimensionierung der Versteifungen und der Bodenelemente ausreichend groß zu gestalten und gleichzeitig das Gewicht des Schlittens minimal zu halten, werden Verformungsanalysen nach der Finite-Elemente-Methode durchgeführt. Die Ergebnisse dieser FEM-Berechnungen sind im folgenden Abschnitt 5.1.3 dargestellt.

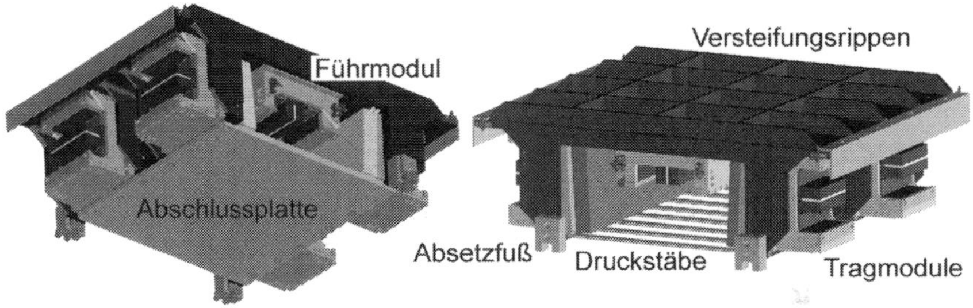

Bild 5.5: Umsetzungen des geschlossenen Schlittenprofils im integrierten Achskonzept
Realizations of a closed slide profile in the integrated axis concept

Da die Bodenelemente des Schlittenprofils wie im Konzept A nach Bild 5.2 nach dem integrierten Konzept nicht mehr zur Befestigung der Seitenführungsmagnete benötigt werden, können sie wesentlich leichter ausgeführt werden, siehe Bild 5.5. Der ursprüngliche Schlittenkasten kann im unteren Bereich auf eine einfache Abschlussplatte oder sogar auf eine Reihe von Druckstäben reduziert werden. Ihre einzige Aufgabe ist es, eine Verformung des Schlittens in Querrichtung durch die Normalkräfte zwischen den Motorkomponenten zu verhindern, um so die Luftspalte der verschiedenen Magnetaktoren konstant zu halten. Diese Modifikation verlangt nur noch eine geringe Anhebung des Zentralträgers, um einen Laufspalt für die Druckstäbe zu gewährleisten. Alternativ müssen die Bodenelemente vollständig entfallen, so dass der Zentralträger auf seiner ganzen Länge mit dem Fundament verbunden werden kann.

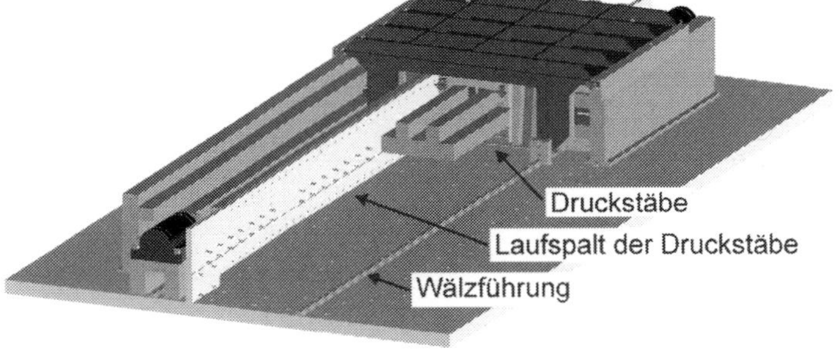

Bild 5.6: Aufbau des Zentralträgers bei geschlossenem Schlittenprofil
Construction of the central beam structure combined with a closed slide profile

Bild 5.6 stellt den Aufbau des Trägers und die geplante Integration des Schlittens in seine Verfahrstrecke in einer Schnittzeichnung dar. Besonderes wichtig ist bei diesem Aufbau eine durchdachte Planung der Schlittenmontage, um das Einsetzen des geschlossenen Profils um den Zentralträger zu ermöglichen.

Die Abbildung zeigt zusätzlich die Wälzführungen, die zwischen den vertikalen Rückschlussjochen und dem Zentralträger auf dem Achsfundament verlegt sind. Sie sind mit den vertikalen Trägern des Schlittens verbunden und ermöglichen die Montage und das Verfahren ohne den Einsatz der Magnetführung. Bei korrekter Justierung aller Komponenten weisen sämtliche Luftspalte der Magnetmodule und Motoren während der Arretierung des Schlittens auf den Führungswagen ihr Nennmaß auf. Im Betrieb der Magnetführung werden die Wagen vom Schlitten getrennt und durch feste Absetzfüße ersetzt. Auf diesen Füßen stützt sich der Schlitten in seiner Ruheposition ab, in der er sich um knapp 0,3 mm aus seiner Arbeitsposition absenkt.

5.1.3 Simulation und Optimierung des Last-Verformungs-Verhaltens mittels FEM Modellierung

Simulation and optimization of the load-deformation-behavior using FEM modeling

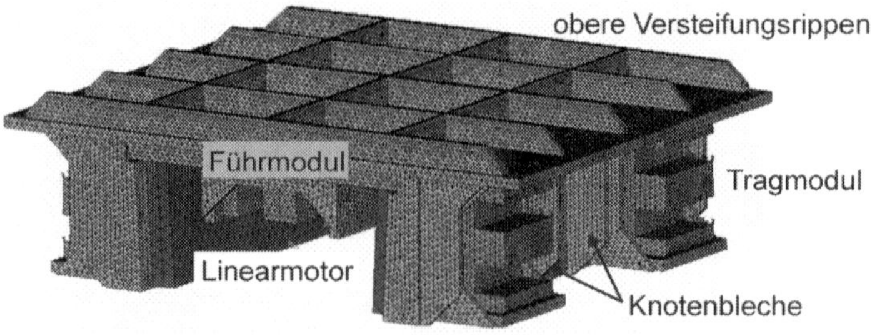

Bild 5.7: FEM Grundmodell des Verfahrschlittens

Basic FEM model of the moving slide

Zur Ausgestaltung der Struktur des bewegten Verfahrschlittens müssen die Einflüsse der permanentmagnetischen Kräfte in den Motoren und der Führung sowie dynamische Krafteinwirkungen auf das Gerüst berücksichtigt werden. Der schwebende Schlitten wird nicht über eine kontaktierende Führung abgestützt, die in vergleichbaren Vorschubachsen diese Kräfte aufnehmen würde. Daher muss die Struktur eine sehr hohe mechanische Steifigkeit aufweisen, um die auftretenden Deformationen zu begrenzen. Insbesondere ist dies in den verschiedenen Luftspalten der magnetischen Aktoren von Bedeutung, die durch eine statische Verbiegung verengt werden können und eventuell ihre vorgegebenen Arbeitspunkte nicht mehr erreichen. Aus den 3D-CAD Zeichnungen der Prüfstandskonstruktion kann ein FEM Modell des Schlittens abgeleitet und entsprechend der realen Eigenschaften der Magnetmodule und Antriebe mit Randbedingungen, Lagersteifigkeiten und Kräften beaufschlagt werden. Ergänzend werden den einzelnen Strukturelementen Materialparameter zugeordnet. Damit ergibt sich ein Grundmodell des Verfahrschlittens nach Bild 5.7, mit dem alle folgenden Berechnungen zur Ermittlung der mechanischen Struktursteifigkeit und der zu erwartenden Verformungen durchgeführt werden. Entsprechend den Anforderungen und Besonderheiten der jeweiligen Konstruktionsvariante wird das Grundmodell modifiziert. Grundsätzlich reicht aufgrund der vorherrschenden Symmetrien in zwei Achsen die Betrachtung eines Viertels des Gesamtmodells aus.

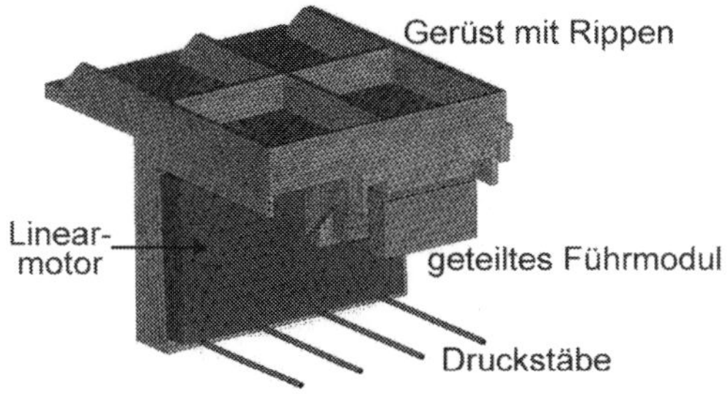

Bild 5.8: FEM Teilmodell des Verfahrschlittens mit geschlossenem Profil
FEM partial model of the moving slide with a closed profile

Zur Darstellung der Verformungen in einem geschlossenen Profil wird das grundlegende Berechnungsmodell durch Druckstäbe ergänzt, siehe Bild 5.8. Trotz des geschlossenen Profils sind auf der Oberseite des Schlittens bereits Versteifungsrippen mit einer Stärke von 20 mm und einer Höhe von 50 mm als zusätzliche Elemente vorgesehen. Nicht modelliert wird in diesem Fall der Einfluss einer weiteren, dünnen Abdeckplatte, die auf der Schlittenoberseite wieder eine geschlossene Fläche für den Betrieb des Prüfstands zur Verfügung stellt. Um ein möglichst geringes Gewicht des bewegten Schlittens zu erzielen und damit die zur Beschleunigung notwendige Motorleistung zu begrenzen, wird vorläufig eine Aluminiumlegierung als Grundmaterial der Schlittenstruktur gewählt. Aus dem berechneten Gewicht werden anhand der Ergebnisse aus Kapitel 4 Kräfte für die einzelnen Magnetmodule abgeleitet, während die Kenndaten der Motorkräfte der Beschreibung nach Abschnitt 5.3 entsprechen.

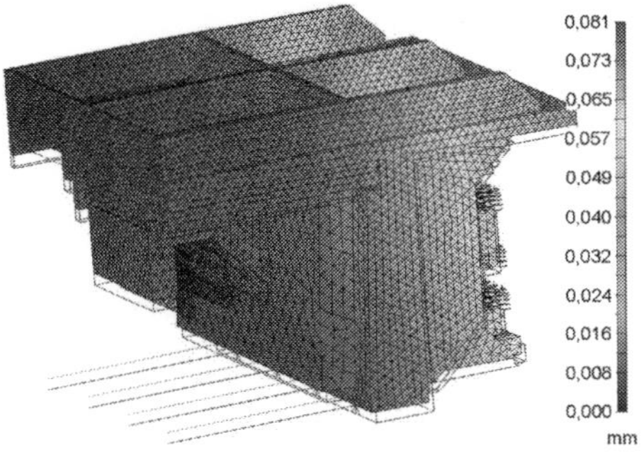

Bild 5.9: FEM Ergebnisse der statischen Verformung bei geschlossenem Schlittenprofil
FEM results of static deformation with a closed slide profile

Die beispielhafte Darstellung von Berechnungsergebnissen in Bild 5.9 zeigt für diesen Schlitten durch die statischen Kräfte eine maximale Verformung von 0,08 mm in den Linearmotoren. Die relevante Verformung in den Luftspalten der Magnetmodule überschreitet als räumliche Verlagerung an keiner Stelle 0,05 mm. Dies berücksichtigt noch nicht, dass sowohl in den Magnetmodulen als auch in den Motoren nur die Verformung in jeweils einer Raumrichtung sich tatsächlich auf die Luftspalthöhe und damit auf die entsprechenden magnetischen Kreise auswirkt. Querverschiebungen im rechten Winkel zur Luftspalthöhe haben nur einen sehr geringen Einfluss auf die resultierenden Kräfte. Auch die Empfindlichkeit gegenüber der Verformung ist unterschiedlich, da die Höhe der Luftspalte in den Magnetmodulen nur etwa den halben Nennwert der Motorluftspalte hat. Dementsprechend weisen die berechneten Werte darauf hin, dass ein geschlossenes Schlittenprofil sich erwartungsgemäß trotz des verhältnismäßig geringen Elastizitätsmoduls von Aluminium kaum verformt und so den Betrieb des Prüfstands ermöglicht. Gleichzeitig profitiert die Antriebsauslegung signifikant von dem verhältnismäßig geringen Gewicht des Schlittengerüsts.

Bedingt durch die Notwendigkeit, für ein geschlossenes Schlittenprofil einen aufgeständerten Zentralträger in der Vorschubachse vorzusehen, werden alternativ eine Reihe von offenen Schlittenprofilen mit Aluminiumgerüst und unterschiedlich dimensionierten Stützelementen simuliert, um entsprechende Deformationen zu ermitteln.

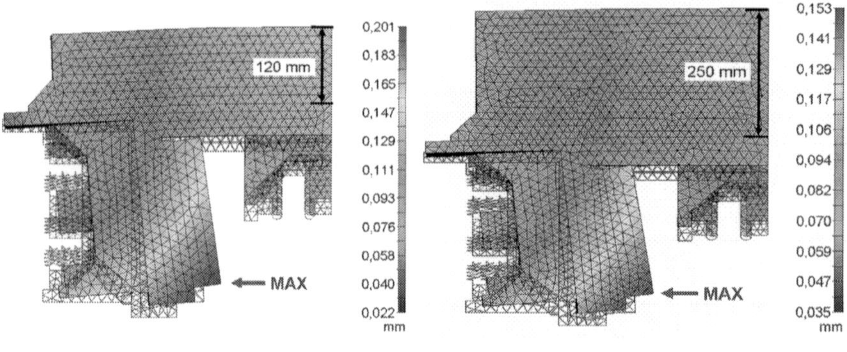

Bild 5.10: Statische Verformung für zwei Varianten eines Aluminiumschlittens
Static deformation of two different versions of an aluminum slide

Aufgrund des geringen Elastizitätsmoduls von Aluminium müssen bei einem offenen Profil die Versteifungen des Schlittengerüsts deutlich verstärkt werden, um die Verformung der Struktur zu begrenzen. Am vorteilhaftesten wirkt sich aufgrund der Ausrichtung der dominanten Störkräfte normal zu den vertikalen Linearmotoren eine Erhöhung der Versteifungsrippen auf der Oberseite des Schlittens aus. Bild 5.10 stellt zwei beispielhafte Varianten mit unterschiedlichen Aufbauhöhen aus Stützrippen und einer zusätzlichen Abdeckplatte gegenüber. Zusätzlich zur Variation der Rippenstruktur auf der Oberseite des Schlittens in Höhe und Dicke werden für diese Varianten die Knotenbleche und Versteifungsrippen auf der Unterseite so weit wie möglich verstärkt. Weiterhin werden stählerne Konturplatten berücksichtigt, die vor den beiden Stirnseiten des Schlittens verlaufen und ebenfalls der Verbiegung der Hauptträger entgegenwirken.

Bei einer Gesamthöhe des Aufbaus von 120 mm wird eine maximale Gesamtverlagerung von 0,2 mm in den Luftspalten der Linearmotoren erreicht. Selbst wenn diese Höhe mehr als verdoppelt wird, geht die Verformung nur auf 0,15 mm zurück. Diese Angaben beziehen sich erneut auf die Gesamtverlagerung im Raum. Für die Motorluftspalte ist hauptsächlich die Verformung in der horizontalen y-Richtung relevant, während für die Spalten der Magnetmodule die vertikale z-Richtung von Bedeutung ist. Entsprechend der FEM Simulation ergibt sich eine maximale Änderung der Magnetluftspalte um etwa 0,07 mm, während in den Motoren im unteren Bereich Verformungen bis zu knapp 0,15 mm auftreten.

In weitergehenden Simulationen werden die Materialdaten des Schlittengerüsts an eine Stahlstruktur angepasst, um die Abmaße der Versteifungselemente trotz geöffnetem Schlittenprofil reduzieren zu können. Die Materialänderung eröffnet durch die Erhöhung des Elastizitätsmoduls von ca. 70 kN/mm² auf 210 kN/mm² weitreichende Möglichkeiten in der konstruktiven Auslegung. Die endgültige Höhe der Rippenstruktur auf der Oberseite wird nach Auswertung einer automatisierten Simulationsreihe von Parametervariationen auf 50 mm bei einer Dicke von 20 mm festgelegt. Diese Struktur wird mit einer abschließenden Aluminiumplatte von weiteren 20 mm Höhe abgedeckt, so dass eine geschlossene Arbeitsfläche entsteht.

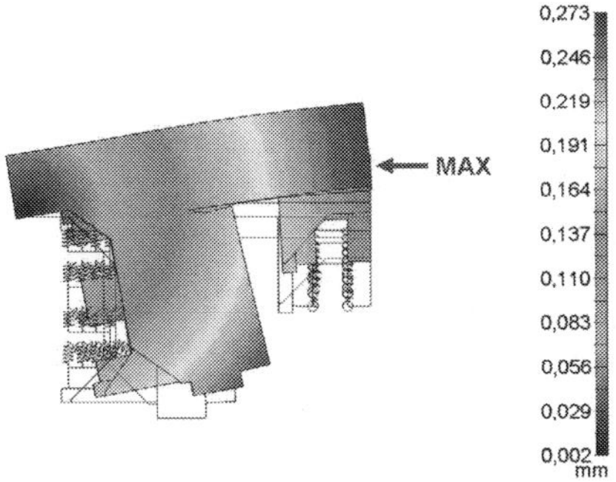

Bild 5.11: Statische Gesamtverformung eines Stahlschlittens mit 50 mm hohem Aufbau

Total static deformation of a steel slide with a 50 mm top structure

Das Stahlgerüst mit den reduzierten Versteifungen weist nach Bild 5.11 unter dem Einfluss der Motornormalkräfte eine maximale, statische Gesamtverformung von 0,27 mm an der Oberseite auf. Bild 5.12 isoliert die relevanten Raumrichtungen und zeigt eine maximale Verengung der Magnetluftspalte von etwa 0,04 mm, während in den Motoren im untersten Bereich mit fast 0,2 mm Deformation gerechnet werden muss. Diese maximale Verbiegung betrifft wie auch in der Aluminiumstruktur nur einen geringen Teil der aktiven Linearmotorfläche, so dass die Beeinträchtigung der Funktion für eine prototypische Umsetzung vernachlässigt oder sogar konstruktiv im mechanischen Aufbau vorgehalten werden kann. Die Verschiebung in den Magnetluftspalten ist unter Berücksichtigung der deutlich verkleinerten Versteifungen proportional geringer als in den vorhergehenden Aluminiumvarianten.

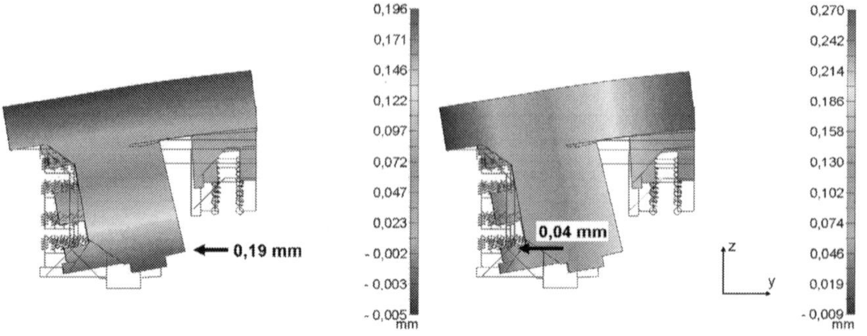

Bild 5.12: Verformungsanteile in y-Richtung (links) und z-Richtung (rechts) für den Stahlschlitten

Deformation shares in the y-axis (left) and z-axis (right) of the steel slide

Zusätzlich ist auch die Verschiebung in z-Richtung am Magnetmodul in allen vier parallelen Luftspalten sehr gleichmäßig und kann mechanisch kompensiert werden. Eine weitere Verringerung der Deformation im Bereich der Motorluftspalte verlangt eine überproportionale Erhöhung der Versteifungen und führt zu einer rapiden Zunahme des Schlittengewichts. Die höhere Masse ist insgesamt der größte Nachteil der Stahlkonstruktion. Die Auslegung des Aluminiumgerüsts erreicht eine Masse von ungefähr 120 - 150 kg. Das Gesamtgewicht des tatsächlich realisierten Stahlgerüsts liegt ohne die aktiven Komponenten bereits bei etwa 340 kg. Damit ergibt sich bei gegebener Motorleistung ein starker Rückgang der erreichbaren Dynamik der Vorschubachse. Demgegenüber steht die Möglichkeit das kompaktere Stahlgerüst als offenes Profil auszulegen und den Zentralträger durchgehend mit dem Fundament zu verbinden. In den Aluminiumvarianten sind die Ausmaße der notwendigen Versteifungselemente zur Begrenzung der Verformung dafür zu umfangreich.

5.1.4 Realisiertes Konzept der Vorschubachse

Realized concept of the feed axis

Letztendlich bedingen die aufwändigere Konstruktion und Fertigung eines Aluminiumgerüsts sowie die überproportionale Kostensteigerung für eine prototypische Umsetzung unter Laborbedingungen den Aufbau des Schlittens als Stahlkonstruktion.

In der endgültigen Umsetzung der integrierten Konzeption wird auf das geschlossene Schlittenprofil verzichtet, um den Zentralträger auf der ganzen Länge im Fundament verankern zu können. Die große Spannweite des Trägers lässt auch bei sorgfältiger Gestaltung des Querschnitts eine zu hohe Anfälligkeit für Schwingungen durch den Betrieb der Vorschubachse erwarten. Jegliche Querschwingung löst als zusätzlichen Einfluss eine Schwankung der Motornormalkräfte von fast 9 N/µm aus und stört damit das instabile Gleichgewicht der Doppelkammanordnung im Arbeitspunkt. Da der

Träger zusätzlich das Rückschlussjoch der Seitenführungsmagnete enthält, muss mit merkbaren Rückwirkungen auf die Magnetführung gerechnet werden.

Alternativ zu dem geschlossenen Profil wird die mechanische Steifigkeit des Schlittens durch die Auslegung der Stützelemente entsprechend den Ergebnissen der FEM-Simulationen zur Strukturdeformation erhöht. Bild 5.13 zeigt den aufgebauten Verfahrschlitten nach der Montage.

Bild 5.13: Prototyp des Verfahrschlittens nach der Montage
Assembled prototype of the moving slide

Während der Installation des Schlittens in die Verfahrstrecke wird die Position des Schlittens durch die in Bild 5.4 und Bild 5.6 sichtbaren Wälzführungen stabilisiert. Sobald die Verbindung zu diesen Führungen gelöst wird, müssen jederzeit die starken permanentmagnetischen Kräfte berücksichtigt werden, die in den Luftspalten der Führungsaktoren und vor allem in den Motorluftspalten auftreten. Zur Sicherstellung von minimalen Luftspalten sind die Halterahmen aller Magnetmodule, wie in Abschnitt 4.3.1 beschrieben, mit Anschlagkanten versehen, die über ihre krafterzeugenden Flächen hinausragen. Ohne diese mechanischen Begrenzungen könnte es sowohl in den Motoren als auch in den Modulen zu Kontakten zwischen den Permanentmagneten und den Jochen kommen, die aufgrund der dann extrem starken Anziehungskräfte nur mit höchstem Aufwand wieder getrennt werden könnten.

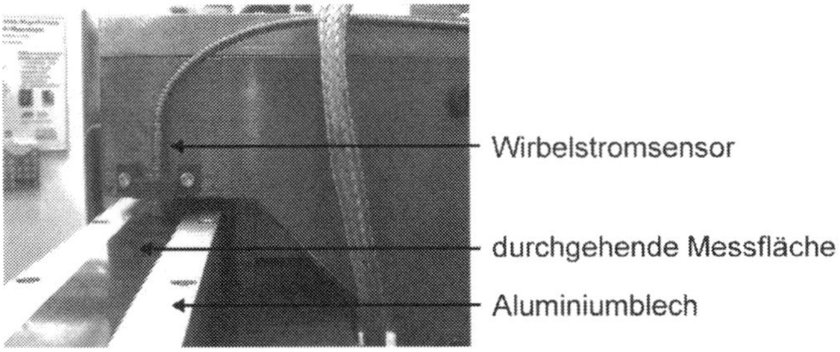

Bild 5.14: Detailansicht eines Luftspaltsensors mit durchgehender Zielfläche
Detail of an air gap sensor with uninterrupted target plane

Für den Betrieb der Führung muss gegenüber dem Einzelmagnetprüfstand (EMP) auch die Messung der Luftspalte in den Magnetaktoren modifiziert werden, um die Verfahrbewegung der Vorschubachse einzubeziehen. Das Messverfahren nach Abschnitt 4.3.1 bleibt bestehen, so dass lediglich sichergestellt werden muss, dass die Oberseiten der Vertikaljoche bzw. die Innenseite des Zentralträgers eine durchgehende, ebene Fläche mit ausreichender Oberflächenqualität zur Verfügung stellen. Wie bereits am EMP wird die Zielfläche der Sensoren durch ein geschliffenes Aluminiumblech von den magnetischen Flüssen im Inneren des Joches entkoppelt. Darauf folgt als eigentliche Messfläche ein durchgehendes Federstahlband präziser Dicke, das unter einer klebenden Deckschicht aufgespannt ist, siehe Bild 5.14 und Bild 5.1. Dieser Aufbau vermeidet eine Zwischenschicht variierender Stärke durch die Klebeverbindung und präsentiert dem Sensor eine hochebene Zielfläche aus homogenem Material und ohne störende Stoßstellen zwischen einzelnen Schienenabschnitten.

Bild 5.15 zeigt den fertig montierten Prototyp der Vorschubachse in seiner ersten Ausbaustufe. Erst nach der Erstinbetriebnahme und der Erprobung des Systems, werden nachträglich die Motorsekundärteile montiert. Damit entfallen vorläufig die Störkräfte durch die Motornormalkräfte und die dynamische Belastung auf die Führung sinkt deutlich. Allerdings muss so auch auf den Effekt der Gewichtskraftkompensation verzichtet werden. Das volle Gewicht des montierten Schlittens von insgesamt 660 kg lastet damit auf den vier Tragmagneten.

Als abschließendes Detail des mechanischen Aufbaus sind in Bild 5.15, wie auch schon in Bild 5.4, die abgedeckten Kühlkanäle auf der Außenseite der Rückschlussjoche zu erkennen. Sie durchziehen den Rücken der massiven Jochkörper und sind Teil einer Wasserkühlung. Die Versuche am EMP zeigten im Dauerbetrieb seines Moduls eine Erwärmung seines kurzen Joches auf ca. 50 – 60 °C. Die Länge der Verfahrstrecke und die geplante Bewegung des Schlittens lässt eine verbesserte Wärmeverteilung und –abstrahlung erwarten, dennoch wird zu Versuchszwecken die Möglichkeit der aktiven Kühlung vorgesehen.

Bild 5.15: Montierter Prototyp der Vorschubachse ohne Motorsekundärteile
Assembled prototype of the feed axis without the motor's secondary parts

5.1.5 Elektrischer Aufbau

Electrical set-up

Die elektrische Versorgung der Magnetführung ist in einem zentralen Schaltschrank gebündelt. Ihr Aufbau entspricht den in Abschnitt 4.3.1 detaillierten Komponenten und der in Bild 4.25 dargestellten Verschaltung. Dementsprechend besteht die Prüfstandselektrik aus den sechs Umrichtern BA30-320-S der Firma Aerotech zur Ansteuerung der Magnetmodule, einer separaten Strommessung jeder Magnetzuleitung, sowie den Elektronikkomponenten zur Aufbereitung und Filterung der Sensorsignale und einer Reihe von notwendigen Sicherheitsfunktionen des Gesamtaufbaus. Die integrierte Notaus-Kette überwacht die Zustandssignale der einzelnen Umrichter und die am Prüfstand verteilten, manuellen Taster und bietet außerdem bereits die Möglichkeit einer Kopplung mit der späteren Antriebsregelung. Da die einphasig genutzten Umrichter mit ihren separaten Zwischenkreisen je nach der Beladung des Schlittens das Versorgungsnetz unsymmetrisch belasten, muss der Prüfstand durch einen Transformator entkoppelt werden.

Die parallele, unabhängige Versorgung der leistungsstarken Linearmotoren erfolgt durch einen separaten Sinamics-Umrichter der Firma Siemens [SIEM09a] und ermöglicht über eine konventionelle PI-Kaskadenregelung einen Maximalstrom von über 90 A pro Motor bei einer Anschlussleistung von 120 kW. Das hohe Schlittengewicht in Kombination mit den geforderten Bewegungsprofilen und der Streckenlänge erfordert diese besonders leistungsstarke Versorgung.

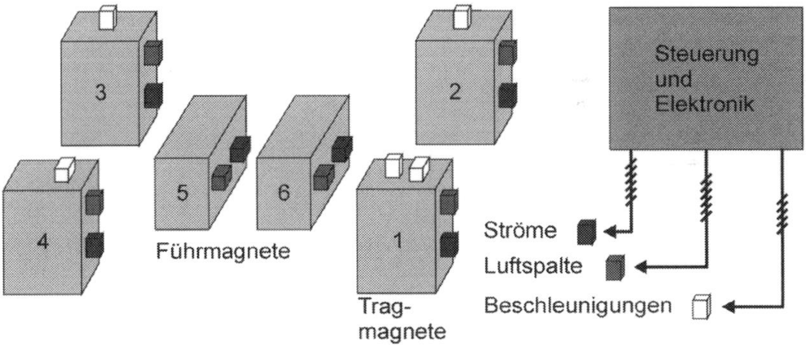

Bild 5.16: Prinzipskizze der elektrischen Zuleitungen für die einzelnen Magnetmodule

Schematic diagram of the electrical leads for each magnet module

Bild 5.16 skizziert die Verteilung der Zuleitungen auf die einzelnen Magnetmodule. Jeder Aktor ist mit einer Stromversorgung ausgestattet, die ihn mit seinem Umrichter verbindet. Außerdem ist jedem Modul räumlich ein Wirbelstromsensor zugeordnet, die allerdings nicht zur lokalen Luftspaltregelung eingesetzt werden, sondern gemeinsam die Gesamtlage des Schlittens bestimmen und daraus Korrekturwerte für die einzelnen Freiheitsgrade ableiten, siehe Kapitel 5.2.1. Auch die dargestellten Beschleunigungssignale werden zu übergeordneten Bewegungssignalen kombiniert und können in die Freiheitsgradregelung integriert werden. Die Positionierung der fünf Beschleunigungssensoren erfolgt an geeigneten Orten am Gerüst des Verfahrschlittens und orientiert sich nur bedingt an einer Zuordnung zu einzelnen Magnetmodulen. Zu diesem Zweck wird das Grundgerüst angenähert als ideal steif angenommen, so dass die Beschleunigungen unverfälscht übertragen werden. Die Drehrichtung der Anschlüsse an den einzelnen Modulen symbolisiert in der Abbildung die Wirkrichtung des zugehörigen Sensors bzw. des gesamten Aktors.

Sämtliche Zuleitungen zu den Führungsaktoren, Antriebsmotoren und Sensoren werden über eine Energieführungskette auf den bewegten Schlitten geleitet, so dass eine definierte Leitungsführung gewährleistet ist. Diese macht sich im Betrieb der Magnetführung vor der Montage der Linearmotoren als leichter Störeinfluss bemerkbar, da sie eine leichte mechanische Zugkraft ausübt und damit zu einer langsamen Bewegung des reibungsfrei gelagerten Schlittens in Vorschubrichtung führt.

5.2 Erweiterung der Schweberegelung auf fünf Freiheitsgrade

Extension of the levitation control to five degrees of freedom

Die Ansteuerung der berührungslosen Führung der Vorschubachse verwendet die PI-Zustandsregelung, die entsprechend Kapitel 4.2.1 für den Einzelmagnetprüfstand implementiert wurde, und auch die Steuerungshardware der Firma dSPACE nach Abschnitt 4.3.1 kommt weiterhin zum Einsatz. Die einfachste Umsetzung der Regelung steuert die einzelnen Magnetmodule über eigene Regelkreise mit individuellen Sollvorgaben für die Luftspalte an. Dieses Verfahren berücksichtigt jedoch nicht die mechanische Kopplung der Module durch das Schlittengerüst und die Überbestimmung der Tischebene, deren Höhe und Parallelität zum Boden von insgesamt vier Modulen beeinflusst wird. Ausreichend zur Definition und Justierung der Ebene sind drei Aktoren. Durch die Überbestimmung und den nichtidealen Aufbau des Prüfstands ist die individuelle Ansteuerung der Magnete nicht optimal. Sie arbeiten teilweise gegeneinander und schränken so die Leistung der Führung ein.

Ein alternatives Ansteuerungskonzept basiert auf der Implementierung einer Freiheitsgradregelung. Die grundlegenden Überlegungen dazu gehen auf die Arbeiten von TIESTE zurück [TIES97]. Die Freiheitsgradregelung transformiert die eingehenden Signale der Magnetluftspalte in die Orientierung des Tisches und regelt die einzelnen Freiheitsgrade direkt. Die resultierenden Stellsignale müssen dann jeweils wieder in Ansteuersignale für die spezifischen Magnete zurücktransformiert und die Anteile für die Regelung der unterschiedlichen Freiheitsgrade an den einzelnen Magneten überlagert werden. Auf diese Weise werden die mechanischen Kopplungen vollständig berücksichtigt und die Magnete erhalten ein optimiertes Stromsignal, so dass sie effektiv zur Steifigkeit des Gesamtsystems beitragen.

Bild 5.17 zeigt anschaulich den Unterschied in der Stabilität einer Einzelmagnetregelung gegenüber einer Freiheitsgradregelung. In beiden Fällen wird der Tisch aus einem stabilen Schwebezustand heraus mit einer impulsförmigen Störkraft beaufschlagt. Die resultierenden Schwankungen sind im Falle der Einzelmagnetregelung um ein vielfaches heftiger und langanhaltender.

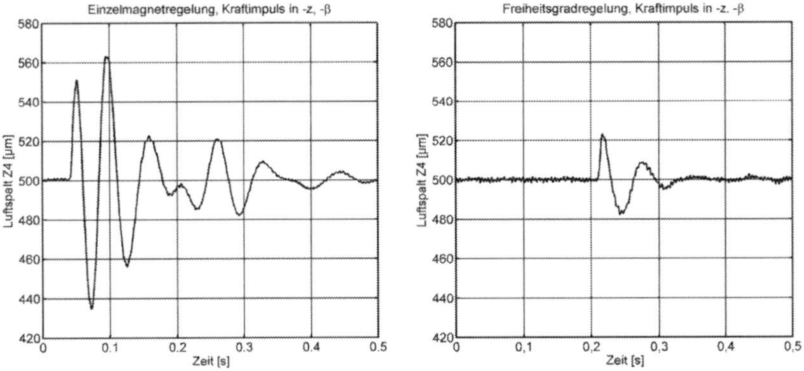

Bild 5.17: Vergleich des Schwingungsverhaltens an einem Tragmodul mit Einzelmagnetregelung (links) und einer frühen Version der Freiheitsgradregelung (rechts)

Comparison of the oscillations at a vertical magnet module featuring single magnet control (left) and an early version of the Degree-of-Freedom control

Über die notwendige Regelungsfunktion hinaus, die nur der Einhaltung der Sollposition des Schlittens dient, kann die Regelung auch noch zusätzliche Aufgaben übernehmen. Möglich ist die angepasste Veränderung der Sollvorgabe, um z.B. eine Feinpositionierung in mehreren Freiheitsgraden vorzunehmen. Darüber hinaus wird in Abschnitt 5.2.2 eine Vorsteuerung zur Unterdrückung bekannter, sich wiederholender Störeinflüsse vorgestellt. Handelt es sich z.B. um eine prozessbedingte Schwingung, deren Eigenschaften identifizierbar sind, kann dieser Störung mit dynamisch modifizierten Sollwerten entgegengewirkt werden.

5.2.1 Modellbildung der Vorschubachse für eine entkoppelte Freiheitsgradregelung

Modeling of the feed axis for a decoupled Degree-of-Freedom control

Die Erweiterung der einachsigen Schweberegelung des Einzelmagnetprüfstands auf die Kontrolle einer räumlichen Gesamtbewegung führt zu einer Betrachtung der Vorschubachse als Mehrkörpersystem. Während Fundament und Strecke als starr und unbewegt angenommen werden, sind die auf den bewegten Schlitten wirkenden Momente und Kräfte die relevanten Einflussgrößen. Dabei ist zu beachten, dass die Lage des Schwerpunktes des Schlittens sich durch seinen Beladungszustand ändern kann. Daher wird für die weitere Modellbildung ein körperfester Bezugspunkt B eingeführt, der als Betrachtungspunkt dient und durch seinen Abstand zum Schwerpunkt S Drehmomente in die Betrachtung einfließen lässt. Bild 5.18 führt das Koordinatensystem der Freiheitsgrade für die Vorschubachse ein und illustriert die Relation des Schwerpunktes zu dem beliebigen Betrachtungspunkt B.

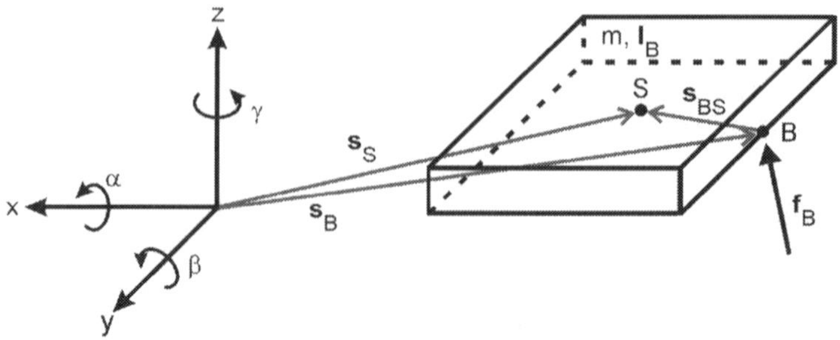

Bild 5.18: Starrkörper des Schlittens im Koordinatensystem der Vorschubachse mit Schwerpunkt S und körperfestem Punkt B

Inflexible body of the slide in the coordinate system of the feed axis featuring the center of gravity S and the fixed reference point B

Durch die Gesamtbetrachtung der Schlittenbewegung im Raum erweitert sich die Newtonsche Dynamikgleichung der Impulsänderung 4.5 zu einer Vektordarstellung. Sie bildet auch hier die Grundlage der Modellierung des Schlittenverhaltens und nimmt die im Folgenden abgeleiteten Transformationen zwischen der lokalen Betrachtung der Einzelmodule und der Darstellung der Freiheitsgrade auf. Zur Unterscheidung werden die lokalen Größen mit dem Index A gekennzeichnet, während in die freiheitsgradbezogenen Variablen der Bezugspunkt durch den Index B einfließt.

$$\mathbf{M} \cdot \ddot{\mathbf{q}}_B = \mathbf{f}_B \tag{5.1}$$

Der zweifach differenzierte Luftspalt des Einzelmagnetmoduls wird hierbei zu dem translatorischen und rotatorischen Lagevektor der Führung ausgebaut.

$$\mathbf{q}_B = \begin{pmatrix} y & z & \alpha & \beta & \gamma \end{pmatrix}^T \tag{5.2}$$

Die Vorschubrichtung x wird nicht berücksichtigt, da sie nicht von der Magnetführung, sondern nur von den Antriebsmotoren beeinflusst werden kann. In Kapitel 5.3 werden Modell und Regelung gesondert um ihre Einflüsse erweitert. Analog zu $\mathbf{q}_B$ expandiert die resultierende Kraft zu einem Vektor aus Kräften und Drehmomenten.

$$\mathbf{f}_B = \begin{pmatrix} F_y & F_z & M_\alpha & M_\beta & M_\gamma \end{pmatrix}^T \tag{5.3}$$

Und schließlich erfolgt die Kopplung von Beschleunigungen und Kräften nicht mehr ausschließlich über die skalare, translatorisch bewegte Masse, sondern wird um die translatorischen und rotatorischen Einflüsse aus Drehimpulsänderungen zu einer Massenmatrix erweitert.

$$\mathbf{M} = \begin{pmatrix} m & 0 & mz_{BS} & 0 & -mx_{BS} \\ 0 & m & -my_{BS} & mx_{BS} & 0 \\ mz_{BS} & -my_{BS} & I_{Bxx} & I_{Bxy} & I_{Bxz} \\ 0 & mx_{BS} & I_{Byx} & I_{Byy} & I_{Byz} \\ -mx_{BS} & 0 & I_{Bzx} & I_{Bzy} & I_{Bzz} \end{pmatrix} \tag{5.4}$$

Die Elemente der Nebendiagonalen in der Matrix beschreiben unerwünschte Wechselwirkungen zwischen den einzelnen Freiheitsgraden, die von der als veränderlich angenommenen Lage des Schwerpunktes in Relation zum Bezugspunkt abhängen. Bei unbekannten Schwerpunktlagen ist es generell notwendig, die Besetzung der Massenmatrix über eine Parameteridentifikation zu ermitteln. Die Methoden zur Identifikation werden ausführlich in [TIES97] behandelt.

Das zentrale Element in der Integration der Freiheitsgraddarstellung in das Verhaltensmodell der Führung ist die Zuordnung der Kraftrichtungen der einzelnen Magnetmodule zu den definierten Freiheitsgraden. Auf diese Weise wird ihr Wirkanteil an den einzelnen Regelkreisen festgelegt. Bild 5.19 zeigt eine Schemazeichnung der Magnetanordnung unter Berücksichtigung der Abstände zwischen konzentrierten Kraftwirkungspunkten und den jeweils positiven Kraftrichtungen der Module. Zusätzlich wird die Bewegung im Freiheitsgrad α als erläuternde Detaildarstellung ergänzt.

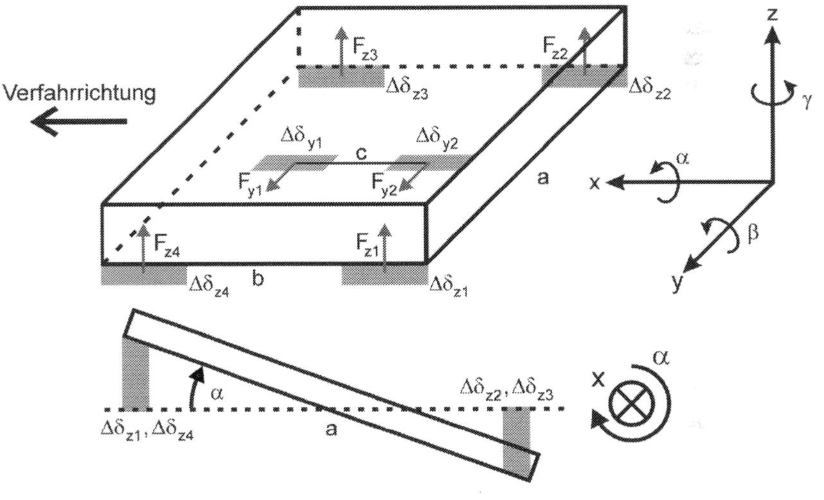

Bild 5.19: Definition der Positionen und Kraftrichtungen der einzelnen Magnetmodule
Definition of positions and force orientations of the individual magnet modules

Aus Bild 5.19 ergeben sich die folgenden, vorzeichenrichtigen Zuordnungen der Einzelmagnete zu den Freiheitsgraden. In den translatorischen Richtungen addieren sich die Verschiebungen auf, während in den Rotationsrichtungen Winkelbeziehungen unter der Annahme geringer Verdrehungen ausgewertet werden.

$$y = \frac{1}{2}\left(\Delta\delta_{y1} + \Delta\delta_{y2}\right)$$
$$z = \frac{1}{4}\left(\Delta\delta_{z1} + \Delta\delta_{z2} + \Delta\delta_{z3} + \Delta\delta_{z4}\right) \tag{5.5}$$

$$\begin{aligned} \alpha &= \frac{1}{2a}\left(\Delta\delta_{z1} - \Delta\delta_{z2} - \Delta\delta_{z3} + \Delta\delta_{z4}\right) \\ \beta &= \frac{1}{2b}\left(\Delta\delta_{z1} + \Delta\delta_{z2} - \Delta\delta_{z3} - \Delta\delta_{z4}\right) \\ \gamma &= \frac{1}{c}\left(\Delta\delta_{y1} - \Delta\delta_{y2}\right) \end{aligned} \tag{5.6}$$

Werden die einzelnen Differenzluftspalte der Magnetmodule analog zu $\mathbf{q}_B$ in Gleichung 5.2 in einem Vektor zusammengefasst, so ergibt sich $\mathbf{\Delta\delta}_A$.

$$\mathbf{\Delta\delta}_A = \left(\Delta\delta_{z1} \quad \Delta\delta_{z2} \quad \Delta\delta_{z3} \quad \Delta\delta_{z4} \quad \Delta\delta_{y1} \quad \Delta\delta_{y2}\right)^T \tag{5.7}$$

Die Transformation von $\mathbf{\Delta\delta}_A$ nach $\mathbf{q}_B$ wird durch die Berechnung der Jacobi-Matrix $\mathbf{J}_{AB}$ kompakt dargestellt und in die Signalverarbeitung der Regelung integriert. Analog der Luftspalte werden auch die Ströme mittels $\mathbf{J}_{AB}$ in die Freiheitsgraddarstellung transformiert und stehen den entsprechenden Regelkreisen zur Verfügung.

$$\mathbf{J}_{AB} = \frac{\partial \mathbf{q}_B}{\partial \mathbf{\Delta\delta}_A^T} = \begin{pmatrix} \frac{\partial y}{\partial \Delta\delta_{z1}} & \frac{\partial y}{\partial \Delta\delta_{z2}} & \cdots & \frac{\partial y}{\partial \Delta\delta_{y2}} \\ \frac{\partial z}{\partial \Delta\delta_{z1}} & \frac{\partial z}{\partial \Delta\delta_{z2}} & \cdots & \frac{\partial z}{\partial \Delta\delta_{y2}} \\ \vdots & & & \vdots \\ \frac{\partial \gamma}{\partial \Delta\delta_{z1}} & \frac{\partial \gamma}{\partial \Delta\delta_{z2}} & \cdots & \frac{\partial \gamma}{\partial \Delta\delta_{y2}} \end{pmatrix} = \begin{pmatrix} 0 & 0 & 0 & 0 & \frac{1}{2} & \frac{1}{2} \\ \frac{1}{4} & \frac{1}{4} & \frac{1}{4} & \frac{1}{4} & 0 & 0 \\ \frac{1}{2a} & -\frac{1}{2a} & -\frac{1}{2a} & \frac{1}{2a} & 0 & 0 \\ \frac{1}{2b} & \frac{1}{2b} & -\frac{1}{2b} & -\frac{1}{2b} & 0 & 0 \\ 0 & 0 & 0 & 0 & \frac{1}{c} & -\frac{1}{c} \end{pmatrix} \tag{5.8}$$

Entscheidend für die Transformation der rotatorischen Freiheitsgrade sind die Abstände a, b und c der einzelnen Wirkungspunkte, siehe Bild 5.19. Diese sind je nach Anwendung als Kraft-, Strom- oder Luftspalttransformation leicht unterschiedlich. Sie beziehen sich auf die Abstände der Magnetmodule selbst oder auf die Positionen der Luftspaltsensoren, die außerhalb der Module angebracht sind, und werden in den folgenden Gleichungen und Bildern gegebenenfalls durch die Indizes „mag“ und „sen“ gekennzeichnet. Entsprechend der Transformation von lokalen Größen in die Freiheitsgraddarstellung $\mathbf{J}_{AB}$ ist auch eine Rücktransformation $\mathbf{J}_{BA}$ darstellbar.

$$\mathbf{J}_{BA} = \frac{\partial \mathbf{\Delta\delta}_A}{\partial \mathbf{q}_B^T} = \begin{pmatrix} 0 & 1 & \frac{a}{2} & \frac{b}{2} & 0 \\ 0 & 1 & -\frac{a}{2} & \frac{b}{2} & 0 \\ 0 & 1 & -\frac{a}{2} & -\frac{b}{2} & 0 \\ 0 & 1 & \frac{a}{2} & -\frac{b}{2} & 0 \\ 1 & 0 & 0 & 0 & \frac{c}{2} \\ 1 & 0 & 0 & 0 & -\frac{c}{2} \end{pmatrix} \tag{5.9}$$

Da die Matrizen nicht quadratisch sind, können sie nicht durch eine direkte Invertierung ineinander überführt werden. Es ist existiert allerdings die Möglichkeit einer Pseudo-Invertierung von $\mathbf{J}_{BA}$ in $\mathbf{J}_{AB}$.

$$\Delta\delta_A = \mathbf{J}_{BA} \cdot \mathbf{q}_B \quad \Rightarrow \quad \underbrace{\left(\mathbf{J}_{BA}^{T} \cdot \mathbf{J}_{BA}\right)^{-1} \cdot \mathbf{J}_{BA}^{T}}_{\mathbf{J}_{AB}} \cdot \Delta\delta_A = \mathbf{q}_B \tag{5.10}$$

Bild 5.20 zeigt die Umsetzung der Transformationen für die Zustandsgrößen in die Freiheitsgrade, die Aufteilung auf die einzelnen Regelkreise und die Rücktransformation der resultierenden Steuerspannungen in Ansteuersignale für die lokalen Magnetmodule. Dieses Modell kann unmittelbar in die Steuerungshardware des Prüfstands übernommen werden.

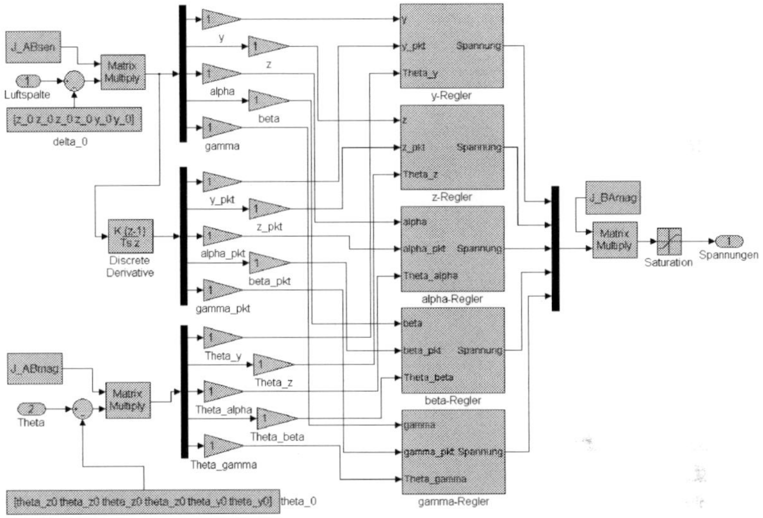

Bild 5.20: Simulink Umsetzung der Transformationen zwischen lokalen Größen und Freiheitsgraden für die einzelnen Regler

Simulink representation of the transformations between local values and Degree-of-Freedom parameters for the individual controllers

Für die grundsätzliche Implementierung der Regelung wird der körperfeste Bezugspunkt zur Ermittlung der Massenmatrix **M** in den Schwerpunkt des Schlittens gelegt. Auf diese Weise reduziert sich **M** zu einer reinen Diagonalmatrix, die einfach zu identifizieren und zu invertieren ist und für die Inbetriebnahme der Vorschubachse vorläufig ausreicht. Die Vernachlässigung der Nebendiagonalelemente ist die Voraussetzung für die in Bild 5.20 gezeigte Entkopplung der fünf parallelen Freiheitsgradregler. Damit vereinfachen sich der Aufbau und die Parametrierung der Regelung deutlich. Im Verlauf der Motorintegration müssen aufgrund der Neigung und der räumlichen Abstände der Störkräfte zum Schwerpunkt einzelne Kopplungen der Freiheitsgrade wieder eingeführt werden, siehe Kapitel 5.3.

Zusätzlich zu den Strömen und Luftspalten müssen auch die lokalen Magnetkräfte des Gesamtvektors $\mathbf{f}_A$ in die Freiheitsgraddarstellung transformiert werden.

$$\mathbf{f}_A = \left(F_{z1} \quad F_{z2} \quad F_{z3} \quad F_{z4} \quad F_{y1} \quad F_{y2}\right)^T \tag{5.11}$$

Die Transformation in $\mathbf{f}_B$ erfolgt analog zu den Gleichungen 5.5 und 5.6 und wird in einer weiteren Jacobi-Matrix zusammengefasst, die formal der transponierten Form von $\mathbf{J}_{BA}$ entspricht. Zusätzlich werden an dieser Stelle die statische Gewichtskraft des Schlittens $\mathbf{f}_g$ und die Wirkung von Störkräften und –momenten eingebracht.

$$\mathbf{f}_B = \mathbf{J}_{BA}^T \cdot \mathbf{f}_A + \underbrace{\left(0 \quad m \cdot g \quad 0 \quad 0 \quad 0\right)^T}_{\mathbf{f}_g} + \mathbf{f}_{stör} \tag{5.12}$$

Für die Modellierung der Magnetführung mit der Freiheitsgraddarstellung für Luftspalte und Kräfte und ihrer Rücktransformation ergibt sich die Beschreibung des lokalen Luftspaltverhaltens $\Delta\boldsymbol{\delta}_A$ entsprechend der Gleichungen 5.1 bis 5.12 und unter Berücksichtigung der Ausgangslage $\mathbf{q}_{B0}$ wie folgt:

$$\Delta\boldsymbol{\delta}_A = \mathbf{J}_{BA} \cdot \left(\iint \underbrace{\mathbf{M}^{-1} \cdot \left(\mathbf{J}_{BA}^T \cdot \mathbf{f}_A + \mathbf{f}_g + \mathbf{f}_{stör}\right)}_{\ddot{\mathbf{q}}_B} dt^2 + \mathbf{q}_{B0} \right) \tag{5.13}$$

Trotz der mathematisch redundanten Ausführung der Transformationen in Gleichung 5.13, die im Integral von der lokalen Darstellung ausgehen und nach dem Umweg über die Freiheitsgrade wieder dort enden, ist dieses Vorgehen sinnvoll, da auf diese Weise der Aufbau der entkoppelten Regler vereinfacht wird. Die Ausgestaltung des Integranden folgt der Linearisierung der Magnetkraft nach Gleichung 4.5, wobei die Durchflutungen und Luftspalte in der Freiheitsgraddarstellung in die einzelnen Regler eingehen, siehe Gleichung 5.14.

$$\ddot{\mathbf{q}}_B = \mathbf{M}^{-1} \cdot \left(k_{\vartheta,mag} \cdot \mathbf{J}_{BA}^T \cdot \mathbf{J}_{BA} \cdot \Delta\boldsymbol{\vartheta}_B + k_{\delta,mag} \cdot \mathbf{J}_{BA}^T \cdot \mathbf{J}_{BA} \cdot \mathbf{q}_B\right) \tag{5.14}$$

Mit der Ableitung der Gleichung 5.13 und ihrer Erweiterung in Gleichung 5.14 ist die Beschreibung des Bewegungsverhaltens des Verfahrschlittens abgeschlossen. Sie berücksichtigt die lokalen Größen der Magnetluftspalte als Ein- und Ausgänge sowie die Transformation auf die Freiheitsgraddarstellung für die interne Ansteuerung der Freiheitsgradregler. Der eigentliche Regelalgorithmus in den einzelnen Reglern entspricht unverändert der PI-Zustandsregelung, die bereits in Kapitel 4.2.1 vorgestellt wird. Zur Parametrierung der Regelkreise stehen die in Abschnitt 4.2.2 erläuterten Methoden der Polplatzierung und des Berechnungsansatzes nach Riccati zur Verfügung. Für die Regelung der Vorschubachse kommt ausschließlich der Riccati-Ansatz zum Einsatz. In die Berechnung der stationären Riccati-Gleichung fließt dabei die jeweilige Systemmatrix des Freiheitsgrades ein, die sich in den zugehörigen partiellen Differentialen $k_{\vartheta,mag}$ und $k_{\delta,mag}$ unterscheiden. Die Unterschiede ergeben sich aus den Multiplikationen der Jacobi-Matrizen in Gleichung 5.14 und sind auf die Wirkungskombinationen mehrerer, räumlich getrennter Magnetmodule auf einen Freiheitsgrad zurückzuführen. Es ergeben sich konstante Faktoren, die in individuellen partiellen Differentialen zusammengefasst werden. Beispielhaft werden in Gleichung 5.15 ein translatorischer und ein rotatorischer Freiheitsgrad aufgeschlüsselt.

$$\ddot{z}=\frac{1}{m}\left(\underbrace{4\cdot k_{\vartheta,mag}}_{k^{z}_{\vartheta,mag}}\cdot\Delta\vartheta_{z}+\underbrace{4\cdot k_{\delta,mag}}_{k^{z}_{\delta,mag}}\cdot z\right)\qquad \ddot{\alpha}=\frac{1}{I_{xx}}\left(\underbrace{a^{2}_{mag}\cdot k_{\vartheta,mag}}_{k^{\alpha}_{\vartheta,mag}}\cdot\Delta\vartheta_{\alpha}+\underbrace{a^{2}_{mag}\cdot k_{\delta,mag}}_{k^{\alpha}_{\delta,mag}}\cdot\alpha\right) \tag{5.15}$$

5.2.2 Regelungserweiterungen

Control extensions

Für den Betrieb der linearen Vorschubachse wird eine überarbeitete Einbindung der Beschleunigungssensoren in der Freiheitsgradregelung eingesetzt. Anstelle der in Kapitel 4.2.3 beschriebenen Filterung kommt ein vollständiger Beobachter zum Einsatz, der durch die Einspeisung des realen Positionssignals gestützt wird. Die Implementierung basiert auf den patentierten Arbeiten von KÜNZEL [SIEM07] sowie der Dissertation von LEHNER [LEHN05]. Bild 5.21 zeigt die Simulink-Umsetzung des Beobachters, der das bereinigte Beschleunigungssignal zweifach integriert und mit konstanter Verstärkung zurückkoppelt. Die Verstärkungsfaktoren regulieren die Balance aus Driftunterdrückung und Rauschverstärkung des integrierten Signals. Aus der geschlossenen Schleife wird die Luftspaltänderungsgeschwindigkeit herausgeführt und in die Regelung übernommen.

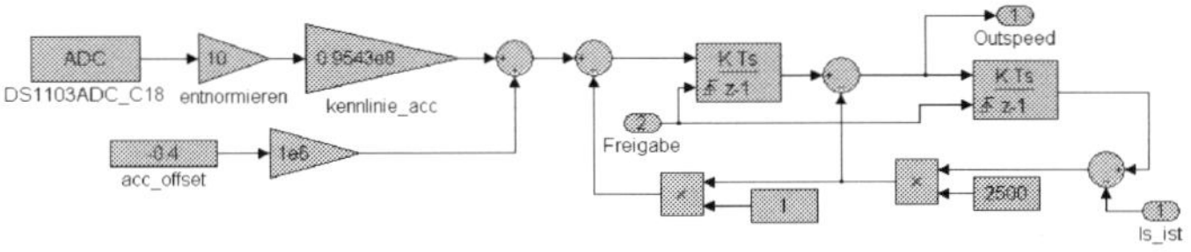

Bild 5.21: Kaskadierte Rückkopplung des integrierten Beschleunigungssignals
Cascaded feedback of the integrated acceleration signal

Wie bereits am Einzelmagnetprüfstand hat die Ablösung der Luftspaltdifferentiation durch die Beschleunigungs-Integration auch an der Vorschubachse einen erheblichen Einfluss auf die Amplitude des Geschwindigkeitssignals. Die kurzwelligen Anteile des Signals werden nicht mehr verstärkt und auch die Signaldrift durch die Integration der langwelligen Anteile wird durch die Beobachterstruktur kompensiert.

Eine zusätzliche Abhängigkeit besteht in der Positionierung der Sensoren am Prüfstand, die einen Einfluss auf die Güte der Transformation in die Freiheitsgraddarstellung der Beschleunigungen ausübt. An der Vorschubachse werden fünf Beschleunigungssensoren eingesetzt, die entsprechend der Darstellung in Bild 5.16 angeordnet sind. In besonderem Maße wirkt sich die überarbeitete Sensorenauswertung auf die Freiheitsgrade y und γ aus, die durch die horizontalen Führmagnete kontrolliert werden, siehe Bild 6.5 und Bild 6.6 in Abschnitt 6.1.1.

Unabhängig von der Sensorauswertung in der Regelung ist ein häufig zitierter Vorteil einer berührungslosen Magnetführung mit makroskopischen Luftspalten die Möglichkeit einer statischen Feinpositionierung in allen Freiheitsgraden. Diese wird nur von der Auflösung der Positionssensoren und der Ansteuerung der Magnetaktoren begrenzt. Diese Positionierung ist in geringem Umfang durch die Sollvorgabe an die Regelkreise umsetzbar, allerdings bedingt die Abweichung aus dem optimalen Arbeitspunkt der Magnetmodule für die Vorschubachse ein Verlassen des Gleichgewichtspunktes über den Rückschlussjochen. Zusätzlich zu dem erhöhten Energieaufwand, um diese Position einzunehmen, verringert sich bei deutlich außermittiger Positionierung die Belastbarkeit der Führung aufgrund des negativen Steifigkeitsverhaltens. Als hauptsächliche Regelungserweiterung ist für die statische Feinpositionierung die Ausführung der Sollwertänderung zu berücksichtigen. Je nach Größe der Abweichung und Robustheit des Gesamtsystems müssen gleitende Übergänge implementiert werden. Im Zusammenhang mit einer Verfahrbewegung tritt außerdem eine zusätzliche Wechselwirkung mit den Toleranzen der Streckenausrichtung auf. Hinweise auf die Möglichkeiten der außermittigen Positionierung gibt z.B. die Untersuchung des Führungsverhaltens der Vorschubachse in Kapitel 6.2.2.

Über die statische Änderung der Luftspalte zur Positionierung des Tisches hinaus ist auch eine veränderliche Beeinflussung realisierbar. Diese kann unter anderem dazu verwendet werden, um eine Vorsteuerung zu bekannten und wiederholten Störeinflüssen zu implementieren. Grundsätzlich wird die Regelung jeder Störung begegnen und diese entsprechend ihrer Einstellungen dämpfen und ausregeln. Allerdings ist die aktive Regelung eines Elektromagneten ein reaktives System, d.h. sie benötigt eine messbare Auslenkung aus der Solllage, bevor die Abweichung über die Rückkopplung der Regelschleife reduziert werden kann. Unter dieser Verzögerung der Reaktion leidet die Steifigkeit des Systems. Handelt es sich aber z.B. um eine Störkraft, deren Eigenschaften im Voraus bekannt sind oder im Laufe des Prozesses identifiziert werden können, so kann die Regelung durch eine Zusatzfunktion unterstützt werden. Entsprechend der Amplitude und dem Verlauf der Störkraft baut diese die Gegenkraft so rechtzeitig auf, dass die Verzögerung kompensiert wird [BREC08].

Zur näheren Untersuchung der Wirksamkeit dieses Kompensationsansatzes für die Magnetführung dienen Simulationsuntersuchungen an dem Verhaltensmodell der Vorschubachse. In dieses Modell wird die Vorsteuerung als positionsabhängige Aufschaltung auf die Ausgänge der einzelnen Freiheitsgradregler eingegliedert. Die Sollwerte dieser Aufschaltung können entweder bekannte Störgrößen auswerten oder deren Eigenschaften aus den Reaktionen des Tisches während der Verfahrbewegung ableiten und diese Identifikation iterativ optimieren.

Für die Einstellung der Luftspaltregelung im Verlaufe der Kompensationsentwicklung werden ähnliche Einstellungen wie am realen Prüfstand gewählt, eine leichte Überhöhung der Parameter soll die Möglichkeiten unter der Annahme eines verbesserten mechanischen Aufbaus demonstrieren. Zu diesem Zweck wird in den Vorgaben der Polberechnung nach Riccati der Integralteil der Regelung etwas stärker gewichtet und die zulässige Stellenergie stärker beschränkt.

Als Szenario für die Simulationsversuche dient entsprechend den in 5.1.1 definierten Anforderungen ein Schleifprozess mit stationärer Schleifscheibe, unter welcher der Achsschlitten mit hoher Geschwindigkeit pendelnd verfährt. Diese Bearbeitung resultiert in einer hohen senkrechten Bearbeitungskraft $F_{s,senk}$ sowie einer Längskomponente $F_{s,laengs}$ in x-Richtung, die dem Vorschub entgegengerichtet ist. Eine Querkraft $F_{s,quer}$ in y-Richtung wird im Modell theoretisch berücksichtigt, ist aber in diesem Bearbeitungsfall nicht zu erwarten. Zusätzlich entstehen Drehmomente, die von der Distanz des Bearbeitungspunktes E zum Schwerpunkt S des Schlittens abhängen.

Diese Drehmomente können in Abhängigkeit des Vektors $\mathbf{s}_{ES}$ der räumlichen Distanz zum Schwerpunkt und der eingeführten Kraftkomponenten von $\mathbf{F}_s$ berechnet werden:

$$\mathbf{M}_s = \mathbf{s}_{ES} \times \mathbf{F}_s = \begin{pmatrix} x_{ES} \\ y_{ES} \\ z_{ES} \end{pmatrix} \times \begin{pmatrix} -F_{s,laengs} \\ F_{s,quer} \\ -F_{s,senk} \end{pmatrix} = \begin{pmatrix} -F_{s,senk} \cdot y_{ES} - F_{s,quer} \cdot z_{ES} \\ F_{s,senk} \cdot x_{ES} - F_{s,laengs} \cdot z_{ES} \\ F_{s,quer} \cdot x_{ES} + F_{s,laengs} \cdot y_{ES} \end{pmatrix} \quad (5.16)$$

Anhand dieser Kopplungen werden die Störgrößenaufschaltungen in den Freiheitsgraden ausgelegt, in Bild 5.22 ist beispielhaft die Berechnung des Störmomentes im Freiheitsgrad Beta, der Nickbewegung, in ihrer Simulink-Umsetzung dargestellt. Diese entspricht der mittleren Zeile in Gleichung 5.16 und wirkt dem berechneten Einfluss entgegen.

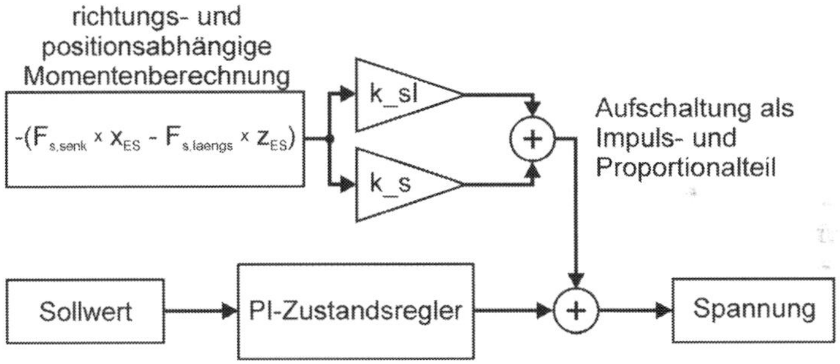

Bild 5.22: Freiheitsgradregler Beta mit positions- und störkraftabhängigem Kompensationsmoment

Degree-of-Freedom controller Beta with a compensation torque depending on the slide position and the disturbance

In der Modellierung der Bearbeitung werden sprunghaft einsetzende Kräfte und Momente angenommen, sobald die Schleifscheibe ins Werkstück eingreift. Dementsprechend reißt die Krafteinwirkung ebenso sprunghaft wieder ab, sobald das Werkstück wieder austritt. Zu berücksichtigen sind dabei jeweils die unterschiedlichen Verfahrrichtungen während der Pendelbewegung. Mathematisch teilt sich die Annahme einer sprunghaft einsetzenden Störung in einen proportionalen und einen impulsförmigen Anteil auf, die zur Kompensation über die invertierte Wirkung der PT_1-Systeme aus Umrichtern und Magnetspulen und das partielle Kraftdifferential $k_{\vartheta,mag}$ in kompensierende Spannungskomponenten an den Reglerausgängen übersetzt werden müssen. Die Berechnung der Invertierung basiert auf der Gleichung 5.14 aus Kapitel 5.2.1, welche das Bewegungsverhalten der gesamten Magnetführung mit allen Freiheitsgraden erfasst. Sie wird durch die PT_1-Darstellung nach Gleichung 4.11 in Kapitel 4.1.3 ergänzt. Da die Ausweichbewegung aufgrund der Störkraft unterbunden werden soll, ist die Magnetkraft nur noch von den modifizierten Reglerausgängen $\mathbf{U}_B$ und den nachgeschalteten Umrichtern und Spulen abhängig. Es tritt kein auslenkungsabhängiger Beitrag des Differentials $k_{\delta,mag}$ mehr auf.

$$\mathbf{f}_B(s) = \frac{N \cdot K}{1 + T \cdot s} \cdot k_{\vartheta,mag} \cdot \left(\mathbf{J}_{BA,mag}^T \cdot \mathbf{J}_{BA,mag}\right) \cdot \mathbf{U}_B(s) \tag{5.17}$$

Mit der sprungförmigen Störkraft ergibt sich daraus die folgende Invertierung:

$$\begin{aligned} \mathbf{U}_B(s) &= \frac{1 + T \cdot s}{N \cdot K \cdot k_{\vartheta,mag}} \cdot \left(\mathbf{J}_{BA,mag}^T \cdot \mathbf{J}_{BA,mag}\right)^{-1} \cdot \frac{\mathbf{f}_{B,stör}}{s} \\ &= \underbrace{\frac{1}{N \cdot K \cdot k_{\vartheta,mag}}}_{k\_s} \cdot \left(\mathbf{J}_{BA,mag}^T \cdot \mathbf{J}_{BA,mag}\right)^{-1} \cdot \frac{\mathbf{f}_{B,stör}}{s} + \underbrace{\frac{T}{N \cdot K \cdot k_{\vartheta,mag}}}_{k\_sI} \cdot \left(\mathbf{J}_{BA,mag}^T \cdot \mathbf{J}_{BA,mag}\right)^{-1} \cdot \mathbf{f}_{B,stör} \end{aligned} \tag{5.18}$$

Aus der Invertierungsvorschrift lassen sich die Verstärkungen der Aufschaltungen und die Aufteilung in den Impulsanteil „sI" zur Kompensation des Sprungs sowie den Proportionalanteil „s" ablesen. Diese Verstärkungsfaktoren werden in die Aufschaltung übernommen. Dabei ist in der Rücktransformation des Impulsanteils in den Zeitbereich der Übergang in einen Diracstoß zu berücksichtigen. Da dessen Breite aber auf ein Minimum von einem Abtastschritt beschränkt ist, muss die Amplitude mit der Abtastfrequenz multipliziert werden, um die Flächenbedingung einzuhalten.

Zur Verifikation der Störgrößenaufschaltung werden die Abweichungen der Schlittenlage unter dem Einfluss eines angenommenen Schleifprozesses simuliert. Zu diesem Zweck wird der Prozess mit folgenden Störgrößen parametriert:

$$F_{s,senk} = -2500\text{N}; \quad F_{s,laengs} = 700\text{N}; \quad F_{s,quer} = 0;$$
$$y_{ES} = 0; \quad z_{ES} = 400\text{mm}; \quad x_{Anfang} = 200\text{mm}; \quad x_{Ende} = -200\text{mm}$$

Dieser Parametersatz beschreibt ein Werkstück, das in der Quer- und Längsachse mittig auf dem Schlitten liegt. Seine Länge beträgt 400 mm und seine zu bearbeitende Oberfläche liegt 400 mm oberhalb des Schlittenschwerpunktes. Während jeder Durchfahrt durch die Verfahrstrecke wird die Oberseite des Werkstückes von der stationären Schleifscheibe kontaktiert und richtungsabhängig mit den angegebenen Kräften beaufschlagt.

Bild 5.23 zeigt die resultierenden Tischbewegungen und Stromverläufe in ausgewählten Tragmagneten ohne jegliche Aufschaltung. Die übrigen Freiheitsgrade werden in dem gewählten Szenario nicht belastet und daher nicht gezeigt. Sie reagieren auf einen Versatz der Bearbeitung in y-Richtung in ähnlicher Weise wie die hier gezeigten Verläufe.

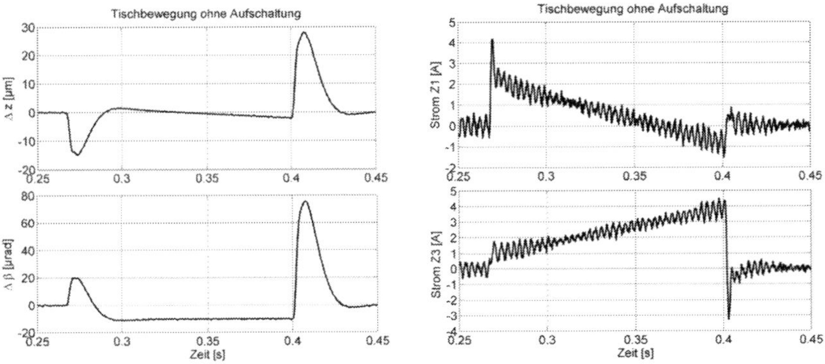

Bild 5.23: Simulationsergebnis einer Verfahrbewegung mit Bearbeitungskräften und ohne Kompensationsaufschaltung

Simulation result of a feed movement with process forces and without compensation efforts

Der Schlitten weicht unter den sprungförmigen Kraftänderungen deutlich aus und kann auch die konstanten Prozesskräfte mit den variablen Momenten während des Bearbeitungsschritts nicht vollständig kompensieren. So kommt es zu einer veränderlichen Auslenkung in z aufgrund der senkrechten Kraftkomponente mit ihrem variablen Hebelarm und zu einer konstanten Auslenkung in β durch die Längskraft. Zu beachten ist die unterschiedliche Höhe der Ausschläge zum Anfang und Ende der Bearbeitung, die auf den Verlauf von M_β zurückzuführen ist. Die Momentenkomponenten von $F_{s,senk}$ und $F_{s,laengs}$ addieren sich zu Beginn gegensinnig und gegen Ende gleichsinnig, d.h. der Betrag des Störmomentes wächst kontinuierlich. Dies ist auch in den Stromverläufen der Tragmagnete abzulesen, die mit ihrer Steigung dieses veränderliche Moment kompensieren. Die starken Stromsprünge sind jeweils von deutlichen Überhöhungsspitzen begleitet.

Eine zeitgenaue, gegensätzliche Aufschaltung des berechneten Proportionalteils der Störung auf die einzelnen Regler verringert die Ausweichbewegung Δz des Tisches auf eine Anfangsstörung von -3 µm und eine Endabweichung von +6 µm, bzw. eine Drehabweichung Δβ von +5 µrad am Anfang und +18 µrad am Ende der Bearbeitung. Der Impulsanteil glättet zusätzlich die Verlaufsform der Spitzen. Sein Einfluss ist aber insgesamt gering, so dass er im weiteren Verlauf vernachlässigt werden kann. Die Störamplituden werden zur Beurteilung der Kompensation unter idealen Bedingungen vorläufig als bekannt vorausgesetzt.

Eine Verbesserung der Störkompensation kann erreicht werden, wenn die Einsatzzeitpunkte um die Dauer einer Umrichterzeitkonstante T vor den identifizierten Zeitpunkt des Einsetzens der Kraftsprünge gelegt werden und zusätzlich die berechnete Amplitude des Proportionalteils in jedem Freiheitsgrad um 20 % erhöht wird. In diesem Fall verbleiben lediglich Störungen von -1 µm bzw. +1,5 µrad zu Beginn und +2 µm bzw. +6 µrad am Ende der Bearbeitung. Die variable Abweichung Δz während der Bearbeitung wird vollständig kompensiert, während der konstante Offset $\Delta\beta$ einen geringfügigen Restbetrag aufweist. Die Stromverläufe sind insgesamt von ihren starken Spitzen befreit.

Diese Simulationen belegen die grundsätzliche Funktion der Störgrößenaufschaltung. In einer weiteren Ausbaustufe werden die störenden Kräfte nicht mehr vorgegeben, sondern durch die Regelungsfunktion identifiziert und die Kompensation iterativ optimiert. Die Identifikation des Positionsverlaufs des Bearbeitungspunktes und der wirkenden Kräfte und Momente erfolgt durch eine Analyse der Strom- und Luftspaltverläufe während der Verfahrbewegungen.

In der automatischen Analyse werden die typischen Auslenkungen des Freiheitsgrads z durch ihre abschnittsweise gemittelten Steigungen identifiziert. Die lokalen Maxima dieser geglätteten Steigungsverläufe geben eine ausreichend gute Näherung für die Start- und Endwerte der Bearbeitungsstrecke in x-Richtung an. Diese Werte werden im Verlauf der Bearbeitung aufgrund der Erkenntnisse aus den Vorzyklen minimal variiert und die Auswirkungen auf die Ablenkungen des folgenden Bewegungszyklus beurteilt. Je nach einer Verbesserung oder Verschlechterung werden die Werte erneut verschoben und der optimale Aufschaltzeitpunkt ermittelt.

Zur Ermittlung von Kräften und Momenten werden die im Modell verankerten Kennlinien $F(\vartheta, \delta)$ der Magnetmodule verwendet und auf die Freiheitsgrade transformiert. Dabei wird die Grundlast der Lagerung abgezogen und die verbleibende Belastung unter Verwendung der folgenden Gleichung 5.19 auf die einzelnen Prozesskraftanteile umgerechnet. Die Auswirkungen der Längskraft auf die Vorschubregelung werden hier nicht weiter berücksichtigt. Mit den ermittelten Positions- und Kraftwerten können analog zu Bild 5.22 die Aufschaltungen auf die einzelnen Regler durchgeführt werden.

$$\begin{pmatrix} F_{y,s} \\ F_{z,s} \\ M_{\alpha,s} \\ M_{\beta,s} \\ M_{\gamma,s} \end{pmatrix} = \begin{pmatrix} F_{s,quer} \\ -F_{s,senk} \\ -F_{s,senk} \cdot y_{ES} - F_{s,quer} \cdot z_{ES} \\ F_{s,senk} \cdot x_{ES} - F_{s,laengs} \cdot z_{ES} \\ F_{s,laengs} \cdot y_{ES} + F_{s,quer} \cdot x_{ES} \end{pmatrix} \tag{5.19}$$

Bei diesen Berechnungen ist darauf zu achten, dass ein geringer seitlicher Versatz y_{ES} zwischen Kraftangriffspunkt und Schwerpunkt zu einer schlechten Kondition und hohen Folgefehlern führt. Dementsprechend wird mit einer Fallunterscheidung eine Untergrenze für die berechenbare Position des Angriffspunktes eingeführt. Alternativ können die Prozessgrößen des Linearantriebs ausgewertet werden, um durch den Bremseffekt der Prozesskraft auf den Vorschub zusätzliche Informationen für das Gleichungssystem zu gewinnen.

Die Kraftberechnung wird nach jedem Verfahrzyklus unabhängig wiederholt, um Prozessänderungen zu berücksichtigen und unterliegt keiner iterativen Optimierung. Diese liegt alleine der Positionsbestimmung in Verfahrrichtung zu Grunde. Ein Verlauf einer Kompensation mit fortlaufender Optimierung über mehrere Verfahrzyklen und den unveränderten Parametern des oben eingeführten Schleifprozesses wird in Bild 5.24 dargestellt.

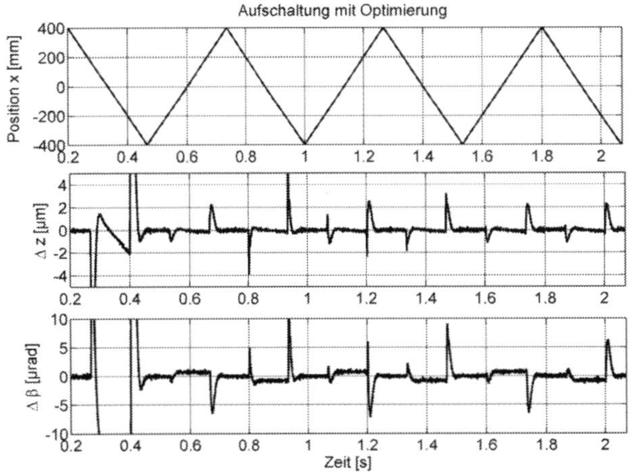

Bild 5.24: Simulation der iterativ optimierten Kompensation der Bearbeitungskräfte über mehrere Verfahrzyklen

Simulation of the iteratively optimized compensation of process forces during several feed cycles

Deutlich ist hier zu sehen, wie die unkompensierte Störung im Verlauf weniger Zyklen reduziert wird. Minimale Abweichungen bleiben erhalten, sobald die Optimierungsfunktionen an die Grenzen ihrer Leistungsfähigkeit stoßen. Das vorgestellte Beispiel berücksichtigt keinen seitlichen Versatz y_{ES} der Störung und keine Querkraft $F_{s,quer}$, bei entsprechenden Parametrierungen ergeben sich aber analoge Auslenkungen und Kompensationsleistungen in den Freiheitsgraden y, α und γ. Je nach Ausmaß der statischen Motornormalkräfte müssen die Einstellungen der Algorithmen zur iterativen Veränderung der Aufschaltzeitpunkte angepasst werden, um die Geschwindigkeit der Kompensationsoptimierung zu verbessern.

5.3 Integration der linearen Vorschubantriebe

Integration of the linear feed drives

In der letzten Ausbaustufe der Vorschubachse werden zwei eisenbehaftete Lineardirektantriebe in die Strecke montiert. Nach einer vorangegangenen Inbetriebnahme der Magnetführung und der Untersuchung des allgemeinen Betriebsverhaltens ohne Störeinflüsse durch die Motoren wird der Aufbau der Achse damit vervollständigt und unter den veränderten Bedingungen erneut in Betrieb genommen. Bei den Antrieben handelt es sich um Synchronmotoren in Kurzstatorbauweise, d.h. die beiden Verfahrbahnen sind vollständig mit Permanentmagneten belegt und verursachen erhebliche, normal orientierte Anziehungskräfte zwischen den Primär- und Sekundärteilen der Motoren. Diese bilden den dominanten Störeinfluss im Gesamtsystem.

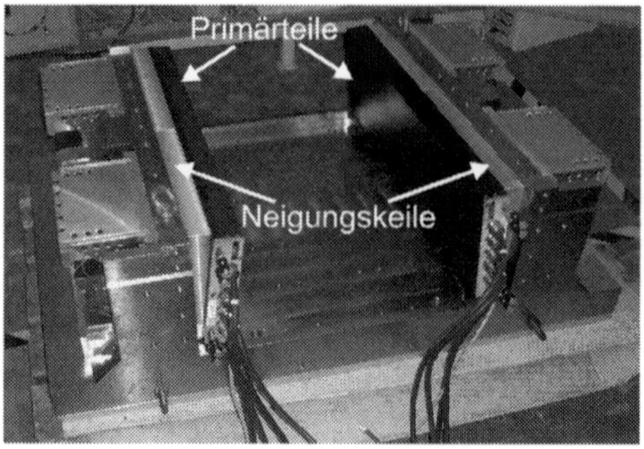

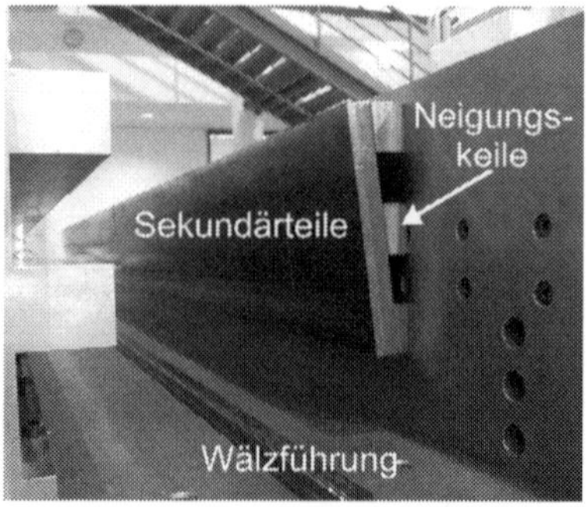

Bild 5.25: Linearantriebe der Vorschubachse mit Primärteilen am umgedrehten Verfahrschlitten und Sekundärteilen am Streckengerüst

Linear direct drives of the feed axis with primary parts on the turned slide and secondary parts on the structure of the track

Die Aufhängung der Motoren wird um 6° aus der Vertikalen herausgeneigt, um durch die Verkippung des Normalkraftvektors die statische Gewichtskraft des Schlittens größtenteils zu kompensieren und auf diese Weise die Magnetführung zu entlasten. Die Notwendigkeit zur Aufnahme der extrem starken Normalkräfte von fast 30 kN pro Motor bei nominalem Motorluftspalt beeinflusst die strukturelle Auslegung und den Aufbau des Schlittens maßgeblich, da die Kräfte nicht wie in konventionellen Achsen in der Führung aufgenommen werden können. Wie in Abschnitt 5.1.2 aus den Aufbaukonzepten abgeleitet wird, ist unter anderem die Doppelkammanordnung der Motoren für den angetriebenen Prüfstand unverzichtbar.

Darüber hinaus ist die Anordnung in hohem Maße davon abhängig, dass die Motorluftspalte sehr genau justiert sind und eine gute Parallelität zu den Arbeitsluftspalten in den Seitenführungsmagneten aufweisen. Der Schlitten muss gleichzeitig die Arbeitspunkte der Freiheitsgrade y und γ und beider Motorluftspalte einhalten können, um die Einflüsse der Normalkräfte zu minimieren. Zusätzlich muss auch der Bewegungsspielraum in Normalenrichtung stark eingeschränkt und zuverlässig mechanisch begrenzt werden, um jede Berührung in den Motoren auszuschließen.

Bild 5.26 zeigt die vollständig ausgebaute Vorschubachse mit Antrieben, Sensoren und Sicherheitseinrichtungen. Prominent sind hinter den mechanischen Stoßdämpfern des Streckenanfangs die schwarzen Zuleitungen zu den beiden Motoren zu erkennen. Die Motoren mit Nennströmen von je 57 A sind parallel an ihren gemeinsamen Sinamics-Umrichter angeschlossen, um ihre synchrone Bewegung zu erzwingen [SIEM09a]. Dieses Antriebssystem kann die angestrebte hochdynamische Pendelbewegung des Schlittens theoretisch umsetzen.

Bild 5.26: Ansicht der vollständig montierten Vorschubachse mit Linearantrieben

Completed feed axis including the linear direct drives

Die Antriebssteuerung erfolgt über einen integrierten Controller des Typs CU320, der eine PI-Kaskadenregelung beinhaltet. Der Controller bedient sich sensorischer Rückmeldungen durch die Messung der Phasenströme und ist zusätzlich mit einem optischen Wegmesssystem verbunden, welches entlang der Strecke als geätztes Stahlmaßband mit einem berührungslosen Abtastkopf RGH22 der Firma Renishaw ausgeführt ist [RENI09]. Damit bleibt die ungehinderte Bewegung des Schlittens in allen Freiheitsgraden erhalten, ohne das Messsystem zu beschädigen. Es entsteht allerdings eine Kopplung der Querbewegungen des Schlittens mit der Wegmessung.

Für die Sollvorgaben durch den Benutzer und die Programmierung von Bewegungsmustern reichen die Möglichkeiten des in den Antrieb integrierten Inbetriebnahmetools STARTER aus [SIEM09b]. Über einen Steuerungsrechner kann mit dem Controller des Antriebs kommuniziert werden, um Statusmeldungen und Istwerte abzufragen und Sollkommandos einzugeben. Zur Gewährleistung eines sicheren Betriebs der Vorschubachse müssen die Notabschaltungen der Führung und des Antriebs mit unterschiedlichen Prioritäten verschaltet werden. Die Kopplung stellt sicher, dass niemals eine Vorschubfreigabe bei inaktiver Führung möglich ist. Die Aktivierung der Motoren verlangt die Freigabe durch die Führung, während umgekehrt eine Notabschaltung zuerst die Motoren spannungsfrei stellt und danach die Führung deaktiviert.

Weiterführend werden das Verhaltensmodell des Schlittens und die Freiheitsgradregelung um die Einflüsse der Motoren erweitert. Zwar kompensiert die Gegenüberstellung der Motoren einen großen Teil der Kräfte, aber die luftspaltabhängigen Kraftwirkungen müssen dennoch vektoriell in der Regelung berücksichtigt werden. Solange von einer idealen Parallelität der Motorteile ausgegangen wird, verhalten diese sich im stromlosen Zustand wie Permanentmagnetkreise. Demnach weisen sie bei ihrem nominellen Arbeitsluftspalt $\delta_{mot,0} = 0{,}8$ mm eine feste Anziehungskraft auf und demonstrieren bei Auslenkungen aus dem Arbeitspunkt ihre negative Steifigkeit. In linearisierter Form für kleine Auslenkungen ergibt sich an jedem Motor:

$$F_{mot} = F_{mot,0} + k_{\delta,mot} \cdot \Delta\delta_{mot} \tag{5.20}$$

mit $F_{mot,0} \approx 29000\,\mathrm{N}$ und $k_{\delta,mot} = -8{,}45 \frac{\mathrm{N}}{\mu\mathrm{m}}$

Um die flächig wirkenden Normalkräfte einer Modellierung zugänglich zu machen und gleichzeitig die auftretenden Drehmomente um den Bezugspunkt B erfassen zu können, werden die Kräfte auf den Flächen der Motoren entsprechend Bild 5.27 durch jeweils zwei konzentrierte Kraftvektoren in den Zentren jeder Motorhälfte repräsentiert. Dabei werden der Einfluss der Motorneigung um den Winkel ρ abgebildet und geometrische Abstände zwischen den einzelnen Kraftangriffspunkten eingeführt. Die Aufteilung der Normalkraft auf zwei Angriffspunkte pro Motor führt in den folgenden Berechnungen zu einer Halbierung der Konstanten aus Gleichung 5.20.

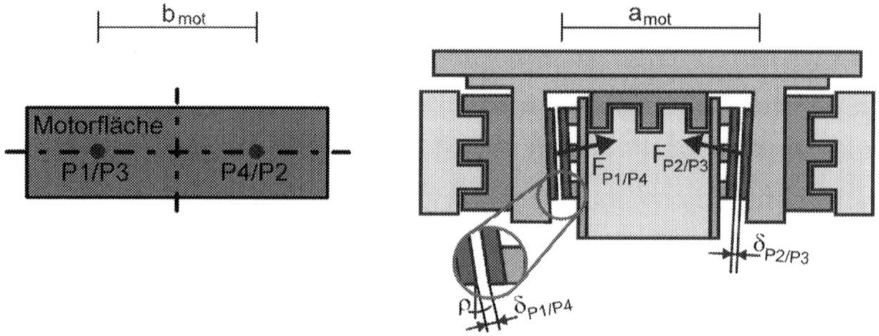

Bild 5.27: Modellierung der Motornormalkräfte über konzentrierte Kraftvektoren unter Berücksichtigung der Motorneigung

Modeling of the motors normal forces utilizing concentrated force vectors and considering the inclination of the motors

Die Auswirkungen einer Variation der Schlittenlage $\mathbf{q}_B$ im Raum auf die vier Ersatzluftspalte $\boldsymbol{\delta}_{mot}$ werden durch die Jacobimatrix $\mathbf{J}_{BP}$ definiert. Bedeutsam ist hier lediglich die Veränderung der Luftspalte $\Delta\boldsymbol{\delta}_{mot}$. Diese wird durch die Motorneigung um den Winkel ρ sowie die geometrischen Abstände der Kraftangriffspunkte bestimmt und stützt sich auf die Verwendung von Differenzgrößen für die Luftspalthöhen in $\mathbf{q}_B$:

$$\Delta\boldsymbol{\delta}_{mot} = \mathbf{J}_{BP} \cdot \mathbf{q}_B \tag{5.21}$$

$$\mathbf{J}_{BP} = \begin{pmatrix} \cos(\rho) & -\sin(\rho) & -\sin(\rho)\cdot\frac{a_{mot}}{2} & -\sin(\rho)\cdot\frac{b_{mot}}{2} & -\cos(\rho)\cdot\frac{b_{mot}}{2} \\ -\cos(\rho) & -\sin(\rho) & \sin(\rho)\cdot\frac{a_{mot}}{2} & -\sin(\rho)\cdot\frac{b_{mot}}{2} & \cos(\rho)\cdot\frac{b_{mot}}{2} \\ -\cos(\rho) & -\sin(\rho) & \sin(\rho)\cdot\frac{a_{mot}}{2} & \sin(\rho)\cdot\frac{b_{mot}}{2} & -\cos(\rho)\cdot\frac{b_{mot}}{2} \\ \cos(\rho) & -\sin(\rho) & -\sin(\rho)\cdot\frac{a_{mot}}{2} & \sin(\rho)\cdot\frac{b_{mot}}{2} & \cos(\rho)\cdot\frac{b_{mot}}{2} \end{pmatrix} \tag{5.22}$$

Eine Abweichung von den nominellen Luftspalten in den vier Bezugspunkten entspricht pro Motor jeweils einer Kraftänderung nach Gleichung 5.20, die aus den beiden Anteilen an den zugehörigen Bezugspunkten besteht. Diese lokale Variation muss für die Modellierung der Vorschubachse wiederum in resultierende Kraftanteile jedes Freiheitsgrades übertragen werden. Die Berechnung der resultierenden Momente in den rotatorischen Freiheitsgraden stützt sich dabei auf die Vereinfachung $a_{mot} \approx b_{mot}$ und den senkrecht zum jeweiligen Hebelarm angreifenden Kraftanteil F_P:

$$M_P \approx F_P \cdot \frac{a_{mot}}{2} \approx F_P \cdot \frac{b_{mot}}{2} \tag{5.23}$$

Für die vektorielle Gesamtbeschreibung der Motornormalkräfte $\mathbf{f}_{mot}$ ergibt sich eine Summe aus den lageabhängigen Anteilen der Kräfte und Drehmomente und der statischen Kraft $\mathbf{f}_{mot,0}$ in positiver z-Richtung zur Kompensation der Gewichtskraft des Schlittens. Durch die für die Modellierung angenommene ideale Parallelität und Ausrichtung der Motoren ergeben sich in $\mathbf{f}_{mot,0}$ keine permanenten Differenzkräfte in den Freiheitsgraden y und γ. Für die reale Umsetzung der Vorschubachse wurden zusätzliche Kompensationen untersucht, die eine toleranzbedingte Abweichung aus dem Arbeitspunkt berücksichtigen und die Einflüsse der zusätzlichen negativen Steifigkeit entsprechend anpassen.

$$\mathbf{f}_{mot} = \frac{k_{\delta,mot}}{2} \cdot \mathbf{J}_{PB} \cdot \Delta\boldsymbol{\delta}_{mot} + \begin{pmatrix} 0 \\ 4 \cdot \sin(\rho) \cdot \frac{F_{mot,0}}{2} \\ 0 \\ 0 \\ 0 \end{pmatrix} \tag{5.24}$$

Gleichung 5.24 verwendet wiederum die Jacobi-Matrix $\mathbf{J}_{PB}$ als Transformation der lokalen Motorluftspalte auf die Freiheitsgrade, welche sich aus einer Einzelbetrachtung der aufgeteilten Normalkräfte und ihrer Wirkung auf die Freiheitsgrade ergibt.

$$\mathbf{J}_{PB} = \begin{pmatrix} -\cos(\rho) & \cos(\rho) & \cos(\rho) & -\cos(\rho) \\ \sin(\rho) & \sin(\rho) & \sin(\rho) & \sin(\rho) \\ (\ \sin(\rho) & -\sin(\rho) & -\sin(\rho) & \sin(\rho)) \cdot \frac{a_{mot}}{2} \\ (\ \sin(\rho) & \sin(\rho) & -\sin(\rho) & -\sin(\rho)) \cdot \frac{b_{mot}}{2} \\ (\ \cos(\rho) & -\cos(\rho) & \cos(\rho) & \cos(\rho)) \cdot \frac{b_{mot}}{2} \end{pmatrix} \tag{5.25}$$

Insgesamt resultiert aus den Gleichungen 5.21 und 5.24 die vollständige Beschreibung der Motornormalkräfte:

$$\mathbf{f}_{mot} = \frac{k_{\delta,mot}}{2} \cdot \mathbf{J}_{PB} \cdot \mathbf{J}_{BP} \cdot \mathbf{q}_B + \mathbf{f}_{mot,0} \tag{5.26}$$

Diese Kräfte werden nach Bild 5.28 in der Modellierung in die Summe der Kräfte, die auf den Schlitten wirken, mit eingebracht. In der Folge wirken sie sich durch die zusätzlich eingebrachte negative Steifigkeit auf die Systemmatrizen der einzelnen Freiheitsgrade und damit auf die einzelnen Regler aus.

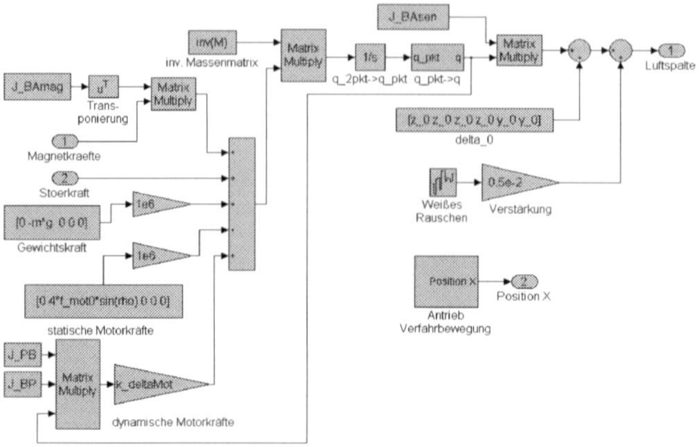

Bild 5.28: Erweitertes Modell der Vorschubachse unter Berücksichtigung der Motorkräfte

Extended model of the feed axis considering the drive forces

Es treten nun auch Kopplungen zwischen den Reglern auf, die nicht mehr vollständig vernachlässigt werden können. Bedingt durch den vertikalen Abstand d zwischen den Seitenführungsaktoren und der Anbringung der Motoren ergeben sich Drehmomente im Freiheitsgrad α, die aus jeder Bewegung in y-Richtung resultieren, sowie Torsionsmomente durch die Rotation in γ, siehe Bild 5.29.

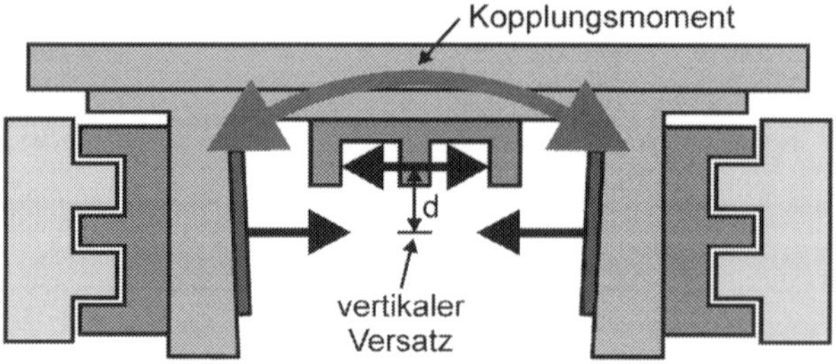

Bild 5.29: Darstellung des Kopplungsmoments zwischen Verschiebung in y-Richtung und Drehung in α-Richtung

Illustration of the coupling moment between translation in y-direction and rotation in α-direction

Aus der Kopplung resultiert die Notwendigkeit einer zeitlichen Abstimmung zwischen den Reglerreaktionen der Freiheitsgrade y und γ auf der einen Seite sowie α auf der anderen Seite. Dies kann durch eine Abstufung der Verstärkung in den Integralzweigen der einzelnen Regler erfolgen, welche die Einschwingzeit maßgeblich steuern. Um auf diese Weise eine Stabilisierung der Rotation in α zu ermöglichen, bevor durch die Kräfte in y und γ eine Abweichung verursacht wird, müsste die Regelung allerdings in diesen von vorne herein sehr empfindlichen Freiheitsgraden verlangsamt werden. Alternativ kann die Tatsache ausgenutzt werden, dass die Rotation in α ausschließlich von den Tragmagneten beeinflusst wird, die nicht zur Seitenführung beitragen müssen. Diese Unabhängigkeit ermöglicht eine Modifikation der Matrizen $\mathbf{J}_{BA}$ und $\mathbf{J}_{AB}$ für die Transformationen der Spulendurchflutungen. Sie bewirkt in Abhängigkeit von der Kraftentwicklung in der Seitenführung ohne Zeitverlust zusätzliche, korrigierende Kraftkomponenten in den entsprechenden Tragmagneten, um der Rotation entgegenzuwirken. Dazu werden in die Matrizen zusätzliche Elemente eingeführt, die auf dem vertikalen Abstand d basieren. Die folgende Gleichung 5.27 zeigt die dementsprechend erweiterte Matrix $\mathbf{J}_{BA,gekoppelt}$.

$$\mathbf{J}_{BA,\,gekoppelt} = \begin{pmatrix} \frac{d}{a} & 1 & \frac{a}{2} & \frac{b}{2} & -\frac{c \cdot d}{2 \cdot a} \\ -\frac{d}{a} & 1 & -\frac{a}{2} & \frac{b}{2} & \frac{c \cdot d}{2 \cdot a} \\ -\frac{d}{a} & 1 & -\frac{a}{2} & -\frac{b}{2} & -\frac{c \cdot d}{2 \cdot a} \\ \frac{d}{a} & 1 & \frac{a}{2} & -\frac{b}{2} & \frac{c \cdot d}{2 \cdot a} \\ 1 & 0 & 0 & 0 & \frac{c}{2} \\ 1 & 0 & 0 & 0 & -\frac{c}{2} \end{pmatrix} \tag{5.27}$$

Eine alternative Möglichkeit zur Berücksichtigung von Freiheitsgradkopplungen ist die Modifikation der vorher vernachlässigten Nebendiagonalelemente der Massenmatrix **M**. Die Beibehaltung von **M** als Diagonalmatrix vereinfacht jedoch ihre Identifikation zur Bestimmung des Schwerpunkts erheblich und die Transformationsmatrizen sind ohnehin statisch angelegt. Daher ist die vorgestellte Variante vorzuziehen.

Auch für die Reglereinstellungen zum Betrieb der Magnetführung ergeben sich durch die Installation der Linearmotoren starke Abweichungen. Durch veränderte Gewichtungen in der Riccati-Gleichung müssen in jedem Freiheitsgrad neue Parametersätze ermittelt werden. Die Anforderungen an die Einstellungen in der abgesetzten Ruheposition und im Arbeitspunkt unterscheiden sich so stark, dass individuelle Polumschaltungen vorgesehen werden. In den Querrichtungen, die den Normalkräften direkt entgegenstehen, ergibt sich zusätzlich die Notwendigkeit, die bisherige Sprungänderung der Positionssollwerte durch kontinuierliche Rampen zu ersetzen. Nähere Einzelheiten zu den Reglereinstellungen werden in Kapitel 6 behandelt.

Die Darstellung der Integration der Linearmotoren und ihrer Auswirkungen auf den Betrieb und die Regelung der Vorschubachse schließt die Erläuterungen zur Entwicklung der Achse ab. Im Verlaufe des Kapitels 5 wird die mechanische Gestaltung des Aufbaus aus mehreren Konzepten abgeleitet und der Entwicklungsprozess vorgestellt. Zur Unterstützung und Absicherung der Konstruktion bilden Finite-Elemente Simulationen die zu erwartende Verformung des mechanischen Gerüsts durch Magnet- und Motorkräfte nach. Der dominante Einfluss geht dabei von den permanentmagnetischen Normalkräften der verwendeten Synchronlinearmotoren aus.

Zusätzlich zum mechanischen Aufbau der Vorschubachse und ihrer Magnetführung auf der Grundlage von sechs integrierten Magnetmodulen muss auch die Regelung der Module zu einer Freiheitsgradregelung für die Gesamtführung erweitert werden. Die Struktur einer PI-Zustandsregelung kann dabei erhalten bleiben, durch statische Transformationen wirken die einzelnen Regelkreise darin modulübergreifend auf jeweils einen räumlichen Freiheitsgrad und berücksichtigen damit die mechanischen Kopplungen der einzelnen Aktoren.

Über die grundlegende Gestaltung der Führungsregelung hinaus wird diese in Kapitel 5.2.2 durch verschiedene Module erweitert, die in der praktischen Erprobung allerdings nur teilweise berücksichtigt werden können. Die Funktion einer prädiktiven Kompensation bekannter oder zumindest iterativ identifizierbarer Störungen wird beispielsweise mittels des Simulationsmodells der Vorschubachse in Matlab/Simulink vorgestellt und getestet.

Zum Abschluss der vorliegenden Arbeit wird im folgenden Kapitel 6 das Betriebsverhalten der Vorschubachse vorgestellt. Aufgrund der sehr großen Wechselwirkungen der Linearmotoren mit der Magnetführung wird die Darstellung unterteilt, um das Verhalten der Achse mit und ohne Motoren zu dokumentieren.

6 Messergebnisse und Verhalten der Vorschubachse im Betrieb

Measuring results and behavior of the feed axis in operation

Parallel zur Entwicklung der Vorschubachse und dem prototypischen Aufbau wird ihr Verhalten im Betrieb in mehreren Stufen untersucht und vorgestellt. Die einzelnen Teilaspekte des Aufbaus, die im Prüfstand zusammengeführt werden, sind der mechanische Aufbau, die elektrische Versorgung und Sensorik und die Umsetzung der Regelungstechnik in der Prüfstandssteuerung.

Die Mechanik wird von der notwendigen geometrischen Präzision des Aufbaus dominiert. Bild 6.1 vermittelt die Dimension der Verfahrstrecke, entlang der die Vielzahl der gekoppelten Luftspalte in Magnetaktoren und Motoren positionsunabhängig ihr Nennmaß erreichen muss. Parallel dazu sind in der Prüfstandselektrik vorrangig die Unterdrückung von Störungen in den Messsignalen und die elektrische Absicherung der Steuerungskomponenten zu berücksichtigen. Auf der regelungstechnischen Seite gilt es, die simulative Inbetriebnahme der Regelung in Matlab/Simulink auf den Prüfstand zu übertragen und stabile Reglerparameter zu ermitteln und zu optimieren.

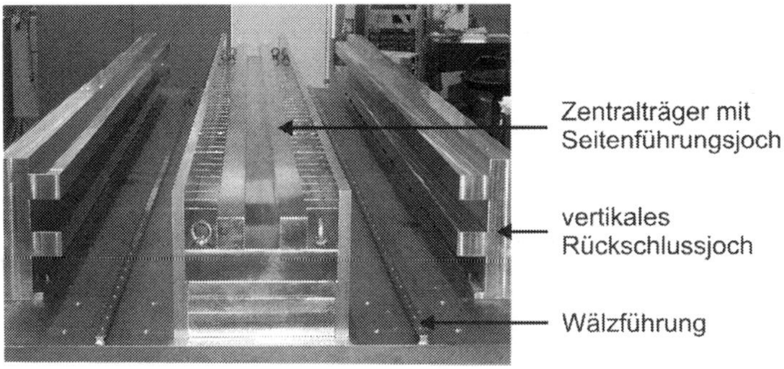

Bild 6.1: Anordnung der drei Rückschlussjoche der aufgebauten Vorschubachse
Set-up of the three yokes of the assembled feed axis

Die Inbetriebnahme des Prüfstands erfolgt in zwei Stufen, um im ersten Schritt die Funktion der Magnetführung unabhängig zu untersuchen und zu optimieren. Erst anschließend werden die eisenbehafteten Linearmotoren in die Strecke integriert, so dass in der erneuten Inbetriebnahme auf die Erfahrungen ohne die Störeinflüsse der Normalkräfte zwischen den Motorkomponenten zurückgegriffen werden kann.

Die beiden Ausbaustufen werden im Folgenden getrennt dokumentiert. Dabei konzentrieren sich die Untersuchungen in beiden Szenarien zunächst auf das stationäre Schwebeverhalten, da hier die ungestörte Schweberuhe sowie das Führungs- und das Störverhalten bewertet und verglichen werden können. Im Hinblick auf eine Verwendung der Führung in einem Produktionsprozess ist insbesondere die frequenzabhängige Nachgiebigkeit von Bedeutung, so dass hierzu Frequenzgänge in allen

Freiheitsgraden und mit variierenden Anregungen aufgestellt werden. Anschließend wird das Bewegungsverhalten entlang der Strecke betrachtet. Der Vortrieb erfolgt hierbei entweder manuell oder durch die Antriebskraft der Linearmotoren.

In der abschließenden Beurteilung des Gesamtverhaltens wird aufgezeigt, wie die Leistungsfähigkeit der Achse einzuordnen ist und welche Notwendigkeiten zur Optimierung und Überarbeitung des Aufbaus sich darstellen.

6.1 Antriebsloses Schweben

Levitation without feed drives

In der ersten Ausbaustufe wird die Magnetführung unabhängig von den Vorschubantrieben und ihren Störeinflüssen in Betrieb genommen. Nach Abschluss der Integration des Verfahrschlittens in die Strecke und der mechanischen Justierung aller Komponenten erfolgen die Kalibrierung der Sensorik und anschließend die Inbetriebnahme der Regelung.

Die folgende Darstellung des Betriebsverhaltens nach der Inbetriebnahme beinhaltet bereits eine vorangegangene Optimierung der Reglereinstellungen. In jedem Freiheitsgrad unterscheiden sich die Parameter aufgrund der unterschiedlichen negativen Steifigkeiten geringfügig. Die Differenzen ergeben sich aus den unterschiedlichen Kombinationen wirksamer Magnetmodule, welche in die Berechnung der jeweiligen Riccati-Gleichung eingehen. Beispielhaft wird hier die Polkonfiguration im Freiheitsgrad z mit den resultierenden Rückführparametern des Reglers gezeigt. Die negativen Vorzeichen der Parameter werden in der Freiheitsgradregelung an anderer Stelle bereits berücksichtigt.

$$P_0 = -4114, \quad P_1 = -782.7, \quad P_2 = -95, \quad P_3 = -32.5$$

$$r_0 = 1.6\frac{\text{mV}}{\mu\text{m}}, \quad r_1 = 123\frac{\mu\text{Vs}}{\mu\text{m}}, \quad r_2 = 1.1\frac{\text{mV}}{\text{A}}, \quad r_i = 316\frac{\text{mV}}{\mu\text{m}}, \quad r_p = 0$$

Mit dieser Parametrierung ist sowohl ein Anheben des Schlittens aus der Ruhelage in den Arbeitspunkt als auch die manuelle Bewegung in der Strecke möglich.

6.1.1 Anheben und stationäres Schwebeverhalten des Schlittens

Start-up and stationary levitation characteristics of the slide

Der Anhebevorgang der Vorschubachse erfolgt in zwei getrennten Schritten. Zunächst wird der Verfahrschlitten mit den Tragmagneten in die Arbeitsposition angehoben und stabilisiert gleichzeitig die rotatorischen Freiheitsgrade α und β. Die Führmagnete verbleiben währenddessen noch in ihrer Ruheposition und zentrieren den Schlitten anschließend in der Führungsbahn. Auch im stromlosen Zustand stabilisieren sie die Seitenlage des Schlittens bereits, da sie durch die permanentmagnetische Anziehungskraft der Module an ihr Rückschlussjoch eine Extremposition einnehmen. Das Anheben der Tragmagnete wird im folgenden Bild 6.2 dokumentiert.

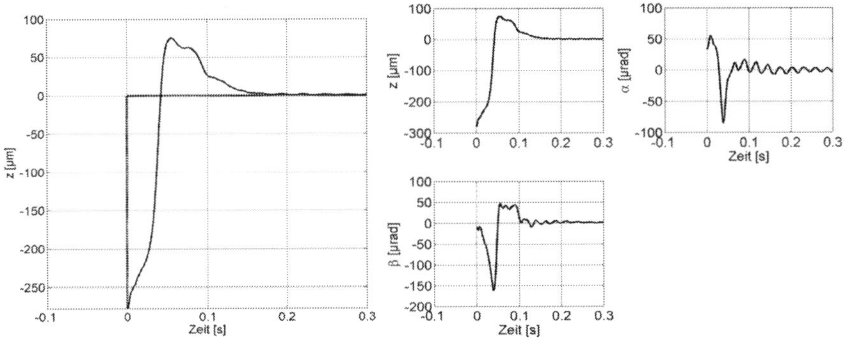

Bild 6.2: Anheben der Tragmagnete aus der Ruhelage in den Arbeitspunkt

Start-up of the levitation magnets from their idle state into the operating point

Das Anheben der Führung aus der Ruhelage ist nicht prozessrelevant und wird daher weder auf hohe Dynamik noch auf ein geringes Überschwingen optimiert. Relevant ist alleine der sichere Übergang in den Betriebszustand unabhängig von der Beladung und der Anfangslage. Dennoch liefern die Verlaufskurven bereits Indizien für eine Schwingneigung der rotatorischen Freiheitsgrade. Diese werden in der Anfangsphase des Anhebens hauptsächlich durch toleranzbedingt unterschiedliche Luftspalthöhen angeregt. Sie erweitern das Anheben durch stationäre Anfangswinkel in den Rotationsrichtungen zu einer dreidimensionalen Bewegung anstelle der idealen Lageänderung. Mit der hauptsächlichen Bewegung in den ersten 50 ms ist ein Strompuls von ca. 10 A in jedem Tragmagneten verbunden, bevor sich die Ströme auf ihr stationäres Niveau einpendeln. Diese Pulse sind den permanentmagnetischen Gegenkräften in den Modulen und dem hohen Schlittengewicht geschuldet.

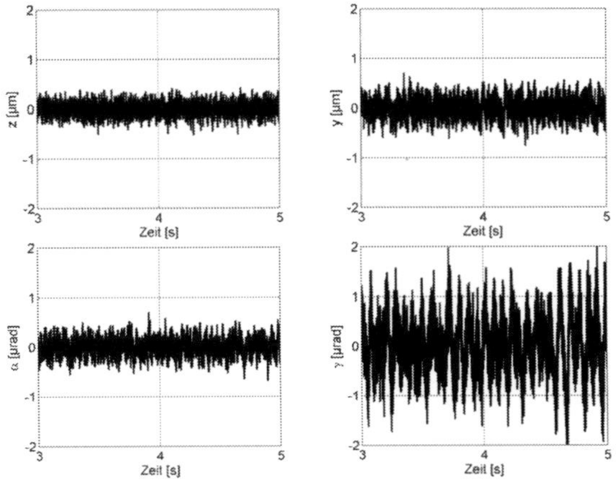

Bild 6.3: Schweberuhe der Magnetführung im Arbeitspunkt ausgewählter Freiheitsgrade

The guiding's air gap jitter in the operating point of selected degrees of freedom

Mit dem abgeschlossenen Anhebevorgang geht die Achse in den stabilen, geregelten Schwebezustand über. Wie in Bild 6.3 zu sehen ist, verbleibt während des stationären Schwebens im Freiheitsgrad z eine Signalamplitude von ungefähr ± 0,3 µm. Die Anzeige der Freiheitsgrade spiegelt auch die Ruhe in den realen Einzelluftspalten repräsentativ wider.

Die Schweberuhe in der Querrichtung y sowie in den rotatorischen Freiheitsgraden ist zwar ähnlich aber doch merkbar höher. Insbesondere die Ausregelung der Luftspaltabweichungen in y und γ verteilt sich auf nur zwei Magnetmodule. Diese werden außerdem in ihrer Arbeitsrichtung nicht durch die Gewichtskraft des Schlittens unterstützt, sondern wirken parallel zum Boden und es sind kürzere Hebelarme zur Momentbildung zu berücksichtigen. Die Wirkung der Schwerkraft wird in Bild 6.4 anschaulich durch die Grundlast in den Stromverläufen einzelner Module verdeutlicht.

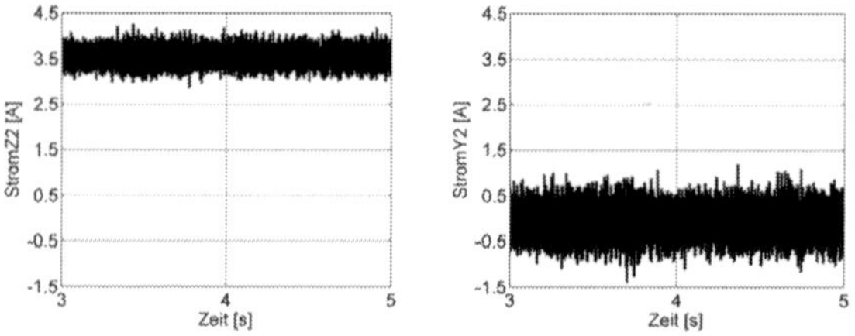

Bild 6.4: Beispielhafter Strombedarf der Trag- und Führmagnete im stationären Betrieb ohne Motorsekundärteile

Exemplary current demand of the levitation and guiding magnets during stationary operation without the secondary parts of the feed drives

Da die Sekundärteile der Linearmotoren zu diesem Zeitpunkt nicht montiert sind, lastet das volle Gewicht des Schlittens unkompensiert auf den vier Tragmagneten. Dies führt zu einem statischen Tragstrom von je 3,5 A in den Magneten Z1-Z4, dem dynamische Stromanteile als Steuerströme überlagert sind. In den Magneten Y1 und Y2 werden dagegen nur die Steuerströme benötigt.

Der dauerhafte Betrieb mit hohen Strömen erwärmt die Magnetmodule mit ihrer umgebenden Struktur und die Rückschlussjoche auf Temperaturen von ca. 60 °C. Die Erwärmung resultiert aus Kupferverlusten der Spulen und Wirbelströmen, die sich durch variierende magnetische Flüsse in den Jochen ausbilden. Eine wirksame Gegenmaßnahme wäre eine Blechung der Joche entsprechend des Aufbaus der Modulkerne. Dies wird allerdings durch die Ausmaße der Strecke erschwert. Alternativ kann die Temperatur durch die Wasserkühlung der Jochkörper reguliert werden.

Eine nähere Analyse der Schweberuhe offenbart die Wirkung der überarbeiteten Auswertungsroutine der Beschleunigungssensoren entsprechend Bild 5.21 in Abschnitt 5.2.2. Die Ablösung der Luftspaltdifferentiation, die eine große Verstärkung des Signalrauschens verursacht, hat einen erheblichen Einfluss auf die Amplitude des erzeugten Geschwindigkeitssignals und damit auf die möglichen Verstärkungsfaktoren der Regelung. Illustriert wird der Effekt in Bild 6.5 für die Führmagnete des

Prüfstands, da sich in den Freiheitsgraden y und γ die stärksten Auswirkungen des verbesserten Geschwindigkeitssignals zeigen. In den Raumrichtungen, die durch die Tragmagnete kontrolliert werden, ist die Verbesserung weniger deutlich merkbar. Hier besteht ein theoretisches Optimierungspotential durch Variationen in der Positionierung der vertikal wirkenden Beschleunigungssensoren oder durch Anpassungen in der Signaltransformation in die Freiheitsgraddarstellung. Das Ziel dieser Adaptionen ist eine optimierte Erfassung der Beschleunigung des Tischschwerpunktes.

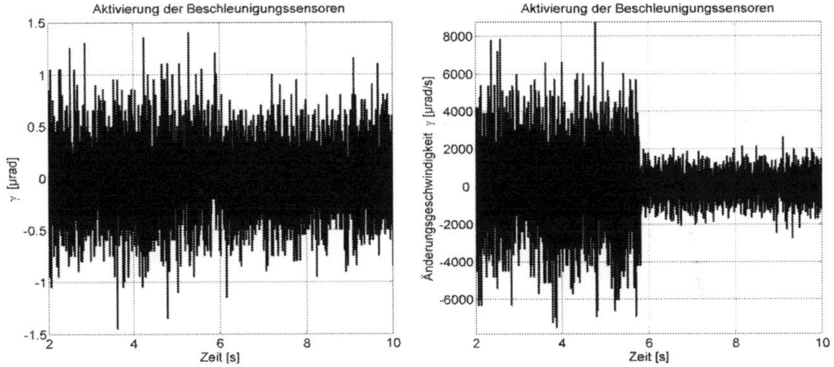

Bild 6.5: Der Luftspaltverlauf und seine Änderungsgeschwindigkeit im Freiheitsgrad γ während des Zuschaltens der Beschleunigungsauswertung

The air gap height and its changing rate in the degree of freedom γ during the activation of the acceleration processing

Anschaulicher als in der Darstellung des Luftspaltverhaltens ist die verbesserte Stabilität in den Führmagneten in der Verringerung der Regelamplitude der Steuerströme sichtbar. Diese reduziert sich nach Bild 6.6 auf weniger als die Hälfte.

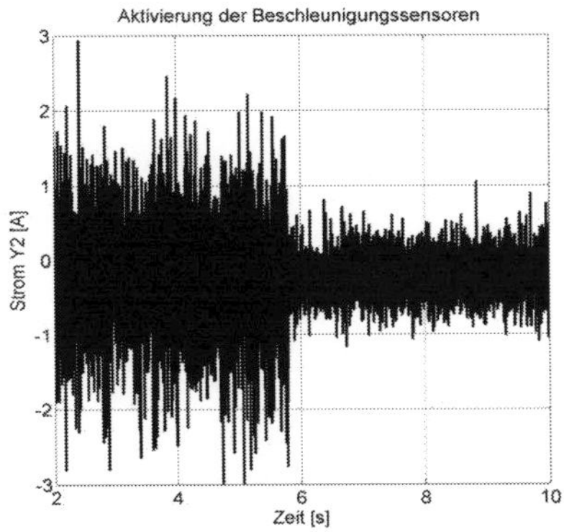

Bild 6.6: Stromverlauf eines Führmagneten mit Zuschaltung des Beschleunigungssensors

Current characteristic of a guiding magnet with activation of the acceleration sensor

6.1.2 Führungsverhalten

Tracking performance

Zur weiteren Untersuchung des stationären Verhaltens der Magnetführung demonstriert Bild 6.7 das Führungsverhalten der Regelung und stellt außerdem die Entkopplung der einzelnen Freiheitsgrade beispielhaft dar. In dem zugehörigen Versuch wird die vertikale z-Richtung erst aus ihrem Arbeitspunkt verschoben und anschließend mit einem Sollsprung von 300 µm beaufschlagt. Die Sprungantwort folgt der Sollvorgabe überschwingungsfrei, während die übrigen Freiheitsgrade trotz des großen Sprungs nur geringe Abweichungen aus ihrer Solllage zeigen.

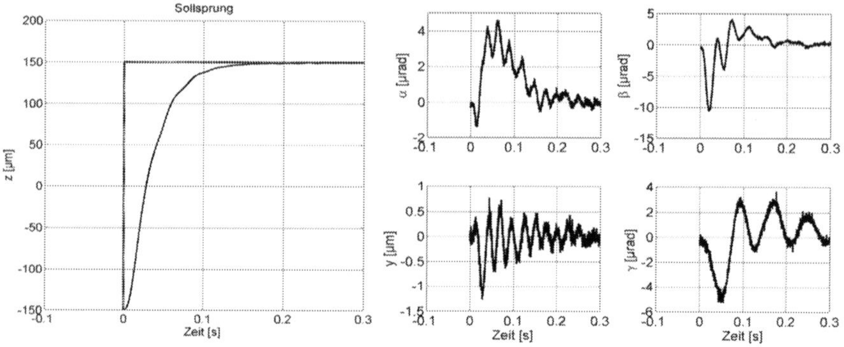

Bild 6.7: Sollsprung des Freiheitsgrades z um den Arbeitspunkt mit Reaktionen aller Freiheitsgrade

Target value step across the operating point for the degree of freedom z and ensuing reaction of all degrees of freedom

Zu bemerken ist anhand der Verläufe in α und β, dass offensichtlich der Aktor Z4 etwas vorauseilt und die dargestellten Winkelauslenkungen verursacht. Insgesamt zeigen die Reaktionen der rotatorischen Freiheitsgrade auch die Auswirkungen der unterschiedlichen Hebelarme a, b und c zur Erzeugung der kompensierenden Drehmomente, siehe Bild 5.19. Die kürzeren Modulabstände für die Freiheitsgrade β und γ wirken sich negativ auf deren Stabilität aus. Zusätzlich erweist sich γ hier das erste Mal als sehr störanfälliger Freiheitsgrad, der Versuch kann nur mit auffällig langsamer Reglerwirkung gegenüber den anderen Richtungen durchgeführt werden.

Eine ausführlichere Darstellung des Führungsverhaltens der Vorschubachse ohne Antriebe ist im folgenden Bild 6.8 zusammengefasst. Die einzelnen Freiheitsgrade werden hier mit geringeren, treppenförmigen Sollsprüngen beaufschlagt und abschließend mit einem Gesamtsprung über 250 µm in die Ausgangslage zurückgeführt. Die Darstellung der Luftspaltauslenkungen verwendet wie in den übrigen Abbildungen die Einheit [µm] bzw. [µrad] über der Zeit in [s]. In der untersten Zeile der Abbildung werden exemplarisch einige Reaktionen anderer Freiheitsgrade auf die Anregungen gezeigt. Im Graphen ist jeweils der Freiheitsgrad angegeben und mit der ausgelenkten Richtung indiziert. Die vollständige Matrix aus Anregungen und Reaktionen ist im Anhang in Kapitel 8 als Bild 8.1 aufgeführt.

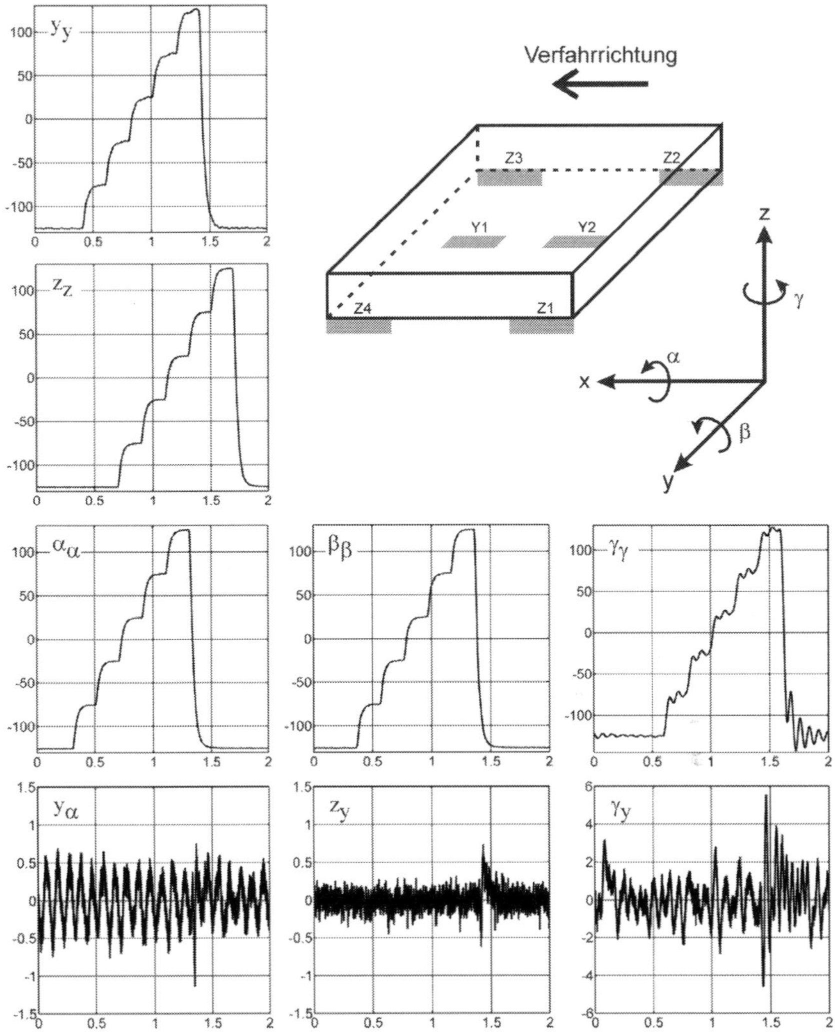

Bild 6.8: Auszüge des Führungsverhaltens der Vorschubachse ohne Antriebe

Extracts of the tracking performance of the feed axis without drives

Als stabilster Freiheitsgrad erweist sich die vertikale Lage z, die von den Sollsprüngen der anderen Lagen fast perfekt entkoppelt ist, beispielhaft wird die Reaktion auf die Auslenkung in y dargestellt. Gleichzeitig ruft z bei eigener Anregung die stärksten Reaktionen in den regelungstechnisch unterlegenen, rotatorischen Freiheitsgraden hervor, siehe dazu Bild 8.1. Detaillierter ist dieses Verhalten bereits in Bild 6.7 zu beobachten.

Im Gegensatz zu z weist die horizontale Drehung γ erneut die höchste Störanfälligkeit auf, z.B. bei der gezeigten Auslenkung in y. Zusätzlich zu den Einschränkungen durch nur zwei wirksame Magnetmodule, einen geringen Hebelarm zur Momentenerzeugung und die horizontale Wirkrichtung beschränkt auch die montagebedingte Toleranzabweichung der Gesamtluftspaltweiten in Y1 und Y2 die Leistungsfähigkeit des Freiheitsgrads. Unter diesen Abweichungen leidet auch die Entkopplung von y und γ. Abhängige Reaktionen sind vor allem bei Anregungen in y und z feststellbar.

Des Weiteren tritt darüber hinaus die bereits in Abschnitt 5.3 beschriebene Kopplung der beiden Freiheitsgrade y und α im Führungsverhalten zum ersten Mal leicht hervor. Die jeweilige Auslenkung verursacht eine deutliche Reaktion im jeweils anderen Freiheitsgrad wie der untere linke Graph in Bild 6.8 zeigt. In dieser Versuchsreihe wird dieses Störmoment allerdings noch nicht aktiv kompensiert.

6.1.3 Störverhalten

Disturbance control performance

Die abschließende Messreihe zur Untersuchung des stationären Schwebens des antriebslosen Verfahrschlittens demonstriert in den folgenden Abbildungen das Störverhalten der Führung. Zu diesem Zweck wird der Schlitten mit einem Impulshammer angeregt und die Reaktion der Freiheitsgrade auf die Störung aufgezeichnet. Obwohl der Impulshammer lokal sehr hohe Kräfte aufbringt und sehr genau einzelne Freiheitsgrade anregen kann, sind die Amplituden der Auslenkungen nur gering. Bild 6.9 veranschaulicht, wie sich die z-Richtung mit vier wirksamen Magnetmodulen gegenüber den Störimpulsen erneut als stabiler als y mit nur zwei Modulen erweist. Auch klingen die erzeugten Schwingungen in der z-Richtung schneller ab.

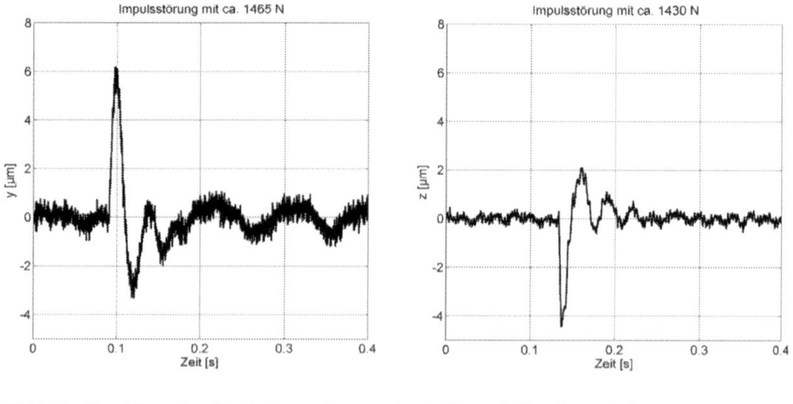

Bild 6.9: Reaktion der Freiheitsgrade y und z bei impulsförmigen Störungen

Reactions of the degrees of freedom y and z to impulse disturbances

In der Auslenkung der Luftspalte zeigt sich die grundsätzliche Einschränkung einer berührungslosen Führung. Da kein Kontakt zwischen den Lagerpartnern besteht, besitzt die Führung auch keine immanente Steifigkeit. Diese muss ausschließlich durch die Reaktion der Regelung erzeugt werden, welche wiederum von der Änderung des Luftspaltsignals abhängt. Eine geringe Auslenkung und damit eine minimale Nachgiebigkeit sind also unvermeidlich bevor die Kompensationsreaktion einsetzt.

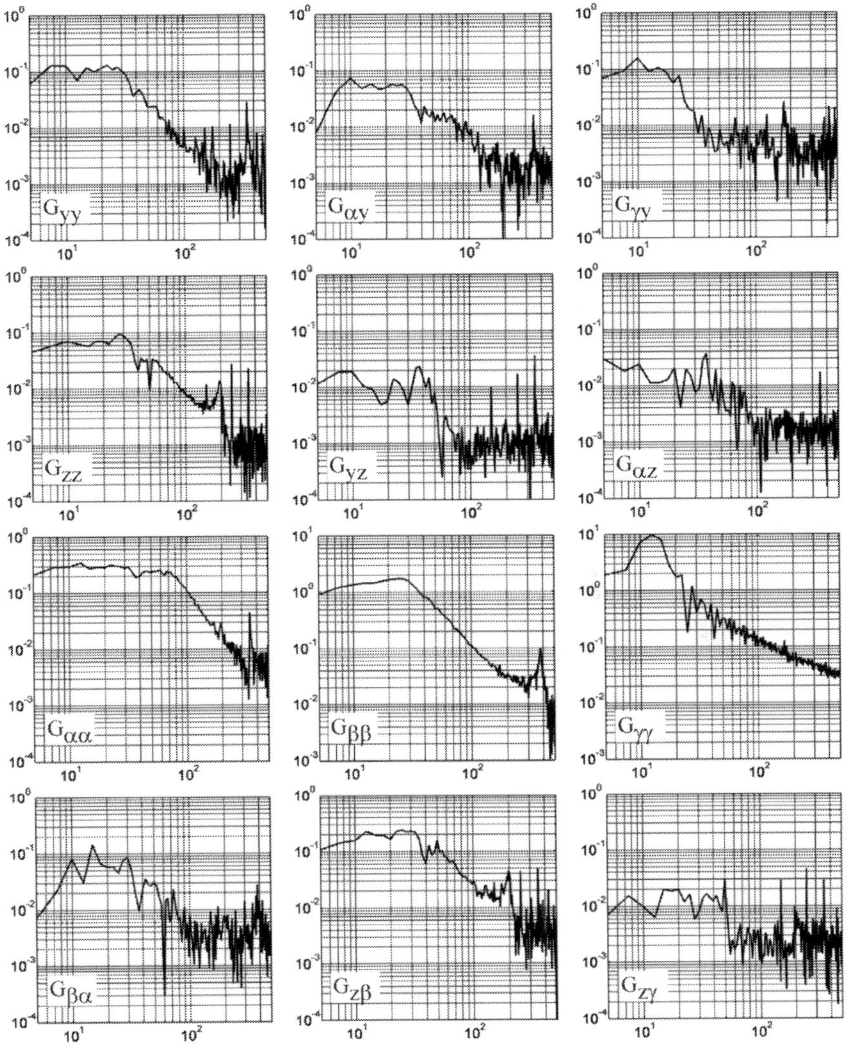

Bild 6.10: Nachgiebigkeitsfrequenzgänge der Vorschubachse im antriebslosen Betrieb
Compliance frequency responses for the feed axis without drives

Die Nachgiebigkeit der Führung, die der Auslenkung in Abhängigkeit von der Störkraft entspricht, wird im vorstehenden Bild 6.10 in Nachgiebigkeitsfrequenzgängen dargestellt. Für die vollständige Betrachtung des Störverhaltens werden alle fünf Freiheitsgrade separat angeregt und jeweils die Nachgiebigkeiten in allen Richtungen betrachtet. Dies erfasst zusätzlich die Querempfindlichkeiten und das Übersprechen der Anregungen auf die anderen Freiheitsgrade. Die vollständige Matrix der Frequenzgänge ist im Anhang in Bild 8.2 aufgeführt.

In der Darstellung von Bild 6.10 sind beispielhafte Frequenzgänge ausgewählt, um das Verhalten der Achse zu illustrieren. Die Abbildung beschränkt sich auf die direkten Reaktionen auf eine Anregung und einige Querempfindlichkeiten. Die Beschriftung markiert den gezeigten Freiheitsgrad im ersten Index und die angeregte Richtung im zweiten Index. Dementsprechend dokumentiert z.B. $G_{\beta\alpha}$ die Reaktion des Nickens β auf eine Anregung in α in [µrad/Nm] entlang der Frequenzachse in [Hz].

In der Darstellung sind unter anderem die Auswirkungen der integralen Regleranteile bei geringen Frequenzen zu erkennen, die eine abfallende Nachgiebigkeit bzw. eine ansteigende Steifigkeit bewirken. Allerdings wirkt die Anregung des Impulshammers nicht auf sehr kleine Frequenzen, so dass die statischen Nachgiebigkeiten hier etwas verfälscht auftreten. Mit steigender Frequenz gewinnt die Massenträgheit des Schlittens zunehmend an Bedeutung und dämpft die Auslenkungen, so dass auch dort ein abfallender Frequenzgang zu beobachten ist. Von großer Bedeutung sind die maximalen Nachgiebigkeiten der einzelnen Frequenzgänge, welche die stärksten Störempfindlichkeiten charakterisieren. Diese sind in der folgenden Matrix zusammenfassend aufgeführt und geben dort jeweils den minimalen Steifigkeitswert (Kehrwert der maximalen Nachgiebigkeit) und die Frequenz der Extremstelle an. Der Vollständigkeit halber sind hier alle Einträge der Frequenzgangmatrix nach Bild 8.2 aufgeführt, die Positionen der Matrixeinträge sortieren sich in den Spalten nach den Freiheitsgraden [y, z, α, β, γ], wobei in jeder Zeile ein anderer Freiheitsgrad angeregt wurde. Der Extremwert von $G_{\beta\alpha}$ befindet sich demnach z.B. an der Position $K_{min}(3,4)$.

$$K_{min} = \begin{pmatrix} \frac{\mathbf{8\,N/\mu m}}{\mathbf{22.5\,Hz}} & \frac{38\,N/\mu m}{10\,Hz} & \frac{13\,N/\mu rad}{10\,Hz} & \frac{32\,N/\mu rad}{15\,Hz} & \frac{6\,N/\mu rad}{10\,Hz} \\ \frac{43\,N/\mu m}{37.5\,Hz} & \frac{\mathbf{11\,N/\mu m}}{\mathbf{27.5\,Hz}} & \frac{27\,N/\mu rad}{37.5\,Hz} & \frac{4\,N/\mu rad}{25\,Hz} & \frac{6\,N/\mu rad}{12.5\,Hz} \\ \frac{10\,Nm/\mu m}{37.5\,Hz} & \frac{7\,Nm/\mu m}{32.5\,Hz} & \frac{\mathbf{3\,Nm/\mu rad}}{\mathbf{12.5\,Hz}} & \frac{7\,Nm/\mu rad}{15\,Hz} & \frac{2\,Nm/\mu rad}{12.5\,Hz} \\ \frac{13\,Nm/\mu m}{22.5\,Hz} & \frac{4\,Nm/\mu m}{25\,Hz} & \frac{11\,Nm/\mu rad}{10\,Hz} & \frac{\mathbf{1\,Nm/\mu rad}}{\mathbf{25\,Hz}} & \frac{1\,Nm/\mu rad}{10\,Hz} \\ \frac{2\,Nm/\mu m}{10\,Hz} & \frac{34\,Nm/\mu m}{50\,Hz} & \frac{4\,Nm/\mu rad}{20\,Hz} & \frac{6\,Nm/\mu rad}{15\,Hz} & \frac{\mathbf{0.1\,Nm/\mu rad}}{\mathbf{12.5\,Hz}} \end{pmatrix} \qquad (6.1)$$

Insgesamt sind diese minimalen Steifigkeiten nicht ausreichend für eine unbeschränkte Anwendung der Führung und dokumentieren eine zu schwache Wirkung der PI-Zustandsregelung. Dies gilt sowohl für die unmittelbare Nachgiebigkeit als auch für das Übersprechverhalten in die nicht direkt angeregten Freiheitsgrade.

Eine experimentelle Erhöhung der Reglerparameter in den einzelnen Freiheitsgraden führt nicht zu einer zufriedenstellenden Anhebung der Steifigkeitswerte. Zwar sinkt der Nachgiebigkeitsfrequenzgang stückweise ab und verbessert das Steifigkeitsniveau, es treten aber zusätzlich ausgewählte Eigenfrequenzen bei 35 Hz und 60 Hz stärker hervor, die von der Regelung nicht gedämpft werden können. Eine separate Modalanalyse bestätigte die Eigenfrequenz der Gesamtstruktur bei 35 Hz als Taumelbewegung um die y-Achse, die Anteile der Freiheitsgrade β, z und α beinhaltet.

6.1.4 Manuelle Verfahrbewegungen

Manual feed movements

Trotz der geringen Steifigkeitswerte sind im Versuchsbetrieb der magnetischen Führung ohne Linearmotoren uneingeschränkte Bewegungen des Verfahrschlittens in x-Richtung möglich. Die Auswertung in Bild 6.11 dokumentiert das Verfahren durch die Strecke des Prüfstands. Mit Ausnahme der Gierneigung γ und des Stampfens β wird dabei eine gute Schweberuhe in den einzelnen Freiheitsgraden aufrechterhalten.

Diese beiden stärker belasteten Freiheitsgrade werden durch kürzere Hebelarme während der Momentenerzeugung benachteiligt. In der Gierneigung zeigt sich bei x = 0,5 m zudem eine starke Störung, die auf eine Unregelmäßigkeit des Zentralträgers zurückzuführen ist. Im Übergang zwischen zwei Jochsegmenten besteht ein leichter Versatz, der Schwingungen der Führmagnete verursacht, die sich in der Gierrichtung sogar noch addieren. Aufgrund der aufwändigen Demontage des Trägers wird diese Störung erst im Verlauf der späteren Montage der Motorsekundärteile überprüft und minimiert. Zusätzlich manifestieren sich am hinteren Ende der Strecke Ungenauigkeiten im Aufbau der vertikalen Joche, die zu starken Auslenkungen der lokalen Luftspalte führen. Die Freiheitsgradregelung stabilisiert ihre einzelnen Regelkreise und führt dabei die Mittelungen auf Kosten der lokalen Luftspalte aus. In Fahrtrichtung werden rechts der vordere und links der hintere Tragmagnet um bis zu 100 µm abgesenkt und die beiden anderen entsprechend angehoben.

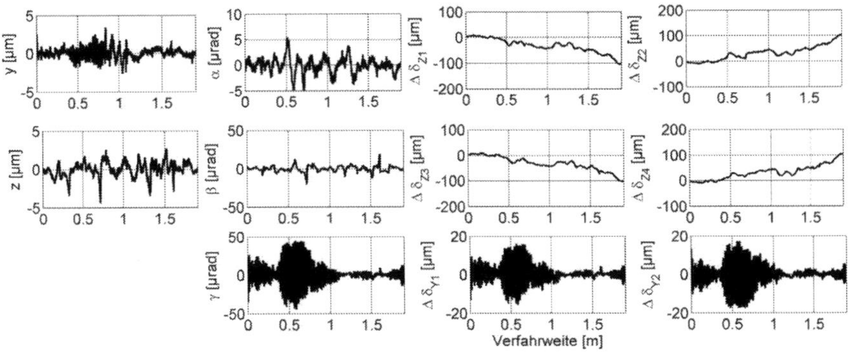

Bild 6.11: Manuelle Verfahrbewegung des Schlittens entlang der x-Achse

Manual movement of the slide along the x-axis

Die parallel aufgezeichneten Spulenströme der Tragmagnete liefern zusätzliche Informationen über die Kraftverläufe während der Verfahrbewegung. Nach Bild 6.12 sind sie gleichmäßig und erzeugen hauptsächlich die statische Tragkraft für den Verfahrschlitten. Die Luftspaltänderungen lassen sich nicht schlüssig auf die Stromverläufe übertragen, da diese aus den stabilen Verläufen der Freiheitsgrade generiert werden, und nicht auf die lokalen Luftspaltkurven zugreifen. Die Ströme widersprechen aber der augenscheinlichen Torsion des Schlittengerüsts und stützen die Begründung der Spalthöhenabweichungen durch Konstruktionstoleranzen.

Unabhängige Messungen der Schlittenposition im Raum während des Verfahrens weisen die mechanischen Ungenauigkeiten der Joche nach. Insbesondere ist ein Abfallen der Jochbahn der Magnete Z2 und Z3 für die Änderungen verantwortlich. Auch dieser Abschnitt wird im weiteren Verlauf der Arbeiten erneut justiert.

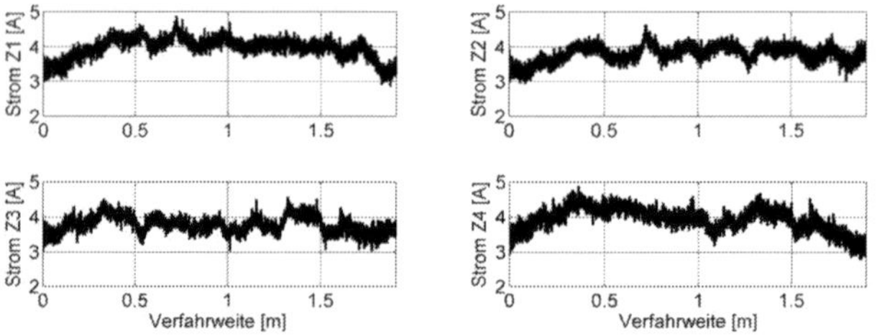

Bild 6.12: Stromverlauf der Tragmagnete während der manuellen Verfahrbewegung
Current profile of the levitation magnets during the manual feed movement

Unabhängig von den lokalen Störstellen erweist sich die Vorschubachse als stabil und fahrtüchtig, die Flexibilität der Regelung erlaubt das Aufrechterhalten des berührungslosen Schwebezustands so lange sich externe Störungen im Bereich der ermittelten dynamischen Steifigkeiten halten. Im Rahmen der manuellen Antriebsmöglichkeiten kann der Schlitten uneingeschränkt beschleunigt und verfahren werden. Dementsprechend werden auf diesem Stand mit der Montage der Sekundärteile der Linearmotoren die letzte Ausbaustufe der Vorschubachse und der Übergang zu einem motorischen Betrieb eingeleitet.

6.2 Betrieb der Vorschubachse mit Linearmotoren

Operation of the feed axis with linear drives

Nach der erfolgten Montage der permanentmagnetischen Sekundärteile der Linearantriebe erfordert die erneute Inbetriebnahme der Magnetführung einen sehr hohen Justier- und Parametrierungsaufwand. Wie erwartet üben die Normalkräfte der Motoren einen großen Störeinfluss auf die Führung aus, insbesondere auf die horizontale Querstabilisierung in den Freiheitsgraden y und γ.

Zusätzlich zu den mechanischen Arbeiten verlangen die veränderten Betriebsbedingungen deutlich abweichende Parametersätze in den einzelnen Regelkreisen. Dabei ist z.B. der Einfluss der Motoren auf die negativen Steifigkeiten k_δ in den einzelnen Raumrichtungen zu berücksichtigen und auch die in Kapitel 5.3 beschriebene Kopplung der Freiheitsgrade α und y wird durch die Normalkräfte verstärkt. Dementsprechend wird das dort vorgestellte Kompensationsverfahren implementiert und genutzt.

6.2.1 Stationäres Verhalten unter Einfluss der Motornormalkräfte

Stationary characteristics under the influence of the drive's normal forces

Die starke Spaltabhängigkeit der Motornormalkräfte verlangt eine langsamere und komplexere Behandlung des Anhebevorgangs für den Schlitten der Vorschubachse. Dieser befindet sich in der Ruhestellung häufig in einer Extremposition der Luftspalte und muss unter Zuhilfenahme von reduzierten Reglereinstellungen und Sollwertrampen in den Arbeitspunkt bewegt werden. Dort können die Regler auf einen stärkeren Parametersatz umgeschaltet werden, welcher mittels des Riccati-Verfahrens ermittelt wird. Zur Darstellung der veränderten Polstellen und Reglerwerte wird erneut beispielhaft der Freiheitsgrad z genutzt.

$$P_0 = -4114, \quad P_1 = -708, \quad P_2 = -340, \quad P_3 = -40.7$$

$$r_0 = 40.3\frac{mV}{\mu m}, \quad r_1 = 152\frac{\mu Vs}{\mu m}, \quad r_2 = 1.4\frac{mV}{A}, \quad r_i = 1.3\frac{V}{\mu m}, \quad r_p = 0$$

Diese Grundeinstellung wird für die vorgestellten Messungen verwendet und erlaubt einen stabilen Betrieb der Achse. Leichte Erhöhungen der Parameter zur Verstärkung und Beschleunigung der Reglerwirkungen sind experimentell möglich.

Mit der erfolgreichen Stabilisierung der Regelung zeigt sich in der erzielten stationären Schweberuhe eine leichte Verbesserung gegenüber dem vorherigen Betrieb, vergleiche das folgende Bild 6.13 und die Schweberuhe ohne Antriebe in Bild 6.3.

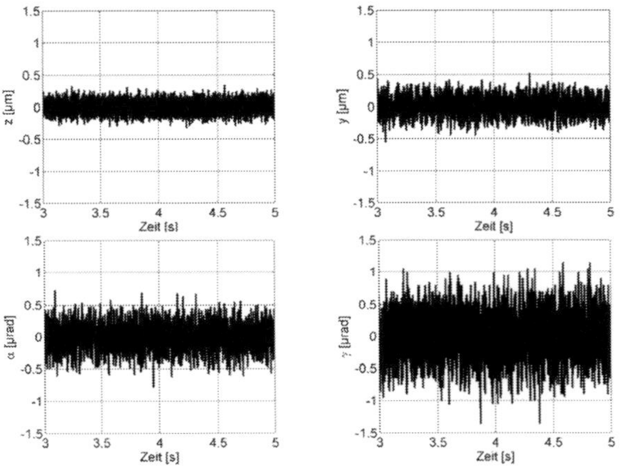

Bild 6.13: Schweberuhe ausgewählter Freiheitsgrade im stationären Betrieb mit Antrieben
Air gap jitter in selected degrees of freedom in stationary levitation with drives

Insbesondere die horizontalen Führmagnete erscheinen im stationären Betrieb ruhiger. Dies ist auf die verstärkten Kompensationsmaßnahmen und auf die verbesserte Anbindung der Beschleunigungssensoren zurückzuführen, wie sie in den Abschnitten 5.2.2 und 6.1.1 beschrieben wird. Die direkt messbare Schweberuhe der lokalen Luftspalte entspricht den überlagerten Schwingungsanteilen aus den einzelnen Freiheitsgraden und liegt damit in jedem Aktor bei einer Amplitude von weniger als 1 µm.

Entsprechend der Konstruktionsvorgaben verringert die geneigte Normalkraft der Motoren den Basisstrom in den Tragmagneten. Dieser hat sich nach Bild 6.14 von ca. 3,5 A auf rund 0,4 A reduziert. Es wird also der größte Teil der statischen Gewichtskraft des Verfahrschlittens durch die Vertikalkomponente kompensiert. Die Amplitude des Stromverlaufs ist dagegen mit etwa 1 A fast unverändert.

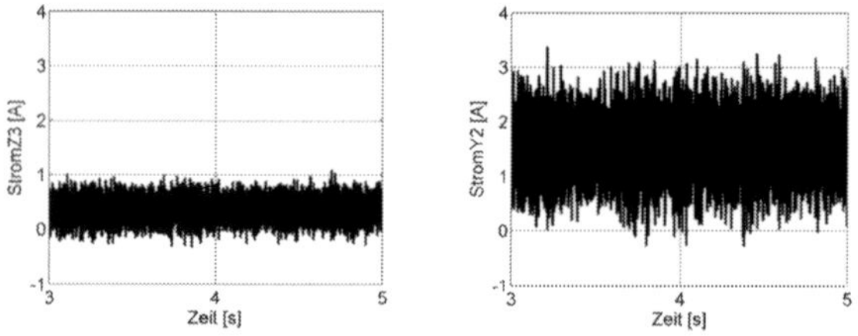

Bild 6.14: Strombedarf der Trag- und Führmagnete im stationären Betrieb mit Antrieben

Current demand of the levitation and guiding magnets in stationary operation with drives

Demgegenüber werden die horizontalen Führmagnete jetzt allerdings wesentlich stärker beansprucht, da sich die Normalkräfte nur in einem idealen Aufbau vollständig kompensieren. Parallelitätsfehler zwischen den Arbeitspunkten der Führmagnete und der Linearmotoren sowie verbleibende Toleranzabweichungen in der Position des Zentralträgers resultieren in Steuerströmen zur Aufhebung der Restkräfte. In der Realität können die Arbeitspunkte der Führmagnete und der Motorluftspalte nicht gleichzeitig und ideal eingestellt werden. Dies zeigt ebenfalls Bild 6.14, in dem für einen Führmagnet sowohl ein statischer Stromanteil, wie auch eine dynamische Komponente zu erkennen sind. Relevant für die Stabilität des Betriebs ist zudem, dass nunmehr keine Magnetgruppe mehr pendelnde Stromrichtungen um den Nullpunkt aufweist. Beide Richtungen sind mit stabilisierenden Offsets versehen.

6.2.2 Führungsverhalten

Tracking performance

In erneuten Versuchsreihen zur Ermittlung des Führungsverhaltens im stationären Betrieb der Vorschubachse müssen die Amplituden der Sprungversuche gegenüber Kapitel 6.1.2 reduziert werden, um die hohen Störkräfte bei Abweichungen aus dem Arbeitspunkt zu berücksichtigen. Der Einzelsprung des Freiheitsgrads z von 50 µm in Bild 6.15 zeigt bereits deutlich den starken Störeinfluss der Linearmotoren, der in der Endphase des Sprungs zu Schwingungen führt. Die Auslenkungen der rotatorischen

Freiheitsgrade sind im Vergleich zu Bild 6.7 auch unter Berücksichtigung der verringerten Sprungamplitude überproportional geringer geworden. Sie haben demnach relativ gesehen an Stabilität gegenüber z gewonnen.

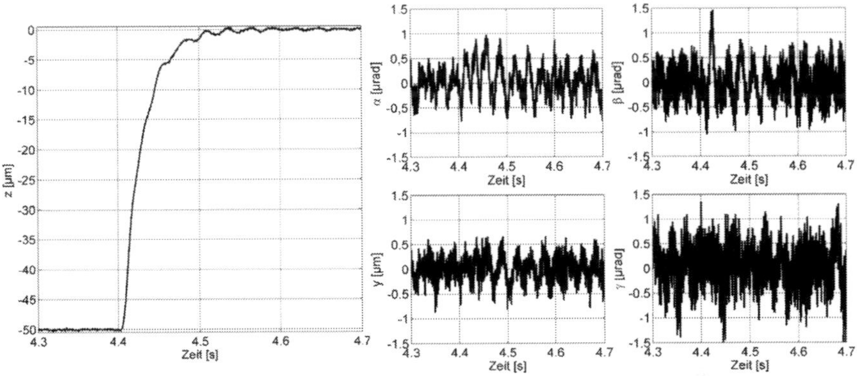

Bild 6.15: Sollsprung der Schwebelage in z-Richtung und Reaktionen aller Freiheitsgrade mit Linearmotoren

Target value step in z-direction and ensuing reaction of all degrees of freedom with installed linear drives

Dies bestätigt sich auch in der zweiten Zeile der Sollsprungmatrix in Bild 8.3 aus der Auszüge im folgenden Bild 6.16 gezeigt werden. Die Sollsprünge dieser Versuchsreihe umfassen jeweils 100 µm und aus der gleichmäßigen Anregung wird geschlossen, dass nach der erneuten Montage und Justierung der Tragmagnete keines der Module mehr den anderen vorauseilt. Dennoch wird gerade die Nickbewegung β bei der senkrechten Bewegung des Tisches im unteren rechten Graphen deutlich ausgelenkt. Trotz relativer Verbesserung kann der Regler der Anregung durch den stabilsten Freiheitsgrad z nicht folgen, während umgekehrt die Anregung des Nickens keine Auswirkungen auf die vertikale Position des Schlittens hat, siehe Graph β_z. Darüber hinaus bestätigt die untere linke Graphik erneut die Kopplung zwischen y und α.

Besonders zu beachten ist schließlich das Verhalten der Freiheitsgrade y und γ, die beide mit denselben beiden Magnetmodulen kontrolliert werden. Die Messungen illustrieren, dass die Kräfte der Linearmotoren diese Module im bestehenden Aufbau und mit der gewählten Regelung an den Rand ihrer Leistungsfähigkeit bringen. Die Sprungamplitude in y musste gegenüber den anderen Freiheitsgraden deutlich reduziert werden, um die Stabilität des Schwebezustands zu gewährleisten, und beide Sollsprünge werden von ihren Regelkreisen vergleichsweise langsam ausgeführt. Eine Verbesserung könnte hier nur durch einen verlängerten Hebelarm, oder eine größere Anzahl wirksamer Module erzielt werden. Größere Kraftamplituden sind keine ausreichende Maßnahme, da sie die Anstiegsgeschwindigkeit nicht erhöhen.

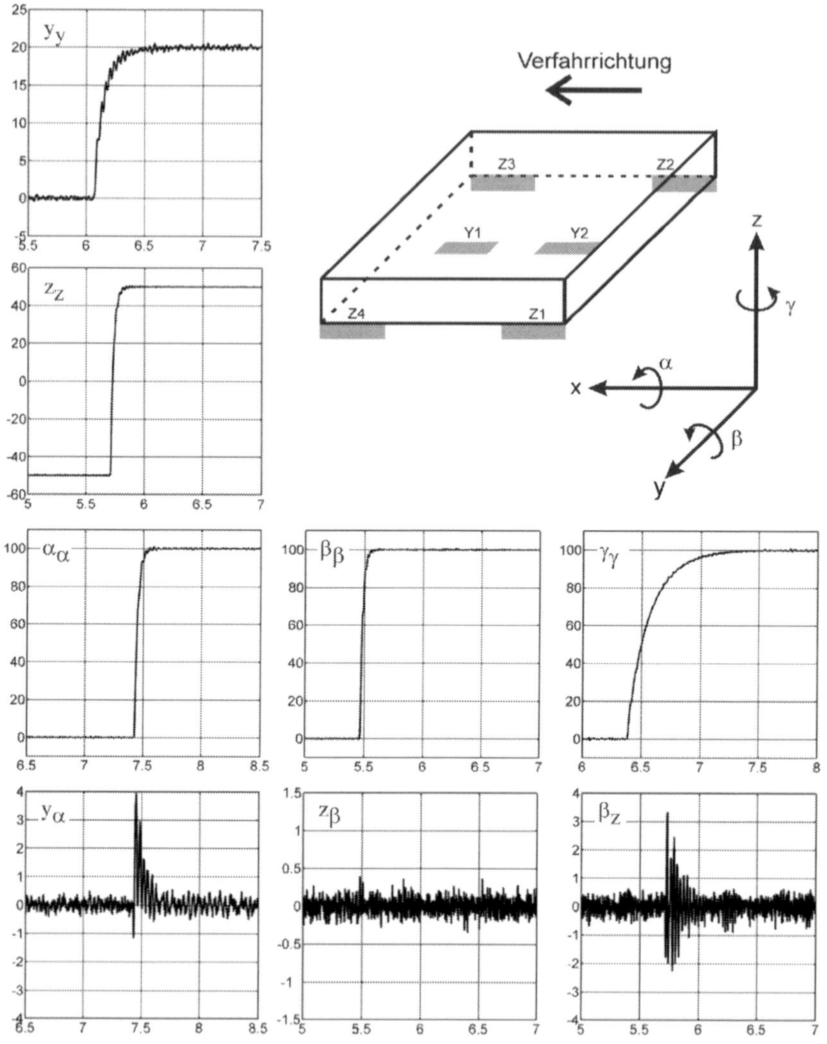

Bild 6.16: Auszüge des Führungsverhaltens aus Sollsprüngen und Koppelreaktionen bei integrierten Linearmotoren

Extracts of the tracking performance consisting of target steps and coupling reactions with mounted linear motors

Entsprechend der Untersuchung des Führungsverhaltens erweist es sich generell als möglich, die Magnetführung in ihren Freiheitsgraden für eine beschränkte Feinpositionierung des Schlittens zu nutzen. Die Genauigkeit wird dabei von der Schweberuhe und der Auflösung der Luftspaltsensoren beschränkt. Eine Schrittweite von 1 µm bzw. 1 µrad sind über die Sollwertvorgaben stationär realisierbar. Entsprechend der Neigungsrichtung der Linearmotoren sind die Auslenkungen in den einzelnen Freiheitsgraden unterschiedlich gut zu kontrollieren. In allen Richtungen verstärkt die negative Steifigkeit der Normalkräfte die Störkräfte, welche von den einzelnen Magnetmodulen kompensiert werden müssen. Mit Ausnahme der y-Richtung sind in allen Freiheitsgraden Auslenkungen von ± 50 µm bzw. ± 50 µrad umsetzbar, ohne dass eine Veränderung des stationären Betriebsverhaltens deutlich wird. Während der Verfahrbewegungen wird im Folgenden die außermittige Positionierbarkeit dynamisch zum Ausgleich verbleibender mechanischer Toleranzen des Aufbaus genutzt.

6.2.3 Störverhalten

Disturbance control performance

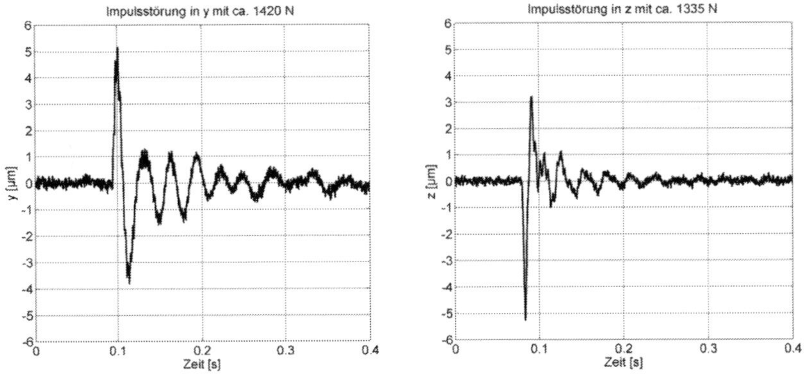

Bild 6.17: Zeitverhalten der Freiheitsgrade y und z bei impulsförmigen Störungen unter Einwirkung der Motornormalkräfte

Reactions of the degrees of freedom y and z to impulse disturbances with acting normal forces of the drives

Zusätzlich zur erneuten Analyse des Führungsverhaltens wird nach der Installation der Linearmotoren auch das Störverhalten der Führung anhand von Impulsstörungen erneut untersucht. Wie Bild 6.17 zeigt, hat die Steifigkeit in z-Richtung durch die Motorintegration im Vergleich zu Bild 6.9 etwas nachgelassen, das zeitliche Abklingverhalten ist allerdings kaum verändert. Die y-Richtung wird erwartungsgemäß stärker durch die veränderte Struktur beeinflusst. Sie weist gegenüber Bild 6.9 in erster Linie eine erhöhte Frequenz der abklingenden Schwingung auf. In beiden Messkurven korreliert die Schwingungsfrequenz jetzt deutlicher mit den Maxima der Nachgiebigkeitsfrequenzgänge G_{yy} bzw. G_{zz} in Bild 6.18. Die Transformation der Impulsanregungen in den Frequenzbereich und die erneute, auszugsweise Darstellung einer Frequenzgangmatrix der Nachgiebigkeiten in Bild 6.18 lässt zusammen mit Bild 6.10 einen Vergleich des Verhaltens mit und ohne Linearmotoren zu. Wiederum befindet sich die vollständige Matrix im Anhang in Bild 8.4.

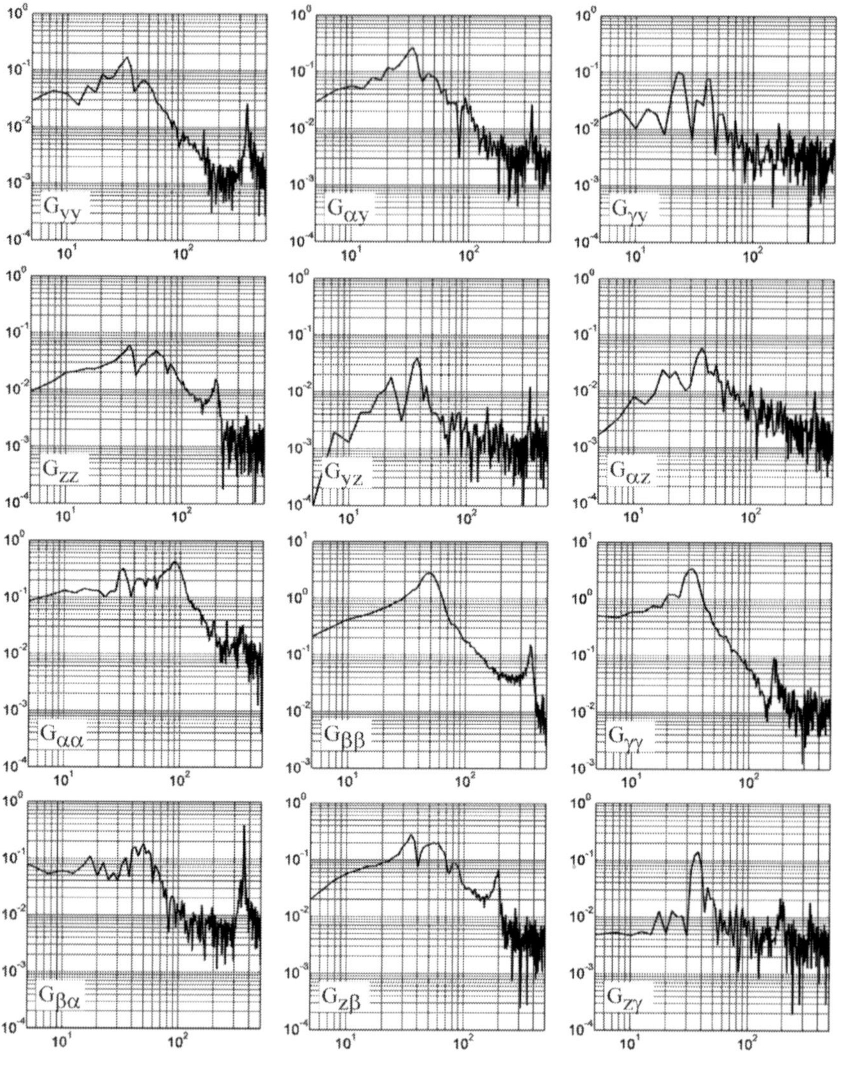

Bild 6.18: Nachgiebigkeitsfrequenzgänge der Magnetführung mit Linearmotoren

Compliance frequency responses for the magnetic guiding with linear drives

Die Zusammenstellung der daraus ermittelten minimalen Steifigkeiten und ihrer zugeordneten Anregungsfrequenz zeigt eine weitere Verringerung der erzielten Werte. Die Matrix gibt wie im antriebslosen Betrieb die Extremwerte der vollständigen Frequenzgangmatrix wieder und lehnt sich in den Positionen der Einträge an Bild 8.4 an. In den Spalten sind die Freiheitsgrad [y, z, α, β, γ] aufgeführt, wobei in jeder Zeile ein anderer Freiheitsgrad bei gleicher Reihenfolge angeregt wurde.

$$K_{min} = \begin{pmatrix} \frac{\mathbf{6\,N/\mu m}}{\mathbf{32.5\,Hz}} & \frac{36\,N/\mu m}{37.5\,Hz} & \frac{4\,N/\mu rad}{32.5\,Hz} & \frac{36\,N/\mu rad}{40\,Hz} & \frac{10\,N/\mu rad}{22.5\,Hz} \\ \frac{26\,N/\mu m}{37.5\,Hz} & \frac{\mathbf{16\,N/\mu m}}{\mathbf{35\,Hz}} & \frac{17\,N/\mu rad}{37.5\,Hz} & \frac{22\,N/\mu rad}{57.5\,Hz} & \frac{12\,N/\mu rad}{37.5\,Hz} \\ \frac{5\,Nm/\mu m}{32.5\,Hz} & \frac{5\,Nm/\mu m}{57.5\,Hz} & \frac{\mathbf{3\,Nm/\mu rad}}{\mathbf{90\,Hz}} & \frac{6\,Nm/\mu rad}{50\,Hz} & \frac{7\,Nm/\mu rad}{22.5\,Hz} \\ \frac{5\,Nm/\mu m}{37.5\,Hz} & \frac{4\,Nm/\mu m}{35\,Hz} & \frac{4\,Nm/\mu rad}{37.5\,Hz} & \frac{\mathbf{0.4\,Nm/\mu rad}}{\mathbf{47.5\,Hz}} & \frac{3\,Nm/\mu rad}{37.5\,Hz} \\ \frac{1\,Nm/\mu m}{32.5\,Hz} & \frac{7\,Nm/\mu m}{37.5\,Hz} & \frac{1\,Nm/\mu rad}{32.5\,Hz} & \frac{3\,Nm/\mu rad}{32.5\,Hz} & \frac{\mathbf{0.3\,Nm/\mu rad}}{\mathbf{32.5\,Hz}} \end{pmatrix} \qquad (6.2)$$

An minimaler Steifigkeit gewonnen haben lediglich die Freiheitsgrade z und γ. Die vertikale Richtung profitiert dabei von der Entlastung durch die Normalkräfte, welche zusätzliches dynamisches Potential durch den schnelleren Kraftaufbau freisetzt. In der Gierrichtung kommt eine leicht verbesserte Parametrierung zum Tragen, die für minimale Erhöhungen der Steifigkeitsamplituden sorgt. Die Position der Nachgiebigkeitsspitzen ist wesentlich stärker auf die vor der Installation der Sekundärteile in der Modalanalyse nachgewiesene Eigenfrequenz bei 35 Hz konzentriert. Diese wird durch die zusätzlichen Kräfte im Gesamtsystem weiter betont.

6.2.4 Angetriebene Verfahrbewegungen

Motor driven feed movements

Zusätzlich zu den Untersuchungen im stationären Schweben sind nach Abschluss der Motormontage und der erneuten Inbetriebnahme der Magnetführung mit modifizierter Regelung angetriebene Verfahrbewegungen in x-Richtung möglich. Diese unterliegen allerdings deutlichen Einschränkungen, da unter dem Einfluss der Motornormalkräfte mechanische Abweichungen des Aufbaus überproportional stark in das Verhalten eingehen. Verbleibende Fertigungs- und Montagetoleranzen erzwingen die Einführung positionsabhängiger Korrekturwerte für die Sollwerte der Gierrichtung γ und der Querrichtung y. Erst unter Berücksichtigung dieser Tabellen ist eine durchgehende Bewegung möglich.

Höhere Geschwindigkeiten führen aufgrund der Sollwertänderungen und der allgemein geringen Steifigkeit zu instabilem Verhalten der Führung. Dies überträgt sich in erster Linie auch auf das lineare Positionsmesssystem und führt durch die offene Bauweise zu Abstandsschwankungen zwischen Lesekopf und Maßband. Die daraus resultierenden fehlerhaften Positionsmessungen erzeugen ihrerseits Fehlermeldungen in der Steuerung der Vorschubantriebe.

Im Detail stellen sich die Verläufe der Luftspalte in einem Ausschnitt einer Verfahrbewegung ähnlich der manuellen Bewegung dar. Trotz geringerer Geschwindigkeiten ist das Störungsniveau in Bild 6.19 teilweise bereits vergleichbar zu Bild 6.11 und demonstriert damit einige negative Einflüsse der geneigten Linearmotoren.

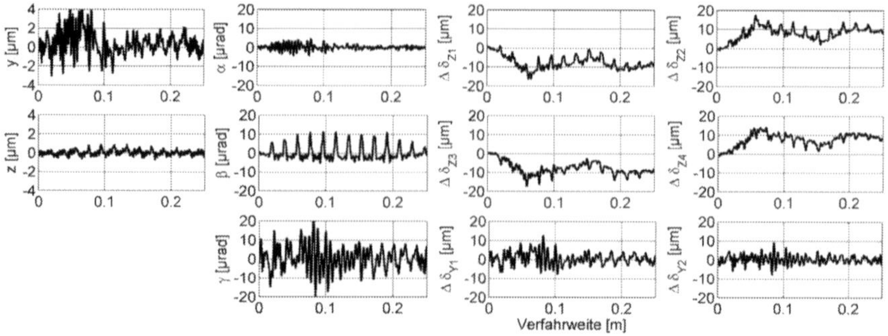

Bild 6.19: Motorisch angetriebene Verfahrbewegung des Schlittens
Motor driven movement of the slide

Zusätzlich zu den deutlichen Vibrationen in den Führmagneten, die sich in den Freiheitsgraden y und γ zeigen, ist nun auch die Richtung des Nickens in β auffällig stark gestört. Die Abstände der starken Störimpulse korrespondieren mit der Breite der in den Motoren verwendeten Permanentmagnetelemente. Wie auch den deutlich spürbaren Rastkräften zu entnehmen ist, entsprechen die Zähne der Motorprimärteile ohne jede Schrägung oder Überlappung der Geometrie der Permanentmagnete, so dass es zu ausgeprägten Rastlagen kommt. Zwischen diesen Vorzugspositionen bricht jeweils die zusätzliche Tragkraftkomponente aus den geneigten Motoren ein und führt zu der leichten Nickbewegung.

Insgesamt weisen die Richtungen z und α die beste Stabilität auf, beiden Freiheitsgraden stehen vier einflussnehmende Module zur Verfügung und es kommen ausreichend große Hebelarme zur Momentenerzeugung zur Anwendung. In α ist allerdings der verbleibende Störeinfluss der Kopplung an die y-Richtung sichtbar.

Die Stromverläufe der Tragmagnete während der Bewegung bestätigen erneut die Reduktion der benötigten statischen Tragkraft und zeigen zusätzlich die Merkmale der kurzzeitigen Störungen, die sich auch in den Luftspaltverläufen finden. Dominant sind hier die impulsförmigen Störungen der Nickrichtung β.

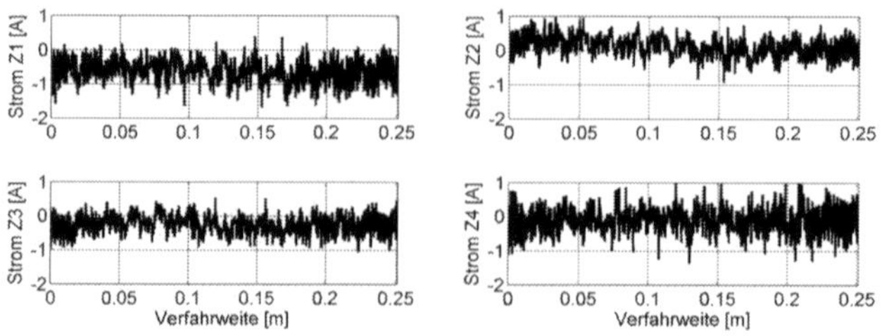

Bild 6.20: Stromverlauf der Tragmagnete während der motorischen Verfahrbewegung
Current profile of the levitation magnets during motor driven feed movement

Die deutliche Entlastung der Tragmagnete durch die Motornormalkräfte ermöglicht eine sehr hohe statische Belastbarkeit des Schlittens in z-Richtung. Belastungsversuche deuten auf eine mögliche Tragfähigkeit von bis zu 300 kg hin. Dynamische Lasten und Beanspruchungen der rotatorischen Freiheitsgrade durch unsymmetrische Lastverteilungen werden durch die dynamischen Nachgiebigkeiten allerdings deutlich eingeschränkt.

6.3 Beurteilung der Leistungsfähigkeit der Vorschubachse

Evaluation of the performance of the feed axis

Die prototypische Umsetzung der entwickelten Vorschubachse kann das theoretische Potential der Magnetführung entsprechend der am Einzelmagnetprüfstand ermittelten Werte trotz der erfolgreichen, modularen Einbindung der erprobten Komponenten und Konfigurationen nicht umsetzen. Die ideale Kopplung der vier Tragmagnete sollte eine minimale dynamische Steifigkeit von 100 N/µm in z-Richtung erreichen und benötigt in der Seitenführung bestenfalls die Hälfte dieses Wertes.

Insgesamt sind die erreichten Steifigkeiten im gesamten nutzbaren Frequenzbereich auf einem niedrigen Niveau und limitieren die Einsetzbarkeit der Führung drastisch. Nur das Führverhalten ohne äußere Störeinflüsse ist zufriedenstellend. Ohne signifikante Verbesserungen der Steifigkeit und die stabile Einstellbarkeit höherer Regelparameter kann die Führung nicht unter Prozessbedingungen eingesetzt werden.

In erster Linie kann die Leistungsfähigkeit durch eine verbesserte Justierbarkeit aller Aktoren und die Einhaltung geringerer Toleranzen im mechanischen Aufbau stark erhöht werden. Es verbleiben in den Doppelpassungen der gekoppelten Luftspalte durch zu aufwändige Toleranzketten deutliche Abweichungen von den Nennmaßen, die durch eine verbesserte Bearbeitung und Montage optimiert werden können. Dies führt auf einen noch einmal erhöhten mechanischen Aufwand zur Konstruktion und zum Aufbau einer derartigen magnetisch geführten Vorschubachse, um auch über die großen Strecken des Verfahrwegs Parallelitäten und Abmaße der Rückschlussjoche mit einer extremen Genauigkeit von wenigen Hundertstel Millimetern einhalten zu können. Ähnliche Toleranzmaßstäbe müssen bei der Fertigung und Montage der Magnetaktoren und des Verfahrschlittens angelegt werden. Die Optimierung des mechanischen Aufbaus erlaubt weitergehend eine stabile Erhöhung der Regelungsparameter und damit schnellere und präzisere Reaktionen der Luftspaltregelung.

Des Weiteren zeigt der Aufbau, dass die Störeinflüsse der Motornormalkräfte in den eisenbehafteten Linearmotoren den Vorteil des theoretisch sehr hohen Beschleunigungsvermögens überwiegen. Die Verwendung von eisenlosen Motoren führt hingegen zu einer signifikanten Entlastung der Magnetführung, auch wenn in diesem Fall keine Kompensation der Gewichtskraft erfolgen kann. Für die erstmalige prototypische Umsetzung einer innovativen Führung sind diese eindeutig vorzuziehen. Erst nach einer praktischen Optimierung der Führung wird die Leistungssteigerung durch den Wechsel der Antriebsauslegung sinnvoll.

7 Zusammenfassung und Ausblick

Summary and Outlook

7.1 Zusammenfassung

Summary

Die vorliegende Arbeit behandelt die Entwicklung fortgeschrittener magnetischer Aktoren für den Aufbau der berührungslosen Führung einer Vorschubachse sowie eine erste prototypische Realisierung. Zur Einordnung der Entwicklung in den Stand der Forschung in Wissenschaft und Industrie werden die Prinzipien des magnetischen Schwebens vorgestellt und bestehende Prototypen und Produkte aus dem Themenbereich magnetischer Lagerungen analysiert.

Es existiert ein stabiler Nischenmarkt für elektromagnetische Lager, insbesondere für rotatorische Anwendungen mit hohen Drehgeschwindigkeiten und geringen dynamischen Belastungen in Spezialgebieten wie der Medizintechnik. Anwendungen, deren Lager höheren Lasten und Störkräften ausgesetzt sind, benötigen im Allgemeinen individuelle Auslegungen mit geringer Flexibilität. Die Umsetzung von linearen Magnetführungen hat bereits zu serienreifen Großanwendungen wie dem Transrapid geführt, während kleinere Transportsysteme für beschränkte Streckenlängen sich im Prototypenstadium befinden. Ihnen ist gemeinsam, dass die Vorteile der berührungslosen Führungssysteme den notwendigen Aufwand in der Realisierung nicht aufwiegen können. Im Bereich der Vorschubachsen für Werkzeugmaschinen mit stark erhöhten Anforderungen an die Robustheit und Steifigkeit der Führung sind verschiedene Forschungsprojekte durchgeführt worden, deren prototypische Umsetzungen von Labormustern bis zu einer vollständigen Werkzeugmaschine reichen.

Diese Projekte zeigen unter anderem die Existenz des Potentials zu einer Beschränkung der Komplexität eines magnetischen Führungssystems durch eine Reduktion der Zahl notwendiger Aktoren und adaptierte Ansteuerungen. Entsprechend dieser Anforderung erfolgt in der vorliegenden Arbeit die Konzeption und Auslegung eines bidirektionalen Aktors mit permanentmagnetischer Unterstützung. Die Geometrie und die magnetische Flussführung des integrierten Magnetmoduls ermöglichen den Ersatz einer Differenzanordnung aus zwei Elektromagneten durch ein Modul und damit die Halbierung der Aktoranzahl für eine vollständige Magnetführung. Der Vorteil einer wechselnden Kraftrichtung in Abhängigkeit von der Bestromung der Spulen des Moduls verlangt einen mechanischen Aufbau aus zwei U-förmigen Magnetkernen mit eingelegten Permanentmagneten und einem Rückschlussjoch mit zwei zahnförmigen Gegenkonturen.

Die Auslegung beinhaltet eine ausführliche mechanische und elektrische Dimensionierung auf der Grundlage von statischen Magnetfeldsimulationen, sowie eine Modellbildung des Magnetmoduls im Zustandsraum und eine Verknüpfung mit einer PI-Zustandsregelung. Diese Modellierung dient der Untersuchung unterschiedlicher Varianten der Erfassung von Zustandsgrößen und der Gegenüberstellung einer alternativen Regelungsstrategie. In Verhaltenssimulationen wird eine methodische Reglerparametrierung durchgeführt und schließlich erfolgt eine ausführliche Verifikation der Leistungsfähigkeit eines prototypischen Moduls an einem Prüfstand mit einem isolierten Freiheitsgrad. Im optimierten, geregelten Betrieb wird am Einzelmagnetprüfstand eine dynamische Steifigkeit des Aktors von knapp 25 N/µm erreicht.

Aufbauend auf den integrierten Magnetmodulen wird eine Vorschubachse mit vollständiger Magnetführung konzipiert. Diese besitzt eine modulare Struktur auf der Grundlage des ersten Prüfstandsaufbaus und berücksichtigt in besonderem Maße die Anforderungen eisenbehafteter Linearmotoren als Vorschubantriebe. Die starken Normalkräfte zwischen stationären und bewegten Motorkomponenten verlangen eine besondere Sorgfalt in der mechanischen Dimensionierung mit einer Absicherung durch Verformungssimulationen sowie eine regelungstechnische Kompensation der Wechselwirkungen mit der Magnetführung. Gleichzeitig bieten diese Antriebe aber auch die Möglichkeit, durch einen geneigten Einbau die statische Traglast der vertikal wirkenden Magnetmodule zu reduzieren.

Die Zustandsregelung wird für die Vorschubachse zu einer entkoppelten Freiheitsgradregelung erweitert, wobei die Struktur der vorhergehenden Aktoransteuerung erhalten bleibt. Die Wirkung der Einzelregler wird allerdings auf jeweils einen räumlichen Freiheitsgrad transformiert, so dass erst die anteilig überlagerten Ausgangssignale die Magnetmodule vollständig ansteuern und auf diese Weise ihre mechanischen Kopplungen berücksichtigen. Reale und simulationsbasierte Erweiterungen der Regelung dienen der Optimierung ihrer Leistungsfähigkeit in unterschiedlichen Betriebszuständen. Dies sind insbesondere die Einbindung unterstützender Sensorik und ein prädiktives Kompensationsverfahren für voraussehbare Prozesskräfte einer angenommenen Zielanwendung.

Abschließend erfolgen die stufenweise Inbetriebnahme einer prototypischen Realisierung der Vorschubachse und vergleichende Untersuchungen der Leistungsfähigkeit in den einzelnen Ausbaustufen. Ohne ihre Vorschubantriebe erreicht die Achse eine stabile stationäre Lagerung des Verfahrschlittens und manuell beschleunigte Verfahrbewegungen, zeigt jedoch je nach Anzahl und Anordnung der wirkenden Magnetmodule in den einzelnen Freiheitsgraden deutliche Unterschiede in der Robustheit der Führung gegen Störeinwirkungen.

Die Integration der Lineardirektantriebe bewirkt die erfolgreiche Entlastung der Tragmagnete, während die Lagerung in horizontaler Richtung verstärkt belastet wird. Dies ist auf toleranzbedingte Querkraftunterschiede der Normalkräfte in den Direktantrieben zurückzuführen. In dieser endgültigen Konfiguration des Prototyps kann das stationäre Verhalten erneut optimiert werden, motorische Verfahrbewegungen sind jedoch nur sehr eingeschränkt möglich. Auch die messbare dynamische Störsteifigkeit erreicht aufgrund verbleibender Fertigungs- und Montagetoleranzen lediglich ein sehr niedriges Niveau.

7.2 Ausblick

Outlook

Auf der Basis der erfolgten Realisierung der integrierten Magnetmodule und ihrer prototypischen Umsetzung als Aktoren der Magnetführung einer Vorschubachse ergeben sich eine Reihe von Optimierungsansätzen.

Für die Dimensionierung der Magnetmodule selbst sind in Kapitel 4.1.2 bereits Ansätze zu einer optimierten Geometrie mit konstantem Querschnittsverlauf im Flusskreislauf aufgezeigt worden. Bei moderatem Kraftverlust kann auf diese Weise und durch eine Optimierung der Modullänge das Gewicht der Aktoren gesenkt werden. Auf der Grundlage der Erfahrungen mit den bisherigen Prototypen kann auch die Auslegung der Magnetspulen in Kombination mit den verwendeten Umrichtern erneut bewertet und möglicherweise optimiert werden.

Der Versuchsprüfstand der Vorschubachse wird von einer konzeptionellen Überarbeitung profitieren, die ein wesentlich geringeres Ausmaß verbleibender Toleranzen in Fertigung und Montage erlaubt. Dies wird die Leistungsfähigkeit des Aufbaus deutlich erhöhen. Die freiheitsgradabhängige Stabilität der Führung, die in Kapitel 6 dokumentiert ist, legt außerdem eine Angleichung der Hebelverhältnisse der wirksamen Magnetmodule in den unterschiedlichen Raumrichtungen nahe, insbesondere die Stärkung der Freiheitsgrade y und γ ist zwingend notwendig.

Darüber hinaus ist die Beeinträchtigung der Führung durch die Normalkräfte der Linearantriebe trotz der Entlastung der Tragmagnete übermäßig hoch, so dass für weitere Optimierungszyklen der Führung die Verwendung von eisenlosen Motoren trotz der geringeren Kraftdichte in Betracht gezogen werden muss. Diese Maßnahme kann mit einer erneuten Berücksichtigung eines Leichtbau-Gerüstes für den Verfahrschlitten einhergehen, da ohne die Motornormalkräfte wesentlich geringere Belastungen auf die Struktur wirken. Das stark verringerte Gewicht setzt ein erhebliches dynamisches Potential frei.

In der Ansteuerung der Magnetführung bestehen Möglichkeiten zur Optimierung der Regelungsparametrierung, z.B. durch eine verbesserte Parameteridentifikation der Massenmatrix zur Beschreibung des Verfahrschlittens. Darüber hinaus kann die Signalqualität der erfassten Zustandsgrößen durch eine weiterentwickelte Filterung und Abschirmung weiter gesteigert werden. Die Rauschbelastung der Signale geht direkt in die mögliche Verstärkung der Regelgrößen ein, jede Verbesserung führt unmittelbar zu schnelleren und wirksameren Reglern und damit zu einer erhöhten Stabilität der Gesamtführung. Auf der Grundlage einer stark erhöhten Signalqualität kann der Sensoreinsatz an der Vorschubachse optimiert werden und es ergeben sich Möglichkeiten zu einer erweiterten sensorlosen Zustandsgrößenidentifikation.

Summary and Outlook

The presented thesis deals with the development and prototypic implementation of advanced magnetic actuators for the contactless guiding system of a feed axis. To relate this development to the current state of the art in research and industry various principles of magnetic levitation are presented and existing prototypes and products of magnetic bearings are analyzed.

Electromagnetic bearings fill a solid niche market, which concentrates on rotary applications with very high velocities and small dynamic loads in specialized fields such as medical technology. Applications whose bearings have to deal with higher loads and stronger disturbances usually demand a customized bearing design and offer little flexibility in their employ. The development of linear magnetic guidings has led to mature MagLev train designs such as the Transrapid, while smaller transport systems with limited track lengths have at least reached the prototype stadium. They all have in common that the advantages of their contactless bearing systems cannot compensate for the necessary efforts in set-up and operation. In the field of feed axes for machine tools the high demands on the guiding system's robustness and stiffness have sparked several research projects whose prototypical implementations range from laboratory test benches to an entire machine tool.

These projects demonstrate among other results the potential to limit the complexity of a magnetic guiding system by reducing the number of actuators and adapting the control units. According to this demand a bidirectional actuator with permanent-magnetic enhancement was conceived and dimensioned in the present thesis. The mechanical geometry and magnetic flux paths of one integrated magnet module enable it to replace a differential configuration of two electromagnets and thus cut the necessary number of actuators for a complete guiding system in half. The advantage of a reversable force direction depending solely on the currents in the module's coils demands a mechanical design of two U-shaped magnetic cores with integrated permanent magnets and a slotted yoke.

The design includes the detailed mechanical and electrical dimensioning of the module on the basis of static magnetic field simulations as well as a state space model representation and the attachment to a PI-state-control. The model serves as the platform for research on different methods of capturing the state variables and a comparison of alternative control strategies. Performance simulations conduct a methodical control parametrization and finally the true capabilities of a prototype module are verified on a test bench with one isolated degree of freedom. This demonstrates a dynamic stiffness of almost 25 N/µm during its optimized and controlled operation.

Based on the results of the integrated magnet module's development a feed axis with a completely magnetic guiding system is drafted. It features a modular structure that builds upon the design experiences of the Single-Module-Test-Bench and particularly considers the demands of ferrous linear direct drives which are to generate the feed movements. The large normal forces between stationary and moving motor components require special care in the mechanical design including deformation simulations as well as a software compensation of force interactions in the control unit. On the other hand, the normal forces of the drives offer the possibility of reducing the static gravitational load on the vertical magnet modules through an inclination of their mounts.

On the feed axis the state control is expanded to a decoupled Degree-of-Freedom control while the structure of the former actuator control is retained. However, the effect of the individual controllers is transformed from a single actuator to a spatial degree of freedom and thus only their superposed output signals completely control the magnet modules. This accounts for the mechanical coupling of the modules on the frame of the axis slide. Realized and simulated extensions of the control structure point out optimizations in its capabilities in various states of operation. This especially comprises the use of auxiliary sensors and a predictive compensation algorithm for anticipated process forces in a hypothetical application.

The thesis concludes with an account of the comparative testing of different stages of operation for a prototype of the feed axis. Without the feed drives and the ensuing interactions the magnetic guiding system provides a stable bearing for the axis slide during stationary operation and manual feed movements. Depending on the number and configuration of effective magnet modules the individual degrees of freedom show clear differences in their robustness against disturbances.

The integration of the linear direct drives effects the successful relief of the vertical levitation modules while the dynamic load on the horizontal modules increases. In this final configuration the stationary performance of the prototype is optimized once more, but motorized feed movements are subject to severe limitations. Due to residual production and assembly tolerances the measurable dynamic stiffness of the guiding system remains on a very low level.

The experiences in the design and testing of the integrated magnet modules and the prototypical implementation as actuators for the guiding system of a feed axis lead to a number of possible optimizations for future work packages.

Concerning the dimensioning of the magnet modules themselves chapter 4.1.2 provides suggestions and calculations for an optimized geometry with a constant cross-section of the magnetic flux paths. This and an optimization of the module length can lower the weight of the actuators with only a limited loss of magnetic force. Based on the experiences with the existing prototypes the dimensioning of the magnet coils in combination with the applied power converters can be re-evaluated and possibly be optimized as well.

The test bench for the feed axis will profit from a thorough redesign which principally aims at a lower level of tolerances during production and assembly. This will increase the performance of the guiding system significantly. The guiding's varying stability in the individual degrees of freedom as presented in the results in chapter 6 additionally suggests a matching of the effective leverage distances between the magnet modules to even out their torque contributions. This particularly refers to the degrees of freedom y and γ, where the increase of the dynamic stability is absolutely mandatory.

Furthermore, the limitations which the normal forces of the linear direct drives impose on the guiding system are not compensated by the relief of the levitation modules. Thus, future optimizations have to consider the use of ironless drives, even though this means a loss of specific drive force. This replacement also allows to reconsider the use of a light-weight structure for the moving slide since the structure suffers significantly lower loads without the normal forces of the linear drives. The notably reduced weight releases a considerable dynamic potential.

The control of the magnetic guiding system may be improved by an optimized parametrization of the controllers. This could e.g. include an improved parameter identification of the matrix **M**, which describes the mass distribution on the axis slide. In addition, the signal quality of the captured state variables can be increased using more advanced filtering and shielding techniques. The signal noise directly relates to the attainable amplification in the control loops, every improvement immediately results in faster and more robust controllers and thus increases the stability of the entire guiding system. If the signal quality can be enhanced significantly, it will be possible to reevaluate the employ of the various sensors on the feed axis and other methods of capturing state variables.

8 Anhang

Annex

Bild 8.1 zeigt eine ausführlichere Darstellung des Führungsverhaltens der Vorschubachse ohne Antriebe. Die Matrix zeigt in ihren Spalten die zeitlichen Luftspaltverläufe in der Reihenfolge der Freiheitsgrade nach [y, z, α, β, γ], wobei in jeder Zeile ein anderer Freiheitsgrad entsprechend dem angegebenen Index angeregt wird. Die Darstellung der Luftspaltauslenkungen ist in der Einheit [µm] bzw. [µrad] für die rotatorischen Freiheitsgrade skaliert und wird über der Zeit in [s] aufgetragen. Mit dieser Matrixstruktur aus 5 x 5 Elementen werden die Anregungen aller Richtungen und das jeweilige Übersprechen auf alle übrigen Freiheitsgrade dokumentiert.

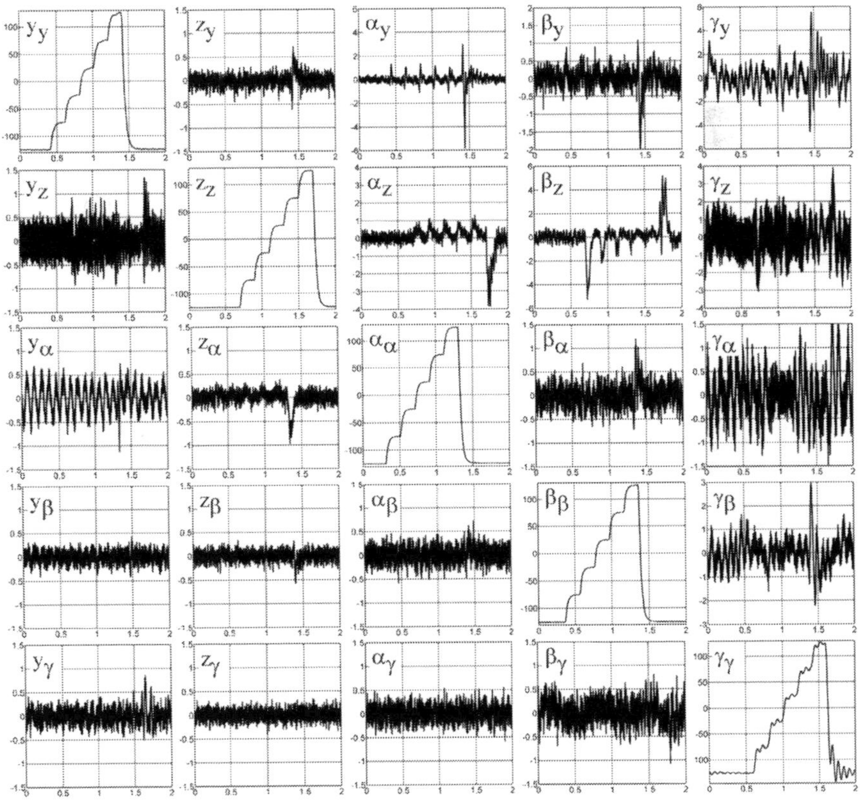

Bild 8.1: Vollständige Matrix des Führungsverhaltens der Vorschubachse ohne Antriebe

Complete matrix of the tracking performance of the feed axis without drives

Das folgende Bild 8.2 demonstriert die Nachgiebigkeit der Führung über der Frequenz in einer Matrix aus Nachgiebigkeitsfrequenzgängen. Es wird das vollständige Störverhalten erfasst, indem alle fünf Freiheitsgrade einzeln angeregt und die frequenzabhängigen Nachgiebigkeiten in allen Richtungen aufgezeichnet werden. Damit schließt die Darstellung ebenfalls die Querempfindlichkeiten und Übersprechreaktionen nicht angeregter Freiheitsgrade ein. Die einzelnen Richtungen sind hier erneut spaltenweise in der Reihenfolge [y, z, α, β, γ] angeordnet und werden zeilenweise mit Störkräften bzw. Störmomenten angeregt. Auf diese Weise ergeben sich die direkten Reaktionen auf die Anregungen in der Hauptdiagonalen der Matrix, während das Übersprechen in den Nebenelementen dokumentiert wird. Der Matrixeintrag $G_{ges}(3,2) = G_{z\alpha}$ zeigt beispielsweise die Reaktion des Freiheitsgrades z auf eine Momentenanregung in α in [µm/Nm] über der Frequenz in [Hz].

Die Maxima der Nachgiebigkeitsfrequenzgänge beinhalten die minimale Störsteifigkeit der Messungen und sind in analoger Matrixdarstellung in Gleichung (6.1) mit ihrer zugehörigen Frequenz aufgeführt.

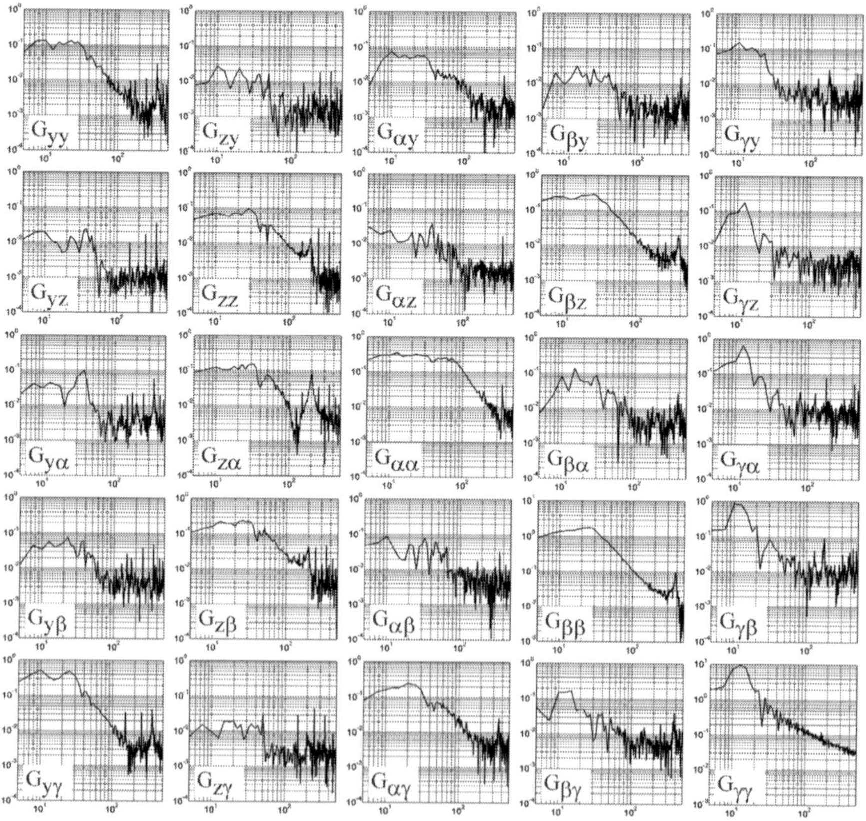

Bild 8.2: Vollständige Nachgiebigkeitsfrequenzgangmatrix der Vorschubachse im antriebslosen Betrieb

Complete matrix of the compliance frequency response for the feed axis without drives

Analog zu Bild 8.1 zeigt Bild 8.3 das vollständige Führungsverhalten der magnetischen Führung mit vorgegebenen Sollsprüngen über 100 µm bzw. 100 µrad und allen Übersprechreaktionen der nicht angeregten Freiheitsgrade. Abweichend von der ersten Darstellung sind in dieser Messreihe die Linearantriebe der Vorschubachse montiert und wirken mit ihren permanentmagnetischen Normalkräften auf das Gesamtsystem ein. Erneut ist die Matrix in ihren Spalten nach Luftspaltverläufen in der Reihenfolge der Freiheitsgrade [y, z, α, β, γ] mit den Einheiten [µm, µm, µrad, µrad, µrad] über der Zeit in [s] sortiert, und es wird in jeder Zeile ein einzelner Freiheitsgrad entsprechend des angegebenen Index angeregt.

Um einen stabilen Sollsprung im Freiheitsgrad y abzubilden, musste die Sprunghöhe hier auf 20 µm reduziert werden.

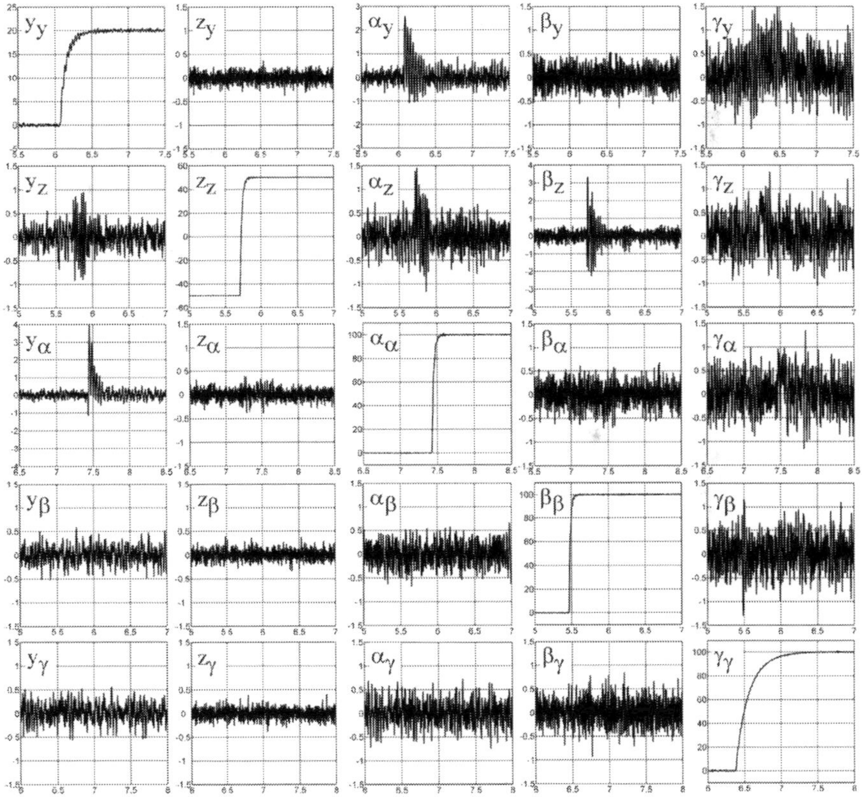

Bild 8.3: Vollständige Matrix des Führungsverhaltens aus Sollsprüngen und Koppelreaktionen bei integrierten Linearmotoren

Complete matrix of the tracking performance consisting of target steps and coupling reactions with mounted linear drives

Ebenfalls analog zur Nachgiebigkeitsfrequenzgangmatrix in Bild 8.2 dokumentiert das folgende Bild 8.4 die vollständige, frequenzabhängige Nachgiebigkeit der Magnetführung mit installierten Linearmotoren. Die Darstellung folgt einer identischen Sortierung und Bezeichnung. Auch die Einheiten der Darstellung sind unverändert. Die Sammlung der minimalen Störsteifigkeiten dieser Messungen ist in Gleichung (6.2) aufgeführt.

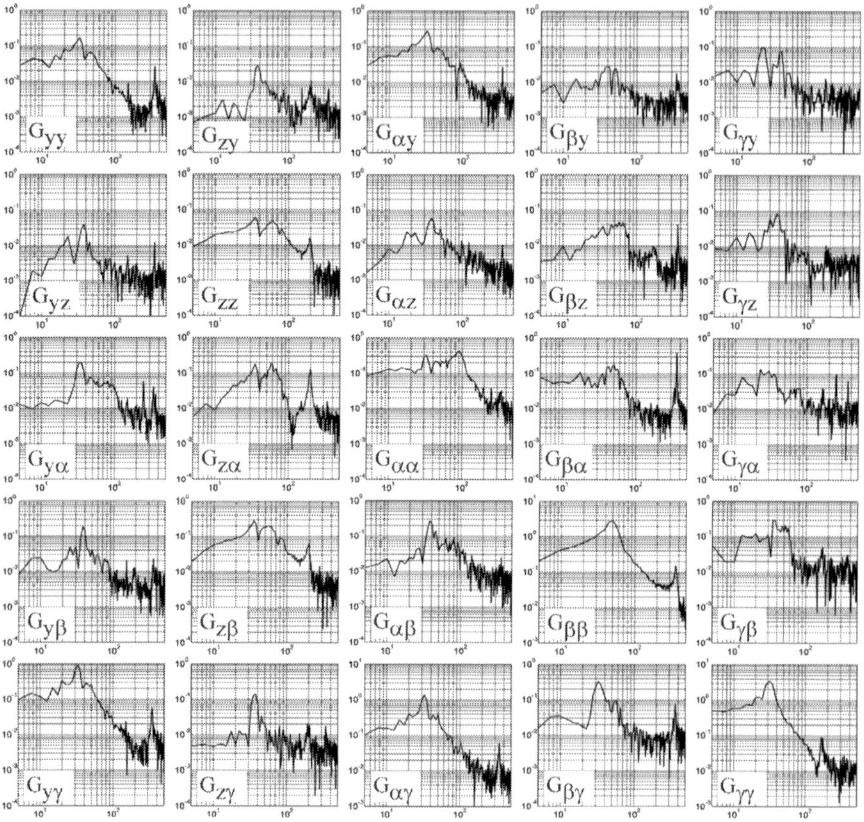

Bild 8.4: Vollständige Nachgiebigkeitsfrequenzgangmatrix der Magnetführung bei installierten Linearmotoren

Complete matrix of the compliance frequency response for the magnetic guiding with installed linear direct drives

9 Literaturverzeichnis

References

[AERO07] Allgemeine Technologieinformationen zu Luftlagern auf der Website der Aerolas GmbH: http://www.aerolas.de/de/main/luftlager-technologie.htm (Stand Dezember 2007)

[AESC02] Aeschlimann, B.: Control Aspects of High Precision Active Magnetic Bearings. Diss. Ecole polytechnique fédérale de Lausanne, Lausanne, 2002

[AETE09] Informationen der Firmenseite http://www.aerotech.com (Stand Februar 2009)

[AXOM08] Informationen der Firmenseite http://www.axomat.de (Stand Mai 2008)

[BENY00] Ben Yahia, K.: Entwicklung von Magnetlagern am Beispiel einer linearen Magnetführung und einer lagerlosen Asynchronmaschine. Diss. IEM, RWTH Aachen, 2000

[BRAK04] Brakensiek, D.: Lineares Antriebssystem für ein magnetisch gelagertes Transportfahrzeug. Diss. IEM, RWTH Aachen, 2004

[BRÄN95] Brändlein, J., Eschmann, P., Hasbargen, L., Weigand, K.: Die Wälzlagerpraxis, Handbuch für die Berechnung und Gestaltung von Lagerungen. 3. Aufl., Mainz: Vereinigte Fachverlage GmbH, 1995

[BREC08] Brecher, C., Ostermann, T., Friedrich, D. A.: Control concept for PKM considering the mechanical coupling between actors. International Journal of Machine Tools & Manufacture, Volume 48, März 2008, S. 427–436

[BRYS05] Bryson, B.: A short history of nearly everything. New York: Broadway Books, 2005, S. 147-148

[CAI02] Cai, J., Henneberger, G.: Radial Force of Bearingless Wound-Rotor Induction Motor. Proceedings of the 8th International Symposium on Magnetic Bearings, ISMB-8, Mito, Japan, 2002, S. 41-46

[CHEL07] Chellini, R.: 30 Years of Magnetic Bearing Pioneering Activity. COMPRESSORTech^{Two} magazine, August-September 2007, S. 116-118

[COOK02] Cook, R., Malkus, D., Plesha, M., Witt, R.: Concepts and Applications of Finite Element Analysis. 4th Edition Hoboken, New Jersey: John Wiley & Sons, 2002

[DENK03] Denkena, B., Popp, K., Kallage, F., Ruskowski, M.: Maschinenkonzept für die hochdynamische Fräsbearbeitung. Werkstattstechnik online, Jahrgang 93 (2003), Heft 1/2c

[DENK06] Denkena, B., Kallage, F., Neuber, C.: Adaptive Positionierung von Werkzeugmaschinenachsen mit kontaktlosen Antriebs- und Führungssystemen. Proceedings 4. Paderborner Workshop "Entwurf mechatronischer Systeme", Heinz Nixdorf Institut, HNI-Verlagsschriftenreihe, Band 189, Paderborn, 2006, S. 211-221

[DSPA09] Informationen der Firmenseite http://www.dspace.de (Stand Februar 2009)

[EARN42] Earnshaw, S.: On the nature of the molecular forces which regulate the constitution of the luminiferous ether. Transactions of the Cambridge Philosophical Society, Vol. 7, 1842, S. 97-112,

[EAAT07] Informationen der Firmenseite http://www.eaat.de (Stand Februar 2007)

[EFFE70] Effenberger, W.: Hydrostatische Lageregelung zur genauen Führung von Werkzeugmaschinenschlitten. Diss. WZL, RWTH Aachen, 1970

[ELJO02] N.N.: In der Schwebe – Magnetlager verbessern die Antriebstechnik. Fachzeitschrift Elektronik Journal, Special Antriebstechnik, November 2002, S. 22-26

[FREM00] Fremerey, J.: Permanentmagnetische Lager. Arbeitsunterlagen für die Lehrgänge „Gleitlager“ und „Luftlagerungen“ an der Technischen Akademie Esslingen, Forschungszentrum Jülich, 2000

[FÖLL08] Föllinger, O.: Regelungstechnik - Einführung in die Methoden und ihre Anwendung. 10. durchgesehene Auflage. Heidelberg: Hüthig Buch Verlag, 2008

[FZJU07] Entwicklungen wissenschaftlicher Geräte mit permanentmagnetischen Lagerungen am Forschungszentrum Jülich. http://www.fz-juelich.de/zat/LizenzUndPrototyp (Stand November 2007)

[GERK91] Gerke, M.: Auslegung von ebenen und zylindrischen aerostatischen Lagern bei stationärem Betrieb. Diss. TU München, 1991

[GERT89] Gerthsen, C., Kneser, H., Vogel, H.: PHYSIK – Ein Lehrbuch zum Gebrauch neben Vorlesungen. 16. Aufl. Berlin: Springer Verlag, 1989

[GOTT84] Gottzein, E.: Das ‘Magnetische Rad’ als autonome Funktionseinheit modularer Trag- und Führsysteme für Magnetbahnen. Diss. TU München, 1984

[GRAM10] Gramatke, H.-P.: Private Sammlung zu Perpetua Mobilia http://www.hp-gramatke.de/perpetuum/index.htm (Stand Januar 2010)

[HARR03] Harris, T., Widbro, L.: Magnetic bearings: From product innovation to proven solutions. SKF Firmenzeitschrift Evolution, Heft 2, Mai 2003, S. 24-28

[HARR04] Harris, T.: Gegensätze zieh´n sich an. Fachzeitschrift KEM, März 2004, S. 84

[HASE00] Haseloff, J.: Längsführungen mit Rollenumlaufeinheiten und Rollenumlaufführungen. In: Bartz, W. J. (Hrsg.), Ruß, A. G.: Linearlager und Linearführungssysteme. (Reihe: Kontakt & Studium, Bd. 337) 2. Aufl. Renningen: expert Verlag, 2000, S. 170-204

[HELL98] Heller, A.: A new Approach for Magnetically Levitating Trains – and Rockets. Science & Technology Review, Lawrence Livermore National Laboratory, Livermore, CA, Juni 1998, S. 20-22

[HENN00] Henning, U., Hellinger, R., Nothhaft, J.: The Transrapid Propulsion System – Results of Operation. Proceedings of the 16th International Conference on Magnetically Levitated Systems and Linear Drives, MAGLEV 2000, Rio de Janeiro, Juni 2000, S. 269-274

[HERI95] Hering, E., Martin, R., Stohrer, M.: Physik für Ingenieure. 5. Aufl. Düsseldorf: VDI-Verlag, 1995

[HERO94] He, J.L., Rote, D. M., Coffey, H. T.: Study of Japanese Electrodynamic-Suspension Maglev Systems. Center for Transportation Research, Energy Systems Division, Argonne National Laboratory, Argonne, IL, 1994

[HOFE09] Hofer, M., Schmidt, E., Schrödl, M.: Comparison of a Solid and a Laminated Rotor for Sensorless Control of Radial Active Magnetic Bearings. Proceedings of the IEEE International Electric Machines and Drives Conference, IEMDC 2009, USA, 2009, S. 625-630

[HOFF97] Hoffmann, K.-J., Markert, R.: Linearisierung von magnetischen Lagerungen für elastische Rotoren per Software. VDI Berichte Nr. 1315, 1997, S. 407-418

[HOFF98] Hoffmann, K.-J., Laier, D., Markert, R., Renner, F.-M., Glesner, M.: Integrated Active Magnetic Bearings. Proceedings of the 6th International Symposium on Magnetic Bearings, Technomic Publ., Lancaster/Basel, 1998, S. 256-258

[HOFF99] Hoffmann, K.-J.: Integrierte aktive Magnetlager. Diss. TU Darmstadt, 1999

[HÖLT06] Höltkemeier, U.: Magnetisch, schnell, kompakt. Zeitschrift konstruktionspraxis 8, 2006, S. 70-73

[HUBE04] Huber, J.: Optische Druckmessung zur Untersuchung von aerostatischen Lagern. Diss. TU München, 2004

[HYPE03] N.N.: Hyperspin High Speed Spindles. Produktkatalog der Revolve Magnetic Bearings, 2003

[IBAG08] Informationen der Firmenseite der IBAG Switzerland AG http://www.ibag.ch (Stand Mai 2008)

[IBS08] Informationen der Firmenseite von IBS Magnet http://www.ibsmagnet.de (Stand Oktober 2008)

[IGUS07] Informationen der Firmenseite der igus GmbH, http://www.igus.de, „News 2006“ (Stand November 2007)

[ICMB99] Projektbeschreibungen der ETH Zürich Research Group „International Center for Magnetic Bearings“ vom Juli 1999. http://www.ifr.mavt.ethz.ch/research/icmb/ (Stand März 2008)

[INA08] Informationen der INA Schaeffler KG, http://www.ina.de (Stand Januar 2008)

[ISO14728] Norm DIN ISO 14728: Wälzlager – Linear-Wälzlager. Teil 1: Dynamische Tragzahlen und nominelle Lebensdauer, 2004; Teil 2: Statische Tragzahlen, 2004

[JENC04] Jenckel, P.: Zuwachs in der Magnetlagerfamilie. LUSTtec, Kundenmagazin der Lust-Unternehmensgruppe No. 14, November 2004, S. 7

[JOUR04] N.N.: Magnetlager in der Herzchirurgie. Forschungszentrum Jülich, JournalMed vom 10.3.2004, http://www.journalmed.de/newsview.php?id=3781 (Stand Mai 2004)

[KALL03] Kallenbach, E., Eick, R., Quendt, P., Ströhla, T., Feindt, K., Kallenbach, M.: Elektromagnete. Grundlagen, Berechnung, Entwurf und Anwendung. 2. Aufl., Stuttgart: Teubner Verlag, 2003

[KANN00] Kanne, U., Redemann, C.: Alles in der Schwebe – Große Zukunft für geregelte Magnetlager. Zeitschrift Elektronik 18, September 2000

[KIST03] Datenblätter der Firma Kistler Instrumente GmbH zum K-SHEAR Beschleunigungssensor 8702B50 (April 2003) und dem zugehörigen Piezotron-Kuppler 5108A (Mai 2001)

[KLLG07] Kallage, F.: Einsatz magnetischer Aktoren und Führungseinheiten zur Erhöhung der Bahngenauigkeit von Hochgeschwindigkeitsfräsmaschinen. Diss. Universität Hannover, 2007

[KLOS94] Kloss, A.: Geschichte des Magnetismus. Berlin: VDE Verlag, 1994

[LACO04] Lacour, M.: Spindel mit Magnetlagern. Unterlagen zum Seminar Gestaltung von Spindel-Lager-Systemen, 17.-18.3.2004, WZLforum, Aachen, 2004

[LAIE98] Laier, D., Markert, R.: Ein Beitrag zu sensorlosen Magnetlagern. ZAMM - Zeitschrift für Angewandte Mathematik und Mechanik, Bd. 78, Suppl. 2, 1998, S. 577-578

[LANG03] Lang, M.: Berechnung und Optimierung von passiven permanentmagnetischen Lagern für rotierende Maschinen. Diss. TU Berlin, 2003

[LEHN05] Lehner, W.-D.: Regelung von Vorschubachsen unter Verwendung der Relativbeschleunigung. Diss. Universität Stuttgart, 2005

[LEM03] Datenblatt der Firma LEM zum Stromwandler LA55-P, v 9, 2003

[LEM04] N.N.: Isolated current and voltage transducers, Characteristics – Applications – Calculations. Technische Dokumentation der Firma LEM, 3rd Edition, 2004

[LEVI04] N.N.: Improve Yield and Reduce Costs with Levitronix Bearingless Pumps! Firmenbroschüre der Levitronix GmbH, 2004

[LEVI08] Informationen der Firmenseite der Levitronix GmbH http://www.Levitronix.com (Stand März 2008)

[LOES02] Lösch, F.: Identification and Automated Controller Design for Active Magnetic Bearing Systems. Diss. ETH Zürich, 2002

[LTEC08] Informationen der Firmenseite der LEViTEC GmbH http://www.levitec.lt-i.com (Stand April 2008)

[LUST99] Lust Antriebstechnik: Verfahren und Anordnung zur Ansteuerung der Tragwicklungs- und Antriebswicklungssysteme in elektrischen Maschinen mit magnetischer Lagerung sowie elektrischem Antrieb. Europäisches Patent EP 0 972 140 B1 (01.02.1999)

[MAGL00] Umfrageergebnisse des International Maglev Board, Leitung: Dr. Johannes Klühspies, 2000, http://www.maglev.de (Stand November 2007)

[MECO08] Informationen der Firmenseite der Mecos Traxler AG http://www.mecos.com (Stand April 2008)

[MEYR98] Meyr, H.: Regelungstechnik und Systemtheorie. Aachen: Wissenschaftsverlag Mainz, 1998

[MINE10] Mineralienportrait aus dem internetbasierten Mineralienatlas http://www.mineralienatlas.de/lexikon/index.php/ Mineralienportrait/Magnetit (Stand Januar 2010)

[MUIJ82] Muijderman, E. A.: Luftgeschmierte Spiralrillenlager. In: W.J. Bartz (Hrsg.): Luftlagerungen, Grundlagen und Anwendungen. (Reihe: Kontakt & Studium, Bd. 78) Grafenau: expert Verlag, 1982, S. 128-166

[MURR05] N.N.: Psst! Der Antrieb flüstert. Industrieanzeiger Produktreport 2/2005, S. 43, und http://www.murrplastik.de (Stand Februar 2005)

[MÜLL02] Müller, G., Groth, C.: FEM für Praktiker – Band 1: Grundlagen. 7. Aufl., Renningen: expert Verlag, 2002

[NEWW08] Informationen der Firmenseite von New Way Air Bearings: http://www.newwayairbearings.com (Stand Januar 2008)

[OHM04] Ohm, J.-R.: Signalübertragung – Grundlagen der digitalen und analogen Nachrichtenübertragungssysteme. 9. Aufl., Berlin: Springer Verlag, 2004

[OPIT69] Opitz, H.: Aufbau und Auslegung hydrostatischer Lager und Führungen und konstruktive Gesichtspunkte bei der Gestaltung von Spindellagerungen mit Wälzlagern. Bericht über die VDW-Konstrukteurs-Arbeitstagung 21./22.2.1969, Köln: Heidemann Verlag, 1969

[PAEP06] Paepenmüller, F.: Hydrostatisches Profilschienen-Führungssystem für Werkzeugmaschinen. Diss. WZL, RWTH Aachen, 2006

[PALI04] Palis, F., Schallschmidt, T., Draganov, D.: Regelungstechnische Optimierung der elektrischen Aktorik eines magnetisch gelagerten Werkzeugmaschinenrundtisches. Institut für elektrische Energiesysteme, Universität Magdeburg http://www.uni-magdeburg.de/iesy/homepage/riemekasten/ magnetlager/magnetlager.htm (Stand Juni 2004)

[PATZ01] Patzwald, R.: Magnetische Flüssigkeiten als Schmierstoff in hydrodynamischen Gleitlagern. Diss. TU Berlin, 2001

[PERO11] Perovic, B.: Hydrostatische Führungen und Lager: Grundlagen, Berechnung und Auslegung von Hydraulikplänen. 1. Aufl., Berlin: Springer Verlag, 2011

[PETZ06] Petzold, O.: Modellbildung und Untersuchung eines magnetisch gelagerten Rundtisches. Diss. Otto-von-Guericke-Universität Magdeburg, 2006

[REDE06] Redemann, C.: Zusätzlicher Kundennutzen durch den Einsatz von Magnetlagern in Bearbeitungsspindeln. Unterlagen zum Seminar Gestaltung von Spindel-Lager-Systemen, 9.-10.3.2006, WZLforum, Aachen

[RENI09] Informationen der Produktseite „RGH22 Wegmess-System" der Renishaw GmbH http://www.renishaw.de/de/6443.aspx (Stand September 2009)

[RENN04] Rennie, G.: Magnetically Levitated Train Takes Flight. Science & Technology Review. Lawrence Livermore National Laboratory, Livermore, CA, Oktober 2004, S. 12-14

[RISS01] Risse, S.: Ein Beitrag zur Entwicklung eines doppelsphärischen Luftlagers aus Glaskeramik. Diss. TU Ilmenau, 2001

[RTRI07] Railway Technical Research Institute, Yamanashi Maglev Test Center, Tokyo, Japan, http://www.rtri.or.jp (Stand August 2007)

[RUSK02] Ruskowski, M., Popp, K.: Improved Position Control of a Magnetic Guide using Acceleration Measurement and a Laser Position Reference. Proceedings of the 8th International Symposium on Magnetic Bearings, ISMB-8, Mito, Japan, 2002, S. 305-310

[RUSK04] Ruskowski, M.: Aufbau und Regelung aktiver Magnetführungen. Diss. Universität Hannover, 2004

[S2M08a] Informationen der Firmenseite von S2M, http://www.s2m.fr (Stand März 2008)

[S2M08b] Zusätzliche Informationen der Firma S2M, http://www.magnetic-bearings-s2m.com (Stand März 2008)

[SCHE94] Schelenz, R.: Führungseigenschaften von Profilschienenführungen in Abhängigkeit verschiedener Konstruktionsparameter. Diss. RWTH Aachen, 1994

[SCHN06] Schneeberger, T., Kolar, J. W.: Novel Integrated Bearingless Hollow-Shaft Drive. Conference Records of the 2006 IEEE Industry Applications Conference, 41st IAS Annual Meeting (IAS'06), Tampa, FL, 2006, Vol. 1, S. 70-75

[SCHN08] Informationen der Firmenseite der Schneeberger GmbH, http://www.schneeberger.com (Stand Januar 2008)

[SCHW93] Schweitzer, G., Traxler, A., Bleuler, H.: Magnetlager - Grundlagen, Eigenschaften und Anwendungen berührungsfreier, elektromagnetischer Lager. Berlin: Springer Verlag, 1993

[SIEM07] Siemens AG: Ermittlungsverfahren für eine Istgeschwindigkeit eines bewegbaren Verfahrelements. Patentschrift DE 100 24 394 B4 (01.02.2007)

[SIEM09a] Informationen der Produktseite „Die Antriebsfamilie SINAMICS" der Siemens AG http://www.siemens.de/sinamics (Stand Juli 2009)

[SIEM09b] Informationen der Produktseite „Das Inbetriebnahmetool STARTER" der Siemens AG http://www.automation. siemens.com/ld/html_00/starter.html (Stand September 2009)

[SKF08a] Produktinformationen der Firma SKF http://www.skfmagneticbearings.com (Stand Januar 2008)

[SKF08b] Produktinformationen der Firma SKF http://www.linearmotion.skf.com (Stand Januar 2008)

[SULZ99] Sulzer Electronics AG und Lust Antriebstechnik GmbH: Elektromagnetische Lagervorrichtung. Europäische Patentanmeldung EP 1 028 262 A1 (12.02.1999)

[TEWA02] Tewari, A.: Modern Control Design with Matlab and Simulink. Chichester: John Wiley & Sons, Ltd., 2002

[THK08] Informationen der Firma THK, http://www.thk.de (Stand Januar 2008)

[TIES97] Tieste, K.-D.: Mehrgrößenregelung und Parameteridentifikation einer Linearmagnetführung für Werkzeugmaschinen, Diss. Universität Hannover, 1997

[TRAN04] Informationen der Internetseiten http://www.transrapid.de und http://www.transrapid-mvp.de (Stand März 2004)

[TRIN10] Themenseite der School of Physics am Trinity College Dublin http://www.tcd.ie/Physics/Schools/what/materials/magnetism/top.html (Stand Januar 2010)

[VACU11] N.N.: Selten-Erd-Dauermagnete – VACODYM – VACOMAX. Firmenbroschüre der VACUUMSCHMELZE GmbH & Co. KG (VAC), 2011

[VANG04a] Van Goethem, J., Henneberger, G.: Dynamic simulation of the novel XLEV magnetically levitated conveyor vehicle. Proceedings of the 9th International Symposium on Magnetic Bearings, ISMB-9, Lexington, KY, 2004

[VANG04b] Van Goethem, J.: Verlustarme magnetische Lagerung für ein Förderfahrzeug mit normalkraftbehaftetem Linearantrieb. Diss. IEM, RWTH Aachen, 2004

[VDI92] VDI-Richtlinie 2204, Blatt 1-4, Auslegung von Gleitlagerungen. Berlin: Beuth Verlag, September 1992

[VIBR98] Datenblätter der Firma Vibro-Meter AG zum Wegaufnehmer TQ401 (05/1998) und dem zugehörigen Signalaufbereiter IQS451(06/1999)

[WAHN98] Wahner, U., Ben Yahia, K., Weck, M., Henneberger, G.: Optimisation of a Linear Magnetic Bearing for Machine Tools. Proceedings of the 4th International Conference on Motion and Vibration Control – MOVIC 98, Zürich, 1998, S. 1047-1051

[WAHN02] Wahner, U.: Entwicklung einer magnetisch gelagerten Vorschubachse für die Werkzeugmaschine. Diss. WZL, RWTH Aachen, 2002

[WANG07] Wangenheim, L.: Aktive Filter und Oszillatoren: Entwurf und Schaltungstechnik mit integrierten Bausteinen. 1. Aufl., Berlin: Springer Verlag, 2007

[WECK97a] Weck, M., Wahner, U.: Magnetführung für Hochgeschwindigkeitsmaschinen mit linearem Direktantrieb. In: Spur, G., Weck, M., Pritschow, G.: Technologien für die Hochgeschwindigkeitsbearbeitung, Düsseldorf: VDI Verlag, 1997, S. 126-149

[WECK99] Weck, M., Krüger, P., Brecher, C., Wahner, U.: Components of the HSC-Machine. Proceedings of the 2nd International German and French Conference on High Speed Machining, Darmstadt, 10.-11.3.1999, S. 269-278

[WECK06a] Weck, M., Brecher, C.: Werkzeugmaschinen – Konstruktion und Berechnung. (Reihe: Werkzeugmaschinen, Bd. 2), 8. Aufl., Berlin: Springer Verlag, 2006

[WECK06b] Weck, M., Brecher, C.: Werkzeugmaschinen – Messtechnische Untersuchung und Beurteilung, dynamische Stabilität. (Reihe: Werkzeugmaschinen, Bd. 5), 7. Aufl., Berlin: Springer Verlag, 2006

[WEID03] Weidenmüller, F., Heuer, H., Bronfen, M.: Permanentmagnetische Schwebesysteme, Theorie und Anwendungsbeispiele. Vortrag auf wiss.-techn. Kolloquium der Firma EAAT GmbH Chemnitz, 1.10. 2003, http://www.eaat.de →home → Veröffentlichungen (Stand März 2004)

[WELT06] Peters, F.: Das Protokoll einer Katastrophe. Artikel in WELT online, 8.10.2006, http://www.welt.de (Stand November 2007)

[WILT02] Wiltschko, W., Traudt, J., Güntürkün, O., Prior, H., Wiltschko, R.: Lateralization of magnetic compass orientation in a migratory bird. Zeitschrift Nature, Vol. 419, Oktober 2002

[ZOLL08] Informationen der Firmenseite der Zollern GmbH, http://www.zollern.de (Stand Januar 2008)

[ZART76] Zartnack, F., Affeld, K., Mohnhaupt, R.: Strömungsuntersuchungen in Blutpumpen. Biomedizinische Technik/Biomedical Engineering, Band 21, Heft s1, Januar 1976, S. 249-250

Lebenslauf

Persönliche Daten:

Name:	Andreas Wolfgang Schmidt
Geburtsdaten:	9.11.1976 in Troisdorf-Sieglar
Staatsbürgerschaften:	Deutschland, USA
Familienstand:	verheiratet, eine Tochter

Schulbildung:

08/1983 - 06/1996	Schulausbildung an diversen Wohnorten
Ab 08/1990	Wittekind Gymnasium in Lübbecke (Westfalen)

Wehrdienst:

07/1996 - 08/1997	6. Fregattengeschwader, Wilhelmshaven Verwendung als Funkgast an Bord der Fregatte F215 „Brandenburg"

Studium:

10/1997 - 05/2003	Studium der Elektrotechnik an der RWTH Aachen Vertiefungsrichtung: Elektrotechnik und Elektronik (Energietechnik)

Berufspraxis:

06/2003 - 08/2008	Wissenschaftlicher Mitarbeiter am Werkzeugmaschinenlabor (WZL) der RWTH Aachen, Lehrstuhl für Werkzeugmaschinen, Abteilung Steuerungstechnik und Automatisierung, Gruppe Antriebe & Diagnose
Seit 10/2008	Vorwerk Elektrowerke GmbH & Co. KG Mitarbeiter der Abteilung Vorentwicklung

FSC
www.fsc.org
MIX
Papier | Fördert gute Waldnutzung
FSC® C083411

Kolibri 360 GmbH
Ferdinand-Jühlke-Straße 7
99095 Erfurt, Deutschland
produktsicherheit@kolibri360.de